BIOSSEGURANÇA

Revisão técnica

Gabriela Augusta Mateus Pereira
Graduada em Ciências Biológicas
Mestra em Neurociências

B615 Biossegurança / Amanda Stapenhorst... [et al.] ; [revisão técnica : Gabriela Augusta Mateus Pereira]. – Porto Alegre: SAGAH, 2018.

ISBN 978-85-9502-401-4

1. Bioética. 2. Biossegurança. I. Stapenhorst, Amanda. II.Título.

CDU 608.1

Catalogação na publicação: Karin Lorien Menoncin – CRB 10/2147

BIOSSEGURANÇA

Amanda Stapenhorst
Biomédica
Mestra em Ciências Biológicas: Fisiologia
Érica Ballestreri
Graduada em Biomedicina
Especialista em biomedicina estética e patologia clínica
Mestra em Biologia Celular e Molecular Aplicada à Saúde
Doutora em biologia celular e molecular aplicada a saúde
Fernanda Stapenhorst França
Graduada em Biomedicina
Especialista em Docência no Ensino Superior
Mestra em Ciências Biológicas (Bioquímica)
Ana Paula Aquistapase Dagnino
Bacharela em Biomedicina
Mestra em Ciências da Saúde: Biologia Celular e Molecular

Porto Alegre,
2018

sagah+

Gerente editorial: *Arysinha Affonso*

Colaboraram nesta edição:
Editora responsável: *Dieimi Deitos*
Assistente editorial: *Yasmin Lima dos Santos*
Preparação de originais: *Daniela Costa Ribeiro*
Capa: *Paola Manica | Brand&Book*
Editoração: *Ledur Serviços Editoriais Ltda.*

Importante

Os *links* para *sites* da *web* fornecidos neste livro foram todos testados, e seu funcionamento foi comprovado no momento da publicação do material. No entanto, a rede é extremamente dinâmica; suas páginas estão constantemente mudando de local e conteúdo. Assim, os editores declaram não ter qualquer responsabilidade sobre qualidade, precisão ou integralidade das informações referidas em tais *links*.

Rua Ernesto Alves, 150 – Floresta
90220-190 Porto Alegre RS
Fone: (51) 3027-7000

SAC 0800 703-3444 – www.grupoa.com.br

IMPRESSO NO BRASIL
PRINTED IN BRAZIL

APRESENTAÇÃO

A recente evolução das tecnologias digitais e a consolidação da internet modificaram tanto as relações na sociedade quanto as noções de espaço e tempo. Se antes levávamos dias ou até semanas para saber de acontecimentos e eventos distantes, hoje temos a informação de maneira quase instantânea. Essa realidade possibilita a ampliação do conhecimento. No entanto, é necessário pensar cada vez mais em formas de aproximar os estudantes de conteúdos relevantes e de qualidade. Assim, para atender às necessidades tanto dos alunos de graduação quanto das instituições de ensino, desenvolvemos livros que buscam essa aproximação por meio de uma linguagem dialógica e de uma abordagem didática e funcional, e que apresentam os principais conceitos dos temas propostos em cada capítulo de maneira simples e concisa.

Nestes livros, foram desenvolvidas seções de discussão para reflexão, de maneira a complementar o aprendizado do aluno, além de exemplos e dicas que facilitam o entendimento sobre o tema a ser estudado.

Ao iniciar um capítulo, você, leitor, será apresentado aos objetivos de aprendizagem e às habilidades a serem desenvolvidas no capítulo, seguidos da introdução e dos conceitos básicos para que você possa dar continuidade à leitura.

Ao longo do livro, você vai encontrar hipertextos que lhe auxiliarão no processo de compreensão do tema. Esses hipertextos estão classificados como:

Saiba mais

Traz dicas e informações extras sobre o assunto tratado na seção.

Fique atento

Alerta sobre alguma informação não explicitada no texto ou acrescenta dados sobre determinado assunto.

Exemplo

Mostra um exemplo sobre o tema estudado, para que você possa compreendê-lo de maneira mais eficaz.

Link

Indica, por meio de *links* e códigos QR*, informações complementares que você encontra na *web*.

https://sagah.maisaedu.com.br/

Todas essas facilidades vão contribuir para um ambiente de aprendizagem dinâmico e produtivo, conectando alunos e professores no processo do conhecimento.

Bons estudos!

* Atenção: para que seu celular leia os códigos, ele precisa estar equipado com câmera e com um aplicativo de leitura de códigos QR. Existem inúmeros aplicativos gratuitos para esse fim, disponíveis na Google Play, na App Store e em outras lojas de aplicativos. Certifique-se de que o seu celular atende a essas especificações antes de utilizar os códigos.

PREFÁCIO

Biossegurança é a condição de segurança alcançada por meio de um conjunto de medidas destinadas a prevenir, controlar, reduzir ou eliminar riscos inerentes às atividades que possam comprometer a saúde humana, animal e o meio ambiente. Essa é definição adotada pela Agência Nacional de Vigilância Sanitária, mas variantes suas podem ser encontradas em diferentes autores. A essência, no entanto, é a mesma: garantir a segurança e a qualidade de um procedimento científico, para pacientes, para profissionais e para o ambiente.

O Brasil tem uma lei de biossegurança desde 2005, aprovada em meio à muita discussão. À época dois temas principais lideraram os debates: os organismos geneticamente modificados e as células-tronco. Mas o assunto vai muito além, englobando o controle dos métodos de segurança para evitar riscos de acidentes químicos, físicos, microbiológicos e ecológicos, buscando a preservação do meio ambiente e melhor qualidade de vida. A biossegurança é fundamental para que você trabalhe de forma segura, tanto dentro de ambientes hospitalares como em laboratórios. Nesses locais existe frequente exposição a agentes patogênicos, além de riscos físicos e químicos. Assim, o não cumprimento das normas básicas de biossegurança oferece riscos à saúde e à vida.

Este livro apresenta princípios, conceitos e legislação aplicados à biossegurança nos ambientes de saúde, ensino e pesquisa; apresenta equipamentos de proteção individual, normas regulamentadoras e aplicações do gerenciamento de resíduos dos serviços de saúde.

O texto está organizado da seguinte forma:

Na Unidade I são apresentados os principais conceitos e definições aplicados à biossegurança, a classificação de risco biológico e os níveis de biossegurança. Também são abordados os aspectos regulamentares e a importância das práticas de biossegurança em laboratórios de ensino e de pesquisa.

A unidade também retrata o manuseio, o controle e o descarte de resíduos com risco biológico; as formas de avaliação da exposição e os procedimentos técnicos para a notificação dos acidentes de trabalho com exposição a material biológico, bem como, medidas de quimioprofilaxia aplicada em casos de contaminação por HIV e hepatite.

A Unidade II descreve os Equipamentos de Proteção Individual (EPIs) e os Equipamentos de Proteção Coletiva (EPCs). São apresentados também os potenciais riscos presentes em laboratórios clínicos, químicos e de exposição ocupacional e a função dos indicadores químicos e biológicos na avaliação da eficácia de processos de esterilização de materiais hospitalares e laboratoriais.

A Unidade III aborda as ações para o controle de infecções, a função da higienização das mãos e os produtos e técnicas empregados na higiene de ambientes. Também são descritas as principais patologias associadas a bactérias multirresistentes e o processo de resistência microbiana aos antibióticos.

Na Unidade IV são apresentadas as normas regulamentadoras e as ações envolvidas no gerenciamento dos resíduos de serviços de saúde. Os objetivos e instrumentos da Política Nacional de Resíduos Sólidos e do Plano de Gerenciamento de Resíduos de Serviços de Saúde, informações indispensáveis para o profissional desta área, também são assunto nessa unidade.

SUMÁRIO

Unidade 1

Unidade 2

Unidade 3

UNIDADE 1

Princípios gerais, conceito e histórico da biossegurança

Objetivos de aprendizagem

Ao final deste texto, você deve apresentar os seguintes aprendizados:

- Definir biossegurança.
- Descrever como a biossegurança surgiu e como as regulamentações mudaram com o tempo.
- Identificar os princípios gerais de biossegurança.

Introdução

A biossegurança tem um papel muito importante na vida do profissional da saúde. Ela consiste em um conjunto de normas cujo objetivo é garantir a segurança do trabalhador, dos pacientes e do meio ambiente. Até pouco tempo atrás, essas normas não existiam, e os riscos de contaminação eram muito maiores. Com o surgimento do conhecimento sobre doenças como a AIDS e a hepatite B e seus métodos de transmissão, a preocupação com a saúde do profissional da saúde aumentou, levando à criação de normas e regulamentações sobre o trabalho na área da saúde. Assim, na prática profissional, uma série de princípios de biossegurança são aplicados com o objetivo de haver uma prática profissional mais segura para todos.

Neste capítulo, você verá os conceitos de biossegurança, como novas regulamentações na área foram surgindo com o tempo e quais são os princípios gerais da biossegurança que devem ser observados no dia a dia de um profissional da saúde.

Conceito de biossegurança

A área da saúde é uma área que muitas vezes pode apresentar riscos para o trabalhador. A preocupação com esses riscos vem crescendo nos últimos anos, devido ao aumento do conhecimento sobre contaminações microbiológicas, além da descoberta da AIDS e da hepatite e dos seus métodos de transmissão. Com isso, foram sendo criadas novas normas e métodos de regulamentação no sentido de proteger a saúde do trabalhador.

Assim, de acordo com Teixeira (1996), biossegurança pode ser entendida como uma série de ações, procedimentos, técnicas, metodologias e dispositivos com o objetivo de prevenir, minimizar ou eliminar riscos envolvidos na pesquisa, na produção, no ensino, no desenvolvimento tecnológico e na prestação de serviços, os quais podem comprometer a saúde do ser humano, dos animais e do meio ambiente, bem como a qualidade dos trabalhos desenvolvidos. Ainda, para Costa (1998), é necessário um "estado de biossegurança", que ele define como a harmonia entre o homem, os processos de trabalho, a instituição e a sociedade na área da saúde. Nessa área, devido à transmissão microbiológica, o acidente de trabalho tem um caráter grave, visto que pode envolver não apenas o trabalhador, mas também os pacientes, os visitantes e as instalações em que essas pessoas irão passar (Figura 1). Dessa forma, a biossegurança tem um papel de extrema importância na promoção da saúde, tendo em vista que envolve o controle de infecções para a proteção dos trabalhadores, dos pacientes e do meio ambiente, de forma a reduzir os riscos à saúde.

Nesse sentido, o risco pode ser entendido como uma condição de natureza biológica, química ou física que pode apresentar dano ao trabalhador, ao paciente ou ao ambiente. Na área de atendimento à saúde, os agentes biológicos são os maiores fatores de risco ocupacional e constituem uma parte importante das normas de biossegurança. Essas normas dizem respeito a procedimentos de armazenamento, de esterilização e de proteção individual e coletiva.

Figura 1. Símbolo muito utilizado na biossegurança, que diz respeito ao risco biológico.
Fonte: Biological... (2016).

Ainda, no Brasil, existe uma segunda vertente da biossegurança. Diferentemente do conceito de biossegurança que discutimos até agora, conhecida como biossegurança praticada, existe também a biossegurança legal, que diz respeito à manipulação de organismos geneticamente modificados (OGMs) e de células tronco. A biossegurança praticada é regulamentada pelas normas do Ministério do Trabalho e Emprego (MTE), pelas Resoluções da Agência Nacional de Vigilância em Saúde (ANVISA) e pelo Conselho Nacional do Meio Ambiente (CONAMA), entre outras, ao passo que a biossegurança legal é regulamentada pela Lei nº 11.105/05 (BRASIL, 2005).

Histórico

Desde a descoberta de Pasteur sobre os microrganismos, quando ele elaborou a teoria microbiana das doenças em 1862, começou-se a ter uma preocupação sobre os cuidados que as pessoas deveriam ter em ambientes hospitalares, visto que sua teoria postulava que as doenças tinham origem na transmissão de microrganismos. Entretanto, o conceito de biossegurança só começou a ser abordado na década de 1970, com o surgimento da engenharia genética. Na época, foi realizado um experimento pioneiro na área, em que foi inserido um gene da produção de insulina na bactéria *E. coli*. Devido à repercussão que esse experimento causou, foi realizada a Conferência de Asilomar, na Califórnia, para debater os riscos da engenharia genética e a segurança dos laboratórios, quando também foi debatida a necessidade de contenção para diminuir os riscos aos trabalhadores.

A partir dessa conferência, a comunidade científica foi alertada para a importância da biossegurança no uso dessas técnicas e se viu a necessidade de criar normas de biossegurança, bem como legislações e regulamentações para tais atividades. Nessa época, foi detectada uma série de doenças, como tuberculose e hepatite B, em profissionais da saúde na Inglaterra e na Dinamarca, reforçando ainda mais a importância da biossegurança. Devido ao aumento da circulação de pessoas e mercadorias com o advento da globalização e da possibilidade do uso de armas biológicas, como vírus e bactérias em atentados terroristas, a preocupação com a biossegurança vem crescendo cada vez mais e passando as barreiras de laboratórios e hospitais.

Em 1981, com o surgimento da aids e o primeiro registro de contágio acidental em um profissional da saúde, surgiu, novamente, uma maior preocupação com a biossegurança. Assim, em 1987, foram estabelecidas as *precauções universais*, recomendadas pelo Centers for Disease Control and Prevention

(CDC), de modo a difundir medidas que devem ser tomadas para evitar o contágio pelos vírus do HIV e da hepatite B.

Saiba mais

O primeiro caso de contaminação acidental de HIV em um trabalhador no Brasil foi em 1994, em São Paulo, quando um auxiliar de enfermagem sofreu um acidente ocupacional com uma agulha contaminada pelo sangue de um paciente soropositivo.

No Brasil, a primeira legislação sobre biossegurança surgiu com a Resolução nº 1 do Conselho Nacional de Saúde, em 1988, quando foram aprovadas normas em pesquisa e saúde (BRASIL, 1988). Entretanto, somente em 1995 essa resolução foi formatada legalmente, com a Lei nº 8.974 e o Decreto de Lei nº 1.752. Essa lei diz respeito à minimização de riscos em relação a OGMs e à promoção da saúde no ambiente de trabalho, no meio ambiente e na comunidade. Com essa lei, foi criada a Comissão Técnica Nacional de Biossegurança (CTNBio), que trata da saúde do trabalhador, bem como do meio ambiente e da biotecnologia. Com isso, o Brasil mostrou uma preocupação com a segurança dos laboratórios e com a saúde dos trabalhadores, os quais apresentam uma maior exposição a agentes químicos e biológicos.

Antes disso, em 1992, foi realizada a Conferência das Nações Unidas sobre Meio Ambiente e Desenvolvimento, no Rio de Janeiro, em que os chefes de estado de 178 países se reuniram para debater medidas sobre a diminuição da degradação ambiental. Nessa conferência, foi estabelecido o Protocolo de Cartagena de Biossegurança, o qual entrou em vigor somente em 2003. Esse protocolo é um acordo internacional, cujo objetivo é estabelecer normas e diretrizes sobre a movimentação de Organismos Vivos Modificados (OVM) por meio de fronteiras, de forma a estabelecer um melhor nível de proteção e segurança à diversidade biológica e à saúde humana.

Em 2005, no Brasil, a Lei nº 8.974, de 1995, foi revogada pela Lei nº 11.105/05, a qual institui normas de segurança e métodos de fiscalização referentes a atividades envolvendo OGMs e derivados, visando ao resguardo à saúde humana, animal e vegetal, além da proteção do meio ambiente. Com essa lei, foi criado o Conselho Nacional de Biossegurança (CNBS) e se impõe a criação da Comissão Interna de Biossegurança (CIBio) nas entidades de ensino, na pesquisa científica, no desenvolvimento tecnológico e na produção industrial que utiliza técnicas de engenharia genética ou nas pesquisas com OGMs. Além disso, a Lei nº 11.105/05 reestruturou a CTNBio e apresentou algumas disposições sobe a Política Nacional de Biossegurança (PNB).

Assim, ao CNBS ficou estabelecida a responsabilidade pela PNB, o estabelecimento de diretrizes e o poder de decisão em última instância, bem como a decisão sobre a conveniência e oportunidade de algum OGM. Por outro lado, a CTNBio ficou encarregada do estabelecimento de normas, da emissão de decisões técnicas, da análise da avaliação de risco, da autorização de pesquisas e da decisão sobre a necessidade de licenciamento ambiental. A nova lei faz referência ao Princípio de Precaução, de forma a se alinhar com a Declaração do Rio de 1992 e com o Protocolo de Cartagena, os quais também mencionam tal princípio. O Princípio da Precaução preconiza que a falta de comprovação científica não deve ser motivo para adiar medidas preventivas cabíveis no sentido de evitar danos à saúde humana e ao meio ambiente. Assim, as políticas de saúde e ambientais devem ter como objetivo a predição, a prevenção e a mitigação de danos, tendo em mente a menor degradação ambiental.

Fique atento

Cuidado para não confundir a CTNBio, a CNBS e a CIBio!

A **CTNBio** (Comissão Técnica Nacional de Biossegurança) é uma comissão técnica de biossegurança, formada por especialistas de diversas áreas que a biotecnologia abrange. Essa comissão controla as pesquisas realizadas com organismos geneticamente modificados, avaliando a segurança e os riscos de tais OGMs.

O **CNBS** (Conselho Nacional de Biossegurança) é a comissão que, após a avaliação da CTNBio, julga se esse OGM é interessante economicamente e favorável ao país.

A **CIBio** (Comissão Interna de Biossegurança) é uma comissão que deve ser criada por qualquer entidade que utilize métodos de engenharia genética. Tem a responsabilidade de elaborar e divulgar normas e tomar decisões sobre assuntos específicos no âmbito da instituição em procedimentos de segurança, sempre em consonância com as normas da CTNBio.

Princípios da biossegurança

Conforme conceituamos anteriormente, a biossegurança diz respeito a um conjunto de normas técnicas e equipamentos que visam à prevenção da exposição dos profissionais da saúde, dos laboratórios e do meio ambiente a agentes químicos e biológicos. Assim, os princípios gerais da biossegurança envolvem:

- análise de riscos;
- uso de equipamentos de segurança;
- técnicas e práticas de laboratório;
- estrutura física dos ambientes de trabalho;
- descarte apropriado de resíduos;
- gestão administrativa dos locais de trabalho em saúde.

Nesse contexto, a análise de riscos é um aspecto fundamental da biossegurança, de forma que apenas depois de se analisar os riscos que a prática clínica de um estabelecimento pode oferecer será possível pensar nas medidas de biossegurança que devem ser adotadas. Os tipos de risco se dividem em biológicos, bioquímicos, químicos, físicos, acidentais e ergonômicos.

Em uma clínica de estética, os riscos biológicos dizem respeito a microrganismos como bactérias, leveduras, fungos e parasitas, os quais podem ser transmitidos pelos materiais usados pelos profissionais, como alicates, espátulas, entre outros. Os riscos químicos e bioquímicos desse tipo de estabelecimento ocorrem ao manusear produtos químicos que podem ser prejudiciais à saúde, ao passo que riscos físicos acidentais envolvem o manuseio de equipamentos e máquinas, bem como questões relacionadas à infraestrutura do local, onde o profissional pode estar exposto a temperaturas excessivas, à radiação, à eletricidade, etc. Por fim, os riscos ergonômicos dizem respeito ao esforço físico, à postura inadequada, entre outros.

A partir da identificação dos riscos apresentados no local de trabalho, pode-se analisar as medidas de biossegurança cabíveis. Entre essas medidas, os equipamentos de segurança agem como barreiras primárias de contenção de microrganismos, promovendo uma barreira entre o profissional e o paciente, visando à proteção de ambos. Esses equipamentos são classificados como equipamentos de proteção individual (EPI) e coletiva (EPC). Os EPIs visam à proteção da saúde do trabalhador e sua utilização é indicada durante o atendimento aos pacientes, enquanto o profissional estiver em seu local de trabalho. Alguns exemplos de EPIs são: luvas, jalecos, máscaras, toucas, lençóis descartáveis, propé e óculos de proteção. No caso dos EPCs, temos esterilizadores, estufas, autoclaves, kit de primeiros socorros, extintor de incêndio, material para descarte, incluindo caixas amarelas para perfurocortantes, capelas de exaustão química, entre outros.

O princípio de técnicas e práticas de laboratório diz respeito ao treinamento que os profissionais daquele local devem receber em relação às técnicas de biossegurança. De acordo com o Manual de Orientação para Instalação e Funcionamento de Institutos de Beleza sem Responsabilidade Médica do estado de São Paulo, todo estabelecimento deve possuir um Manual de Rotinas e Procedimentos, o qual deve abordar as rotinas de trabalho e as recomendações sobre as atividades executadas. Nesse sentido, é recomendado que o manual aborde questões como a higienização dos ambientes, as recomendações sobre os produtos utilizados e as orientações sobre os processos de esterilização que devem ser feitos.

No caso da estrutura física do local de trabalho, devem ser seguidas uma série de normas sobre o ambiente de trabalho, em que a estrutura do estabelecimento deve ser elaborada com a participação de especialistas, de forma a garantir a segurança dos trabalhadores e dos pacientes. A Anvisa possui um manual com diversas recomendações sobre a estrutura de um local de serviços de estética, que abordam as instalações elétricas e sanitárias, bem como as instalações de água e esgoto e as normas sobre os diversos ambientes no local.

O descarte de resíduos é de extrema importância quando se trata de produtos químicos e materiais biológicos que podem contaminar o meio ambiente. Assim, o descarte apropriado deve seguir normas com bases científicas, técnicas, normativas e legais no sentido de minimizar o risco de contaminação local e do meio ambiente, bem como no sentido de diminuir a produção de resíduos.

No Brasil, devido às condições precárias do gerenciamento de resíduos, são causados diversos problemas, como contaminação da água, do solo e da atmosfera, que acabam afetando a saúde da população e dos profissionais de saúde. Os resíduos gerados pelo serviço em saúde devem ser devidamente encaminhados, coletados e transportados até o local de finalização, respeitando a classificação adequada de acordo com a Anvisa e com o Conama, em que o uso de latas de lixos e sacos plásticos apropriados são imprescindíveis. Dessa forma, o estabelecimento deve apresentar um Plano de Gerenciamento dos Resíduos dos Serviços de Saúde (PGRSS), o qual deve incluir medidas de separação, armazenamento, identificação, transporte, coleta, entre outras.

Por fim, a gestão administrativa dos locais de saúde é fundamental para que os princípios citados acima sejam cumpridos. Esse setor é responsável pelo levantamento dos agentes químicos e biológicos manipulados no estabelecimento, bem como das rotinas e técnicas utilizadas, do gerenciamento de resíduos e da infraestrutura do local. A gestão administrativa também deve identificar os riscos que o serviço apresenta e avaliar o nível de contenção e as ações de biossegurança que devem ser realizadas.

Exercícios

1. Em relação à biossegurança, assinale a alternativa correta.

a) Biossegurança diz respeito à segurança do meio ambiente e dos animais.

b) Pode-se entender a biossegurança como normas para serem seguidas na área da saúde, visando somente à segurança do trabalhador.

c) As normas de biossegurança dizem respeito, principalmente, à saúde do paciente.

d) A biossegurança tem como objetivo a segurança do trabalhador, do paciente e do meio ambiente.

e) Biossegurança são normas que visam somente à segurança da manipulação de organismos geneticamente modificados (OGMs).

2. Qual alternativa está correta em relação ao histórico da biossegurança?

a) A legislação sobre biossegurança surgiu no Brasil em 1992.

b) A CTNBio foi criada em 1995, com a Lei nº 8.974.

c) Atualmente, a lei vigente no Brasil sobre biossegurança é a Lei nº 8.974 de 1995.

d) A primeira vez que se falou sobre biossegurança foi na década de 1960, na Califórnia.

e) Com a Lei nº 8.974, de 1995, foi imposta a criação de Comissões Internas de Biossegurança (CIBio).

3. Sobre a CTNBio, a CNBS e a CIBio, qual alternativa está correta?

a) A CTNBio é uma comissão que deve ser criada por qualquer entidade que utiliza engenharia genética.

b) A CNBS é uma comissão que deve ser criada por qualquer entidade que utiliza engrenharia genética.

c) A CIBio avalia se um OGM é de interesse econômico para o País.

d) A CNBS controla as pesquisas com OGMs, avaliando sua segurança e seus riscos.

e) A CTNBio controla as pesquisas com OGMs, avaliando sua segurança e seus riscos.

4. Quais são os princípios gerais da biossegurança?

a) Análise de riscos, uso de equipamentos de segurança, atendimento ético, estrutura física dos ambientes de trabalho, descarte apropriado de resíduos e uso de câmeras de segurança.

b) Análise de riscos, uso de equipamentos de segurança, técnicas e práticas de laboratório, estrutura física dos ambientes de trabalho, descarte apropriado de resíduos e gestão administrativas dos locais de trabalho em saúde.

c) Atendimento ético, uso de equipamentos de segurança, técnicas e práticas de laboratório, estrutura física dos ambientes de trabalho, uso de câmeras de segurança e gestão administrativa dos locais de trabalho em saúde.

d) Análise de riscos, uso de equipamentos de segurança, técnicas e práticas de laboratório, estrutura física dos ambientes de trabalho, descarte apropriado de resíduos e atendimento ético.

e) Análise de riscos, uso de equipamentos de segurança, técnicas e práticas de laboratório, uso de câmeras de segurança, descarte apropriado de resíduos e gestão administrativa dos locais de trabalho em saúde.

5. Sobre os princípios de biossegurança, assinale a alternativa correta.

a) Os riscos que devem ser analisados se dividem em três categorias: físicos, químicos e biológicos.

b) Exemplos de equipamento de proteção individual são esterilizadores e uso de luvas.

c) Dentre os equipamentos de proteção coletiva, destacam-se o uso de jalecos, toucas e propés.

d) Recomenda-se que todo estabelecimento possua um manual de rotinas e procedimentos, contendo as normas de rotinas e de trabalho.

e) O descarte correto de resíduos é de fundamental importância para garantir a proteção à saúde do trabalhador.

Referências

BIOLOGICAL HAZARD. In: WIKIPEDIA. 2016. Disponível em: <https://simple.wikipedia.org/wiki/Biological_hazard>. Acesso em: 26 set. 2017.

BRASIL. Conselho Nacional de Saúde. *Resolução nº 001, de 1988*. Brasília, DF, 1988.

BRASIL. *Lei nº 11.105, de 24 de março de 2005*. Brasília, DF, 2005. Disponível em: <http://www.planalto.gov.br/ccivil_03/_ato2004-2006/2005/lei/l11105.htm>. Acesso em: 27 set. 2017.

COSTA, M. A. F. Biossegurança e qualidade: uma necessidade de integração. *Revista Biotecnologia*, São Paulo, n. 4, p. 32-33, jan./fev. 1998.

TEIXEIRA, P.; VALLE, S. *Biossegurança*: uma abordagem multidisciplinar. Rio de Janeiro: Fiocruz, 1996.

Leituras recomendadas

BRASIL. Agência Nacional de Vigilância Sanitária. *Referência técnica para o funcionamento dos serviços de estética e embelezamento sem responsabilidade médica*. Brasília, DF: ANVISA, 2009. Disponível em: <https://goo.gl/LTRXc5>. Acesso em: 26. set. 2017.

GARCIA, L. P.; ZANETTI-RAMOS, B. G. Gerenciamento dos resíduos de serviços de saúde: uma questão de biossegurança. *Cadernos de Saúde Pública*, Rio de Janeiro, v. 20, n. 3, p. 744-752, 2004.

MOURA, M. E. B. et al. Aspectos históricos, conceituais, legislativos e normativos da biossegurança. *Revista de Enfermagem da UFPI*, Teresina, v. 1, n. 1, p. 64-70 jan./abr. 2012.

PENNA, P. M. M. et al. Biossegurança: uma revisão. *Arquivos do Instituto Biológico*, São Paulo, v. 77, n. 3, p. 555-465, jul./set. 2010.

PEREIRA, F. et al. *Manual de orientação para instalação e funcionamento de institutos de beleza sem responsabilidade médica*. São Paulo: Centro de Vigilância do Estado de São Paulo, 2012.

Introdução à biossegurança

Objetivos de aprendizagem

Ao final deste texto, você deve apresentar os seguintes aprendizados:

- Descrever os principais conceitos e definições aplicados à biossegurança.
- Reconhecer a classificação de risco biológico e os níveis de biossegurança.
- Diferenciar barreiras primárias e secundárias de biossegurança.

Introdução

A construção e a manutenção de ambientes seguros é um dos principais objetivos da biossegurança. As ações necessárias para atingir esse objetivo são bastante diversas e se aplicam a diferentes ambientes de saúde. Assegurar o cumprimento dos princípios de biossegurança é fundamental, não apenas para os profissionais da saúde, mas para os pacientes, o meio ambiente e todas as pessoas que convivem socialmente, estejam elas envolvidas ou não com as atividades de saúde.

Neste capítulo, vamos compreender os aspectos básicos da biossegurança.

Conceitos e definições sobre biossegurança

A biossegurança compreende um conjunto de procedimentos, ações, técnicas, metodologias, equipamentos e dispositivos capazes de eliminar ou minimizar riscos inerentes que podem comprometer a saúde do homem.

Ela tem o papel fundamental na promoção à saúde, uma vez que aborda medidas de controle de infecção para proteção dos trabalhadores da área da saúde, além de colaborar para a preservação do meio ambiente, no que se refere ao descarte de resíduos provenientes desse ambiente, contribuindo, dessa forma, para a redução de riscos à saúde de todos (CHAVES, 2016).

O objetivo principal da biossegurança é criar um ambiente de trabalho onde se promova a contenção do risco de exposição a agentes potencialmente nocivos ao trabalhador, aos pacientes e ao meio ambiente, de modo que esse risco seja minimizado ou eliminado. Essas definições mostram que a biossegurança envolve as relações tecnologia/risco/homem, e que o controle dos riscos na área da saúde inclui o desenvolvimento e a divulgação de informações, além da adoção de procedimentos relacionados às boas práticas de segurança para profissionais, pacientes e meio ambiente, de forma a controlar e minimizar os riscos operacionais das atividades de saúde (DAVID et al., 2012).

A avaliação de risco incorpora ações que objetivam o reconhecimento ou a identificação dos agentes biológicos e a probabilidade do dano proveniente destes, por vários critérios, que dizem respeito não só ao agente biológico manipulado, mas também ao tipo de ensaio realizado e ao próprio trabalhador. Assim, os agentes biológicos que afetam o homem, os animais e as plantas são distribuídos em classes de risco, que são definidos como o grau de risco associado ao agente biológico manipulado.

De acordo com as Diretrizes Gerais para o Trabalho em Contenção com Material Biológico, elaborado em 2004 pela Comissão de Biossegurança em Saúde (CBS), do Ministério da Saúde, os tipos de agentes biológicos são classificados em 5 classes, sendo elas:

Classe de risco 1 (baixo risco individual e para a coletividade): inclui os agentes biológicos conhecidos por não causarem doenças em pessoas ou animais adultos sadios. Exemplo: *Lactobacillus sp.*

Classe de risco 2 (moderado risco individual e limitado risco para a comunidade): inclui os agentes biológicos que provocam infecções no homem ou nos animais, cujo potencial de propagação na comunidade e de disseminação no meio ambiente é limitado, e para os quais existem medidas terapêuticas e profiláticas eficazes. Exemplo: *Schistosoma mansoni.*

Classe de risco 3 (alto risco individual e moderado risco para a comunidade): inclui os agentes biológicos que têm capacidade de transmissão por via respiratória e causam patologias humanas ou animais, potencialmente letais, para as quais existem, usualmente, medidas de tratamento e/ou de prevenção. Representam risco se disseminados na comunidade e no meio ambiente, podendo se propagar de pessoa para pessoa. Exemplo: *Bacillus anthracis.*

Classe de risco 4 (alto risco individual e para a comunidade): inclui os agentes biológicos com grande poder de transmissibilidade por via respiratória ou de transmissão desconhecida. Até o momento, não há nenhuma medida profilática ou terapêutica eficaz contra infecções ocasionadas por estes. Causam doenças humanas e animais de alta gravidade, com alta capacidade de disseminação na comunidade e no meio ambiente. Essa classe inclui, principalmente, os vírus. Exemplo: Vírus Ebola.

Classe de risco especial (alto risco de causar doença animal grave e de disseminação no meio ambiente): inclui agentes biológicos de doença animal não existente no país e que, embora não sejam obrigatoriamente patógenos de importância para o homem, podem gerar graves perdas econômicas e/ou na produção de alimentos. Exemplo: *Achantina fulica* (caramujo-gigante-africano trazido para o Brasil para produção e comercialização de *escargot*) (BRASIL, 2006; ARAÚJO et al., 2009).

Dessa forma, para a manipulação dos microrganismos pertencentes a cada uma das classes, devem ser atendidos os requisitos de segurança, conforme o nível de contenção necessário, que são denominados **Níveis de Biossegurança.** Assim, de acordo com suas características e sua capacitação para manipular microrganismos de risco 1, 2, 3 ou 4, os laboratórios são designados como nível 1 de biossegurança ou proteção básica (P1), nível 2 de biossegurança básica (P2), nível 3 de biossegurança de contenção (P3) e nível 4 de biossegurança de contenção máxima (P4), respectivamente (SANTA CATARINA, 2000).

Os quatro níveis de biossegurança (NB-1, NB-2, NB-3 e NB-4) estão em ordem crescente conforme o maior grau de contenção e complexidade do nível de proteção.

NB- 1: Nível de Biossegurança 1

Requer procedimentos para o trabalho com microrganismos (classe de risco 1), que, normalmente, não causam doenças em seres humanos ou em animais de laboratório:

- trabalho que envolva agentes bem caracterizados e conhecidos por não provocarem doenças;
- trabalho em bancadas abertas;
- o laboratório não fica separado das demais dependências do edifício;
- é necessário o uso de EPIs (equipamento de proteção individual): jaleco, óculos e luvas.

NB- 2: Nível de Biossegurança 2

Requer procedimentos para o trabalho com microrganismos (classe de risco 2) que sejam capazes de causar doenças em seres humanos ou em animais de laboratório, sem apresentar risco grave aos trabalhadores, à comunidade ou ao ambiente. Trata-se de agentes não transmissíveis pelo ar. Há tratamento efetivo e medidas preventivas disponíveis, dessa forma, o risco de contaminação é pequeno.

Especificações estabelecidas para o NB-1 e mais:

- fazer uso de autoclave;
- trabalhar em cabine de segurança biológica;
- restringir o acesso ao laboratório, pois este deve ser limitado durante os procedimentos operacionais;
- usar proteção facial, aventais e luvas.

NB- 3: Nível de Biossegurança 3

Requer procedimentos para o trabalho com microrganismos (classe de risco 3) que geralmente causam doenças em seres humanos, ou em animais, e podem representar risco se forem disseminados na comunidade, mas, usualmente, existem medidas de tratamento e prevenção:

- é necessário que haja contenção para impedir a transmissão pelo ar;
- toda manipulação deverá ser realizada em cabine de segurança;
- todos os resíduos e outros materiais devem ser descontaminados ou autoclavados antes de sair do laboratório;
- o acesso ao espaço é controlado;
- é importante ter sistemas de ventilação.

NB- 4: Nível de Biossegurança 4

Requer procedimentos para o trabalho com microrganismos (classe de risco 4) que causam doenças graves ou letais para seres humanos e animais, que são de fácil transmissão por contato individual casual. Não existem medidas preventivas e de tratamento para esses agentes:

- deve haver **nível máximo** de segurança;
- a instalação precisa ser construída em um prédio separado ou em uma zona completamente isolada;
- ter cabines de segurança biológica ou com um macacão individual suprido com pressão de ar positivo;
- controlar, de forma rigorosa, o acesso ao local.

Elementos de contenção

O objetivo da contenção no ambiente laboratorial é reduzir ou eliminar a exposição da equipe de um laboratório, de outras pessoas e do meio ambiente em geral aos agentes potencialmente perigosos.

Saiba mais

Há três elementos de contenção:
- práticas e técnicas laboratoriais;
- equipamentos de segurança;
- projeto de instalação.

Esses elementos são divididos em contenção primária e contenção secundária.

A **contenção primária** é proporcionada por técnicas de biossegurança, nas quais os indivíduos necessitam receber treinamento em relação a elas. Cada unidade do estabelecimento deve desenvolver seu próprio manual de biossegurança, identificando os riscos e os procedimentos operacionais de trabalho, o qual deverá ficar à disposição de todos os usuários do local.

As boas práticas laboratoriais constituem um conjunto de normas, procedimentos e atitudes de segurança, as quais visam a minimizar os acidentes que envolvem as atividades desempenhadas pelos laboratoristas, bem como incrementam a produtividade, asseguram a melhoria da qualidade dos serviços desenvolvidos nos laboratórios de ensino de microbiologia e parasitologia e, ainda, ajudam a manter o ambiente seguro.

Os equipamentos de segurança também são considerados como barreiras primárias de contenção e, juntamente com as boas práticas em laboratório, visam à proteção dos indivíduos e dos próprios laboratórios, sendo classificados como EPI e EPC (equipamento de proteção coletiva).

EPI é todo o dispositivo de uso individual, destinado a proteger a saúde e a integridade física do trabalhador. A sua regulamentação está descrita na Norma Regulamentadora n° 06 (NR-06) do Ministério do Trabalho e Emprego (MTE). O EPC, por sua vez, é todo o dispositivo que proporciona proteção a todos os profissionais expostos a riscos no ambiente laboral (BRASIL, 1978).

Um exemplo de barreira de contenção bastante utilizada em laboratórios é a cabine de segurança biológica, que é o dispositivo principal utilizado para proporcionar a contenção de borrifos ou aerossóis infecciosos provocados por inúmeros procedimentos microbiológicos.

Há três tipos de cabines de segurança biológica (Classe I, II e III) normalmente utilizados. As cabines de segurança biológica Classe I e II, que possuem a frente aberta, são barreiras primárias que oferecem níveis significativos de proteção para a equipe do laboratório e para o meio ambiente, quando utilizadas com boas técnicas microbiológicas. A cabine de segurança biológica Classe II também fornece uma proteção contra a contaminação externa de materiais (p. ex., cultura de células, estoque microbiológico) que serão manipulados dentro das cabines. A cabine de segurança biológica Classe III é hermética e impermeável aos gases e proporciona o mais alto nível de proteção aos funcionários e ao meio ambiente.

Fique atento

Além desses elementos citados, a imunização da equipe também faz parte da contenção primária.

Já a **contenção secundária** diz respeito ao planejamento e à construção das instalações do laboratório, de forma a contribuir para a proteção da equipe de trabalho, das pessoas que se encontram fora do laboratório, da comunidade e do meio ambiente contra agentes infecciosos que podem ser liberados acidentalmente do laboratório.

As barreiras secundárias incluem, tanto o projeto, como a construção das instalações e da infraestrutura do laboratório. Essas características do projeto incluem:

- sistemas de ventilação especializados em assegurar o fluxo de ar unidirecionado;
- sistemas de tratamento de ar para a descontaminação ou a remoção do ar liberado;
- zonas de acesso controlado;
- câmaras pressurizadas com entradas separadas para o laboratório ou módulos para isolamento do laboratório.

A estrutura física laboratorial deve ser elaborada e/ou adaptada mediante a participação conjunta de especialistas, incluindo pesquisadores, técnicos do laboratório, arquitetos e engenheiros, de modo a estabelecer padrões e normas para garantir as condições específicas de segurança de cada laboratório (SANTA CATARINA, 2000; SANGIONI et al., 2010).

Exercícios

1. Em relação às classes de risco, assinale a alternativa correta.

a) A classe de risco 3 inclui os agentes biológicos que representam risco se disseminados na comunidade e no meio ambiente, podendo se propagar de pessoa para pessoa.

b) Os agentes biológicos que causam infecções no homem ou nos animais, cujo potencial de propagação na comunidade é limitado, pertencem à classe de risco 1.

c) A classe de risco 2 contempla agentes biológicos que oferecem alto risco individual e moderado risco para a comunidade.

d) Podem ser distribuídos em classes de risco todos os agentes biológicos que afetam somente o ser humano.

e) A classe de risco 4 contempla agentes biológicos com alto risco individual e para a comunidade, que necessariamente causam eventos hemorrágicos ao homem e aos animais.

2. Medidas de contenção são fundamentais na área de biossegurança. Sobre contenção, assinale a alternativa correta.

a) Contenção se refere aos métodos usados para matar os microrganismos.

b) Em um laboratório, podem ser considerados elementos de contenção a prática e a técnica laboratorial, o equipamento de segurança e o projeto da instalação.
c) A vacinação da equipe de trabalho que tem contato com contaminantes constitui uma medida de contenção secundária.
d) As medidas de contenção secundária se referem ao uso de EPIs.
e) A contenção visa a reduzir a exposição somente da equipe profissionais que está exposta a agentes biológicos de risco.

3. Sobre o escopo da biossegurança, assinale a alternativa correta.
a) A biossegurança não contempla aspectos relacionados à engenharia genética e aos organismos transgênicos.
b) A biossegurança se aplica somente a ambientes laboratoriais.
c) Os princípios de biossegurança se aplicam às práticas relacionadas aos organismos geneticamente modificados e às células-tronco embrionárias.
d) As ações de biossegurança não se aplicam em nível industrial.
e) As ações de biossegurança não interferem nos riscos ocupacionais.

4. Sobre os níveis de biossegurança, assinale a alternativa correta.
a) Todas as exigências aplicáveis a laboratórios com nível de biossegurança 3 (NB-3) devem ser mantidas em laboratórios com nível de biossegurança 4 (NB-4).
b) Laboratórios com nível de biossegurança 2 (NB-2) podem ser de livre acesso às pessoas, mas seus trabalhadores devem receber treinamento técnico específico.
c) Laboratórios com nível de biossegurança 2 e 3 (NB-2 e NB-3) devem ter linhas de vácuo protegidas com filtro de ar de elevada eficiência (filtros HEPA) e coletores com líquido desinfetante.
d) Em instalações de laboratórios com nível de biossegurança 3 (NB-3), não é necessário torneiras com sistema automático de acionamento ou sistema de pedais.
e) Em um laboratório com nível de biossegurança 1 (NB-1), são exigidos diversos equipamentos de contenção de agentes classificados no Grupo de Risco I.

5. Assinale a alternativa correta sobre a avaliação de riscos em termos de biossegurança.
a) O número de organismos infectados por unidade de volume (concentração de organismos infectados) não é importante na determinação do risco.
b) A origem (localização geográfica, hospedeiro, etc.) do material potencialmente infeccioso não é importante para a avaliação dos riscos.
c) Não é importante considerar a patogenicidade de um agente biológico na avaliação de riscos.

d) Ao trabalhar com um agente biológico novo, com modo de transmissão ainda desconhecido, recomenda-se considerar sua transmissão por via aerossol, ou seja, de alto risco, até que se tenha mais dados.

e) A existência de vacinas profiláticas não interfere na avaliação de risco de agentes biológicos.

Referências

ARAÚJO, A. S. D. et al. *Manual de biossegurança:* boas práticas nos laboratórios de aulas práticas da área básica das Ciências Biológicas e da Saúde. Vitória: Universidade Potiguar, 2009. Disponível em: <http://www.unp.br/arquivos/pdf/institucional/docinstitucionais/manuais/manualdebiosseguranca.pdf>. Acesso em: 24 fev. 2018.

BRASIL. Ministério da Saúde. *Classificação de risco dos agentes biológicos*. Brasília, DF: Ministério da Saúde, 2006. (Série A. Normas e Manuais Técnicos).

BRASIL. *NR 6:* Equipamento de Proteção Individual – EPI. *Diário Oficial da União*, Brasília, DF, 06 jul. 1978. Atualizada em 07 jun. 2017. Disponível em: <http://trabalho.gov.br/images/Documentos/SST/NR/NR6.pdf>. Acesso em: 24 fev. 2018.

CHAVES, M. J. F. *Manual de biossegurança e boas práticas laboratoriais*. 2016. Disponível em: <https://genetica.incor.usp.br/wp-content/uploads/2014/12/Manual-de-biosseguran%C3%A7a-e-Boas-Pr%C3%A1ticas-Laboratoriais1.pdf>. Acesso em: 24 fev. 2018.

DAVID, C. L. et al. *Biossegurança para laboratórios de ensino e pesquisa*. Salvador: IMS/CAT-UFBA, 2012. Disponível em: <http://www.ims.ufba.br/wp-content/uploads/downloads/2012/09/Livro-biosseguranca-IMS1.pdf>. Acesso em: 24 fev. 2018.

SANGIONI, L. A. et al. Princípios de Biossegurança aplicados aos laboratórios de ensino universitário de microbiologia e parasitologia. Ciência Rural, Santa Maria, [online], 2010. Disponível em: <https://cesmac.edu.br/admin/wp-content/uploads/2015/09/Artigo-de-biosseguranca.pdf>. Acesso em: 24 fev. 2018.

SANTA CATARINA. Sistema Único de Saúde. Laboratório Central de Saúde Pública. *Manual de biossegurança*. Florianópolis: LACEN, 2000. Disponível em: <http://lacen.saude.sc.gov.br/arquivos/MBS01.pdf>. Acesso em: 24 fev. 2018.

Biossegurança em laboratórios

Objetivos de aprendizagem

Ao final deste texto, você deve apresentar os seguintes aprendizados:

- Conceituar biossegurança e os seus objetivos.
- Reconhecer a importância da biossegurança nas práticas laboratoriais.
- Conhecer os procedimentos de Boas Práticas em Laboratórios.

Introdução

Prevenir a transmissão de agentes infecciosos, dentre outros produtos nocivos à saúde humana, é o grande problema de segurança laboratorial. A Biossegurança é um conjunto de ações voltadas para prevenção, minimização e eliminação de riscos para a saúde, ajuda na proteção do meio ambiente contra resíduos e na conscientização do profissional da saúde. Para isso, estabelecem as condições seguras para a manipulação e a contenção de agentes biológicos, incluindo: os equipamentos de segurança, as técnicas e práticas de laboratório, a estrutura física dos laboratórios, além da gestão administrativa.

Neste capítulo, você vai conhecer procedimentos voltados a Biossegurança, incluindo a higienização correta das mãos e o gerenciamento de resíduos e verificar a importância dessas ações na prática laboratorial.

Biossegurança

A biossegurança é um conjunto de medidas voltadas para a prevenção, o controle, a minimização ou a eliminação dos riscos presentes nas atividades de pesquisa, produção, ensino, desenvolvimento tecnológico e prestação de serviços que podem comprometer a saúde do homem, dos animais, além da preservação do meio ambiente e/ou da qualidade dos trabalhos desenvolvidos.

A biossegurança tem papel fundamental na promoção da saúde, uma vez que aborda medidas de controle de infecção para a proteção dos funcionários que atuam na rede laboratorial, além de colaborar para a preservação do meio ambiente, no que se refere ao descarte de resíduos proveniente desse ambiente, contribuindo para a redução de riscos à saúde.

Os procedimentos de biossegurança visam diminuir os riscos, melhorando, dessa forma, as condições de trabalho com o intuito de prevenir os acidentes. O cumprimento das boas práticas no ambiente de trabalho, o empenho da equipe de segurança, associado às instalações adequadas, é essencial para a redução de eventos indesejáveis nos ambientes de trabalho.

O comportamento dos usuários de um laboratório é determinante para o sucesso dos procedimentos nele desenvolvidos. As boas práticas em laboratório são apresentadas como forma de minimizar os riscos e aumentar a segurança dos colaboradores, dos professores e dos alunos que utilizam os laboratórios e devem ser observadas e seguidas por todos. Vejamos algumas:

- Permanecer no laboratório somente com uso de avental branco devidamente abotoado, sapatos fechados e calça comprida.
- Não levar nada à boca, nariz ou olhos.
- Não inspirar (cheirar) nenhuma substância ou material exposto.
- Ter um comportamento adequado para evitar danos e/ou acidentes dentro do laboratório.
- Manter os cabelos longos presos durante os trabalhos.
- Manter as unhas limpas e curtas, não ultrapassando a ponta dos dedos.
- Usar o mínimo possível de joias e adereços. Não são usados anéis que contenham reentrâncias, incrustações de pedras, assim como não se usa pulseiras e colares que possam tocar as superfícies de trabalho, vidrarias ou pacientes.
- Não fumar, não comer e não beber no local de trabalho onde há qualquer agente patogênico.
- Não estocar comida ou bebida no laboratório.
- Ao sair do laboratório, verificar se tudo está em ordem. Caso for o último a sair, desligar os equipamentos e as luzes, exceto quando indicado pelas normas do laboratório.
- Retirar o jaleco ou avental antes de sair do laboratório. Aventais devem ter seu uso restrito ao laboratório.
- Usar óculos de segurança, visores ou outros equipamentos de proteção facial sempre que houver risco de espirrar material infectante ou de contusão com algum objeto.

As luvas devem ser usadas em todos os procedimentos que envolverem o contato direto da pele com toxinas, sangue, materiais infecciosos ou animais infectados. As luvas devem ser removidas com cuidado para evitar a formação de aerossóis:

- trocar de luvas ao trocar de material;
- não tocar o rosto com as luvas de trabalho;
- não tocar com as luvas de trabalho em nada que possa ser manipulado sem proteção, tais como maçanetas, interruptores, etc.;
- não descartar luvas em lixeiras de áreas administrativas, banheiros, etc.

Higienização das mãos

O método de higienização das mãos também pode ser chamado de antissepsia, a qual, por meio de agentes antimicrobianos, visa eliminar microrganismos.

O ato de lavar as mãos com água e sabão, pela técnica adequada, objetiva remover mecanicamente a sujidade e a maioria da flora transitória da pele, além de prevenir contra a infecção cruzada, que é desencadeada pela vinculação de microrganismos de um paciente para outro, de paciente para profissional e também de utensílios e objetos para o profissional ou cliente.

Quando lavar as mãos:

1. Ao iniciar o turno de trabalho;
2. Sempre depois de ir ao banheiro;
3. Antes e após o uso de luvas;
4. Antes de beber e comer;
5. Após a manipulação de material biológico e químico;
6. Ao final das atividades, antes de deixar o laboratório.

É importante ressaltar que o uso das luvas não dispensa a lavagem das mãos antes e depois de realizar procedimentos. Após a lavagem das mãos utiliza-se o álcool a 70% (Figura 1).

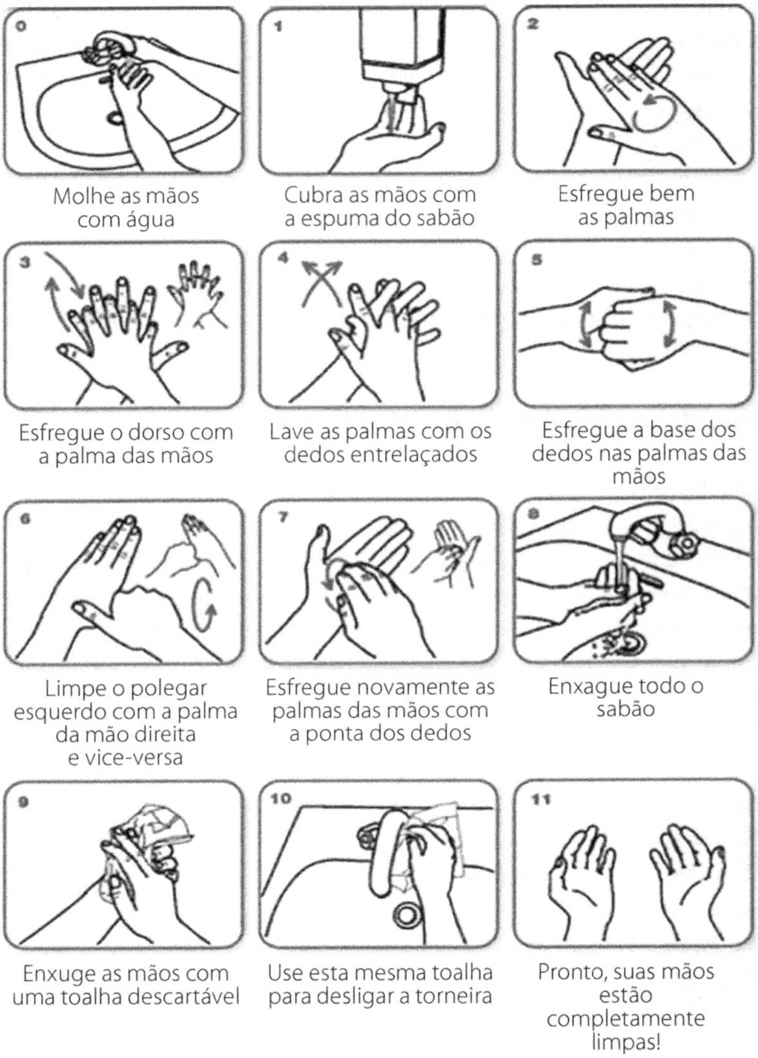
Molhe as mãos com água
Cubra as mãos com a espuma do sabão
Esfregue bem as palmas
Esfregue o dorso com a palma das mãos
Lave as palmas com os dedos entrelaçados
Esfregue a base dos dedos nas palmas das mãos
Limpe o polegar esquerdo com a palma da mão direita e vice-versa
Esfregue novamente as palmas das mãos com a ponta dos dedos
Enxague todo o sabão
Enxuge as mãos com uma toalha descartável
Use esta mesma toalha para desligar a torneira
Pronto, suas mãos estão completamente limpas!

Figura 1. Lavagem correta das mãos.

Fonte: Chaves (2016, p. 16).

Gerenciamento de resíduos

O gerenciamento de resíduos, de acordo com a RDC 306, constitui-se por ser um conjunto de normas, condutas e técnicas com o intuito de minimizar a produção de resíduos, proporcionando um encaminhamento seguro, com isso, protegendo a saúde pública, dos trabalhadores e do meio ambiente.

Tipos de resíduos

Grupo A – Infectantes

De acordo com a Resolução nº 306, de 07 de dezembro de 2004, da Agência Nacional de Vigilância Sanitária (ANVISA) e a Resolução do Conselho Nacional do Meio Ambiente (CONAMA) nº 358, de 29 de abril de 2005, que dispõe sobre o tratamento e a disposição final de resíduos de serviços de saúde e dá outras providências, o Grupo A é classificado como: resíduo biológico – infectante, que são "resíduos com a possível presença de agentes biológicos que, por suas características de maior virulência ou concentração, possam apresentar risco de infecção".

Os resíduos devem ser acondicionados em sacos **brancos**, contendo o símbolo universal de risco biológico de tamanho compatível com a quantidade. Há um lacre próprio para o fechamento, sendo terminantemente proibido esvaziar ou reaproveitar os sacos.

Exemplos de resíduos tipo A: luvas, toucas, algodão, gases, lençóis descartáveis contaminados com material biológico.

Grupo B – Químicos

Resíduos químicos são aqueles que contêm substâncias químicas que podem apresentar risco à saúde pública ou ao meio ambiente, dependendo de suas características de inflamabilidade, corrosividade, reatividade e toxicidade. Enquadram-se nessa categoria os seguintes grupos de compostos: ácidos esfoliantes e suas respectivas embalagens, acetona.

Resíduos químicos líquidos não perigosos e soluções aquosas de sais inorgânicos de metais alcalinos e alcalinos terrosos: NaCl, KCl, CaC_{l2}, MgC_{l2}, Na_2SO_4, $MgSO_4$ e tampões PO_4^{3-}, não contaminados com outros produtos, podem ser descartados diretamente na rede de esgoto, respeitando-se os limites estabelecidos nos decretos estaduais nº 8.468/1976 e nº 10.755/1997. Resíduos químicos líquidos perigosos são materiais que não foram misturados com outras substâncias e devem ser mantidos nas embalagens originais. Na impossibilidade da utilização da embalagem original e para acondicionar misturas, deverão ser usados galões e bombonas de plástico rígido, resistentes e estanques, com tampa rosqueada e vedante fornecidos aos laboratórios.

Grupo C – Radioativos

São os resíduos resultante de atividades humanas que contenham radionuclídeos em quantidades superiores ao estabelecido pelo CNEN (Comissão Nacional de Energia Nuclear). Estes resíduos devem ser segregados de acordo com a natureza física do material e do radionuclídeos e o tempo necessário para atingir o limite de eliminação conforme a norma do CNEN.

Os rejeitos radioativos sólidos devem ser acondicionados em recipientes de material rígido, formado internamente com saco plástico resistente e identificados com o símbolo internacional de presença de radiação ionizante com demais especificações conforme regulamento.

Enquanto os rejeitos radioativos líquidos devem ser acondicionados em frascos de até 2 litros ou em bombonas de material compatível com o líquido armazenado sempre que possível de plástico, resistente, rígidos e estanques com tampa rosqueada, vedante acomodada em bandejas de material inquebrável e com profundidade suficiente para conter, com margem de segurança o volume do total do rejeito. Devem ser identificados como rejeito radioativo e conter as demais identificações conforme o regulamento. Exemplos de resíduos tipo C: rejeitos radioativos ou contaminados com radionuclídeos, provenientes de laboratórios de análises clínicas, serviço de medicina nuclear e radioterapia.

Grupo D – Comuns

Resíduos comuns são aqueles que não apresentam risco biológico, químico ou radiológico à saúde ou ao meio ambiente, podendo ser equiparados aos resíduos domiciliares. Exemplos: plásticos, papel, papelão e metais que não contenham sujidade biológica.

O lixo comum, como o das copas, dos escritórios e também dos laboratórios, desde que não estejam contaminados por produtos químicos, radioativos ou materiais infectantes, devem ser acondicionados em sacos pretos, identificados com etiqueta para **resíduo comum**.

Grupo E – Perfurocortantes

São materiais perfurocortantes ou escarificantes, tais como: lâminas de barbear, agulhas, seringas com agulhas, ampolas de vidro, pontas diamantadas, lâminas de bisturi e todos os utensílios de vidro quebrados no laboratório. Todos os materiais, limpos ou contaminados por resíduo infectante, deverão ser acondicionados em recipientes com tampa, rígidos e resistentes à punctura, ruptura e vazamento.

Em geral, são utilizadas caixas tipo descartex e descarpack.

Conforme orientação da ANVISA, RDC n° 306, de 07 de dezembro de 2004, **não** é recomendado reencapar nem desacoplar agulhas da seringa para descarte.

Estrutura física do laboratório:

- O laboratório deve ser amplo para permitir o trabalho com segurança e para facilitar a limpeza e a manutenção.
- Paredes, tetos e chão devem ser fáceis de limpar, impermeáveis a líquidos e resistentes aos agentes químicos propostos para sua limpeza e desinfecção.
- Cada laboratório deverá conter uma pia para lavagem das mãos que funcione automaticamente ou que seja acionada com o pé ou com o joelho.
- É recomendável que a superfície das bancadas seja impermeável à água e resistente ao calor moderado.
- Os móveis do laboratório deverão ser capazes de suportar cargas e usos previstos. As cadeiras e os outros móveis utilizados devem ser cobertos com material que não seja tecido e que possa ser facilmente descontaminado.
- Mesa auxiliar (carrinho) com superfície lisa e lavável para acomodar bandeja forrada com papel toalha para os materiais de uso.
- Macas com superfície lisa ou lavável, forrada de lençol TNT ou papel branco (resistente). Todos os materiais descartáveis devem ser trocados a cada cliente.
- Iluminação deve ser adequada para todas as atividades.
- As áreas do ambiente de laboratório devem ser adequadamente sinalizadas de forma a facilitar a orientação dos usuários, advertir quanto aos riscos existentes e restringir o acesso de pessoas não autorizadas.

Segurança com produtos químicos:

- Antes de manusear um produto químico, é necessário conhecer suas propriedades e o grau de risco a que se está exposto.
- Ler o rótulo no recipiente ou na embalagem, observando a classificação quanto ao tipo de risco que oferece.
- Nunca deixar frascos contendo solventes orgânicos próximos à chama, como, por exemplo, álcool, acetona, éter, etc.
- Evitar contato de qualquer substância com a pele.
- Ser cuidadoso ao manusear as substâncias corrosivas.
- Não jogar nas pias os materiais sólidos ou os líquidos que possam contaminar o meio ambiente. Usar o sistema de gerenciamento de resíduos químicos.
- Realizar o manuseio e o transporte de vidrarias e de outros materiais de forma segura.
- Manipular as substâncias inflamáveis com extremo cuidado, evitando-se a proximidade de equipamentos e fontes geradoras de calor. O uso de equipamentos de proteção individual, como óculos de proteção, máscara facial, luvas, aventais e outros durante o manuseio de produtos químicos, é obrigatório.
- Nunca cheirar diretamente e nem provar qualquer substância utilizada ou produzida nos tubos de ensaios.

Procedimento de higienização de materiais:

- **Limpeza** – processo em que a remoção das sujidades das superfícies e dos objetos é realizada com aplicação de água, detergente e ação mecânica, realizada obrigatoriamente antes da desinfecção e esterilização afim de se obter melhor eficácia dos processos.
- **Desinfecção** – processo pelo qual a maioria dos microrganismos são destruídos, com exceção dos esporos bacterianos, sendo realizada após a limpeza. Para essa etapa, podem ser utilizados o hipoclorito, o álcool 70%, o formaldeído e os fenóis pro meio da fricção deste na superfície.
- **Esterilização** – processo de destruição de todas as formas de vida microbiana diante da aplicação de agentes químicos ou físicos. Um método bastante utilizado e de grande eficácia na destruição dos microrganismos é a esterilização por temperatura realizada em autoclave.

Fique atento

São princípios que norteiam qualquer procedimento de higienização eficaz:

- limpar no sentido da área mais limpa para a mais suja;
- limpar da área menos contaminada para a mais contaminada;
- limpar de cima para baixo (ação da gravidade);
- remover as sujidades sempre no mesmo sentido e direção.

O Ministério da Saúde classifica como artigos críticos os instrumentos de natureza perfurocortante (alicates de cutículas, brincos, agulhas de tatuagem, *piercing*, navalhas, entre outros) que podem ocasionar a penetração por meio da pele e das mucosas e, portanto, necessitam de esterilização após o uso para se tornarem livres de quaisquer microrganismos capazes de transmitir doença.

Os artigos não críticos de uso permanente, como tigelas de vidro, plástico ou de aço inox, usadas para colocar água destinada ao amolecimento de cutículas das unhas das mãos ou pés, devem ser lavadas com água e sabão a cada atendimento e fazer uso de protetores plásticos, descartáveis, para cada cliente. Caso não utilize o protetor plástico descartável, esses utensílios devem ser desinfetados.

Cuidados básicos:

- Antes de atender novo cliente, a esteticista deve realizar a assepsia dos equipamentos e acessórios, conforme orientação do fabricante.
- Para instrumentos que tenham contato com sangue ou secreções, como cureta ou pinça, é preciso fazer a descontaminação.

Para os procedimentos denominados não invasivos, como limpeza de pele, drenagem linfática, estimulação russa e bronzeamento artificial a jato, é imprescindível:

- Ser realizado por esteticista, devendo estar afixado em local visível no estabelecimento o certificado de qualificação.
- Utilizar produtos que contenham no rótulo: nome do produto; marca; nº do lote; prazo de validade; conteúdo; país de origem; fabricante/ importador; composição; finalidade de uso; e nº de registro no órgão competente do Ministério da Saúde.

- Utilizar produtos manipulados em farmácias somente quando for devidamente prescrito por médico.
- Possuir manual de instrução dos aparelhos, notificação de isenção de registro no órgão competente do Ministério da Saúde e registro de manutenção preventiva e corretiva do aparelho, conforme orientação do fabricante.

Equipamentos

Todos os equipamentos devem possuir registro no órgão competente do Ministério da Saúde, sendo observadas suas restrições de uso. Além disso, é preciso dispor de programa de manutenção preventiva e corretiva dos equipamentos, mantendo os registros atualizados.

A higienização dos equipamentos de ventilação artificial deve atender às orientações do fabricante.

Exercícios

1. Gerenciar resíduos significa adotar efetiva e sistematicamente um conjunto de ações nas etapas de coleta, transporte, transbordo, tratamento, destinação final e disposição final ambientalmente adequada. Todo estabelecimento de saúde deve preparar um Plano de Gerenciamento de Resíduos de Serviços de Saúde, conforme as características dos resíduos gerados, assim é necessário conhecer a classificação dos resíduos, que podem ser divididos em:

a) Grupo A – são substâncias químicas que podem apresentar risco à saúde pública ou ao meio ambiente, dependendo de suas características de inflamabilidade, corrosividade, reatividade e toxicidade.

b) Grupo D – resíduos com a possível presença de agentes biológicos que, por suas características de maior virulência ou concentração, possam apresentar risco de infecção.

c) Grupo E – resíduos perfurocortantes ou escarificantes: lâminas de barbear, agulhas, seringas com agulhas, ampolas de vidro.

d) Grupo C – são aqueles que não apresentam risco biológico, químico ou radiológico à saúde ou ao meio ambiente, podendo ser equiparados aos resíduos domiciliares.

e) Grupo B – são os resíduos resultantes de atividades humanas que contenham radionuclídeos em quantidades superiores ao estabelecido pelo CNEN (Comissão Nacional de Energia Nuclear).

2. O primeiro passo antes de abrir um centro ou clínica de estética é estar atento às exigências da legislação. São diversas as leis e regulamentações que deve-se conhecer sobre o enquadramento do estabelecimento, regras de vigilância sanitária, legislações do código de defesa do consumidor e infraestrutura e regulamentações de exercício profissional.
Em relação à estrutura física de um estabelecimento vinculado a saúde é correto afirmar que:
a) a altura mínima é de 1 metro entre as divisórias.
b) cada laboratório deverá conter no mínimo duas pias para lavagem das mãos.
c) as paredes devem ser claras, lisas e impermeáveis.
d) as cadeiras podem ser cobertas com material de tecido.
e) sendo a maca de superfície lisa ou lavável não é necessário colocar lençol TNT ou papel branco para o cliente.

3. As práticas seguras no laboratório são um conjunto de procedimentos que visam reduzir a exposição de trabalhadores a riscos no ambiente de trabalho. Sobre as normas básicas de biossegurança, analise as assertivas a seguir e assinale a alternativa incorreta:
a) Cabelos longos devem ser mantidos presos durante o trabalho.
b) Anéis e pulseiras devem ser retirados antes da lavagem das mãos.
c) O Ministério da Saúde classifica como artigos não críticos os instrumentos de natureza perfuro cortante.
d) Os resíduos perfurocortantes devem ser descartados em recipientes de paredes rígidas, com tampa e resistentes à autoclavação; estes recipientes devem estar localizados o próximo possível da área de uso dos materiais.
e) As unhas devem estar limpas e curtas, não ultrapassando a ponta dos dedos.

4. A lavagem das mãos é, sem dúvida, a rotina mais simples, mais eficaz, e de maior importância na prevenção e controle da disseminação de infecções, devendo ser praticada por toda equipe. Mesmo que seja amplamente conhecido que as mãos devem estar sempre limpas, não é qualquer lavagem que garante a prevenção de doenças. Sobre a higienização correta das mãos, é correto afirmar que:
a) deve ser realizada apenas antes de iniciar o turno de trabalho e quando o mesmo chega ao fim.
b) se o trabalho exigir o uso de luvas não é obrigatório a higienização das mãos antes do procedimento uma vez que as mãos já foram lavadas.
c) previne contra a infecção cruzada, que é desencadeada pela vinculação de microrganismos de um paciente para outro.
d) o enxugue das mãos poderá ser realizado com toalha de tecido desde que possua identificação.

e) A lavagem das mãos pode ser realizada na mesma pia usada para a lavagem do instrumental, vidrarias ou materiais de laboratório.

5. O procedimento de higienização de materiais o qual ocorre o processo de destruição de todas as formas de vida microbiana diante da aplicação de agentes químicos ou físicos, sendo geralmente realizado por temperatura elevada realizada em autoclave é chamado de:
   a) limpeza.
   b) esterilização.
   c) assepsia.
   d) desinfecção.
   e) lavagem.

Referências

BRASIL. Agência Nacional de vigilância Sanitária. *Resolução RDC nº 306, de 7 de dezembro de 2004*. Dispõe sobre o Regulamento Técnico para o gerenciamento de resíduos de serviços de saúde. Brasília, DF, 2004. Disponível em: <http://portal.anvisa.gov.br/documents/33880/2568070/res0306_07_12_2004.pdf/95eac678-d441-4033-a5ab-f0276d56aaa6>. Acesso em: 09 out. 2017.

BRASIL. Conselho Nacional de Meio Ambiente. *Resolução nº 358, de 29 de abril de 2005*. Dispõe sobre o tratamento e a disposição final dos resíduos dos serviços de saúde e dá outras providências. Brasília, DF, 2005. Disponível em: <http://www.mma.gov.br/port/conama/res/res05/res35805.pdf>. Acesso em: 09 out. 2017.

CHAVES, M. J. F. *Manual de biossegurança e boas práticas laboratoriais*. fev. 2016. Disponível em: <https://genetica.incor.usp.br/wp-content/uploads/2014/12/Manual-de-biosseguran%C3%A7a-e-Boas-Pr%C3%A1ticas-Laboratoriais1.pdf>. Acesso em: 09 out. 2017.

SÃO PAULO. Governo do Estado. *Decreto nº 8.468, de 08 de setembro de 1976*. São Paulo, 1976. Disponível em: <http://licenciamento.cetesb.sp.gov.br/legislacao/estadual/decretos/1976_Dec_Est_8468.pdf>. Acesso em: 09 out. 2017.

SÃO PAULO. Governo do Estado. *Decreto nº 10.755, de 22 de novembro de 1977*. São Paulo, 1977. Disponível em: <http://www.sigrh.sp.gov.br/arquivos/enquadramento/Dec_Est_10755.pdf>. Acesso em: 09 out. 2017.

Aspectos regulamentares sobre biossegurança

Objetivos de aprendizagem

Ao final deste texto, você deve apresentar os seguintes aprendizados:

- Reconhecer as principais legislações sobre biossegurança no Brasil.
- Identificar os requisitos gerais de biossegurança aplicados a laboratórios.
- Definir a classificação dos laboratórios segundo o nível de biossegurança.

Introdução

A legislação brasileira sobre biossegurança é relativamente recente, pois as primeiras ações específicas voltadas a essa área iniciaram nos anos 1980. Somente em 1995 foi publicada a Primeira Lei de Biossegurança no país e essa lei foi revogada pela Segunda Lei de Biossegurança, publicada em 2005.

Neste capítulo, iremos estudar mais sobre os aspectos legais relacionados à biossegurança, bem como as interfaces relativas à aplicação da biossegurança na prática laboratorial.

Principais legislações sobre biossegurança

O conceito de biossegurança começou a ser mais fortemente construído no início da década de 1970, após o surgimento da engenharia genética. Na década de 1980, a Organização Mundial de Saúde (OMS) conceituou a biossegurança como sendo as práticas de prevenção para o trabalho em laboratório com agentes patogênicos e, além disso, classificou os riscos como biológicos, químicos, físicos, radioativos e ergonômicos. Na década seguinte, observou-se a inclusão de temas como ética em pesquisa, meio ambiente, animais e processos envolvendo tecnologia de DNA recombinante em programas de biossegurança (PENNA et al., 2010).

Os dispositivos legais sobre biossegurança no Brasil passaram por avanços bastante significativos. Inicialmente, a Lei nº 8.974 – Lei de Biossegurança –, de 5 de janeiro de 1995, estabelece as diretrizes para o controle das atividades e dos produtos originados pela moderna biotecnologia – a tecnologia do DNA recombinante (BRASIL, 1995).

A Comissão Técnica Nacional de Biossegurança (CTNBio) é definida pela lei como o órgão responsável pelo controle dessa tecnologia no Brasil. Entre as competências da CTNBio está a emissão de parecer técnico sobre qualquer liberação de organismo geneticamente modificado (OGM) no meio ambiente e o acompanhamento do desenvolvimento e do progresso técnico e científico, na biossegurança e áreas afins, objetivando a segurança dos consumidores e da população em geral, com permanente cuidado com a proteção do meio ambiente.

Será considerado como OGM de Grupo I aquele não patogênico, sendo classificado como classe de risco 1. Aqueles organismos que, dentro do critério de patogenicidade, forem resultantes de organismo classificado como classe de risco 2, 3, ou 4 serão considerados como OGM de Grupo II (PENNA et al., 2010).

No Brasil, a legislação de biossegurança, Lei nº 8.974/95, foi uma adaptação da legislação europeia às necessidades da realidade nacional, estabelecendo as normas de segurança e os mecanismos de fiscalização do uso das técnicas de engenharia genética na construção, no cultivo, na manipulação, no transporte, na comercialização, no consumo, na liberação e no descarte dos OGMs e de seus derivados (BRASIL, 1995).

Em 19 de fevereiro de 2002, foi criada a Comissão de Biossegurança em Saúde (CBS) no âmbito do Ministério da Saúde. A CBS trabalha com o objetivo de definir estratégias de atuação, avaliação e acompanhamento das ações de biossegurança, procurando sempre o melhor entendimento entre o Ministério da Saúde e as instituições que lidam com os temas. Depois de 10 anos, essa lei foi substituída por uma nova, a Lei de Biossegurança nº 11.105/05, que atualizou os termos da regulação de OGM no Brasil, incluindo pesquisa em contenção, experimentação em campo, transporte, importação, produção, armazenamento e comercialização (BRASIL, 2005). A Lei nº 11.105/2005 revogou a Lei nº 8.974/95.

Antes de ser sancionado, esse projeto de lei tramitou no Congresso Nacional por 2 anos, sob o nº 2.401/03, e foi amplamente discutido por toda a sociedade civil, incluindo cientistas, membros de organizações não governamentais (ONGs), do Governo Federal e do Ministério Público, entre outros. Ao longo desse processo, ocorreram várias audiências públicas, quando foram ouvidas as observações de todas as representações. Após o período de debates, em 2005, o projeto foi convertido definitivamente na Lei de Biossegurança, que atualmente regula o uso da biotecnologia no país (CONSELHO DE INFORMAÇÕES SOBRE BIOTECNOLOGIA, 2016).

A Lei de Biossegurança estabelece que compete aos órgãos de fiscalização do Ministério da Saúde, do Ministério da Agricultura e do Ministério do Meio Ambiente a fiscalização e a monitorização das atividades com OGMs, no âmbito de suas competências, bem como a emissão de registro de produtos contendo OGMs ou derivados a serem comercializados ou liberados no meio ambiente. Dessa forma, além do controle habitual que sofrem os produtos produzidos por outras tecnologias, os produtos geneticamente modificados (*transgênicos*) estarão sujeitos a um controle adicional feito pela CTNBio, sob o aspecto da biossegurança. Esses procedimentos garantirão que, ao serem colocados no mercado, os produtos em questão tenham as mesmas características de segurança, inocuidade e eficácia exigidas também para os produtos convencionais.

Além de garantir o respeito ao direito do consumidor, essa legislação abre a discussão para vários outros pontos importantes relacionados à padronização de aspectos de segurança. Assim, a legislação da biossegurança foi um importante marco para a padronização dos procedimentos de segurança e para a prevenção de riscos.

Normativas da CTNBio

Nº 01 – Dispõe sobre o requerimento e a emissão do Certificado de Qualidade em Biossegurança e a instalação e o funcionamento das Comissões Internas de Biossegurança.

Nº 01 – Ministério da Agricultura – Normas para importação de material destinado à pesquisa científica.

Nº 02 – Normas provisórias para importação de vegetais geneticamente modificados destinados à pesquisa.

Nº 02 – Ministério da Agricultura – Aprova modelos de Termo de Fiscalização e Auto de Infração para estabelecimentos que operam com organismos geneticamente modificados.

Nº 03 – Normas para a liberação planejada no meio ambiente de organismos geneticamente modificados.

Nº 04 – Normas para o transporte de organismos geneticamente modificados.

Nº 05 – Vincula as análises das solicitações de importação de vegetais geneticamente modificados destinados à liberação planejada no meio ambiente ao parecer favorável dos revisores da referida proposta.

Nº 06 – Normas sobre classificação dos experimentos com vegetais geneticamente modificados quanto aos níveis de risco e contenção.

Nº 07 – Normas para o trabalho em contenção com organismos geneticamente modificados.

Nº 08 – Dispõe sobre a manipulação genética e sobre a clonagem em seres humanos.

Nº 09 – Normas sobre intervenção genética em seres humanos.

Nº 10 – Normas simplificadas para a liberação planejada no meio ambiente de vegetais geneticamente modificados que já tenham sido anteriormente aprovados pela CTNBio.

Nº 11 – Normas para importação de microrganismos geneticamente modificados para uso em trabalho em contenção.

Nº 12 – Normas para trabalho em contenção com animais geneticamente modificados.

Nº 13 – Normas para importação de animais geneticamente modificados para uso em trabalho em contenção.

Nº 14 – Dispõe sobre o prazo de caducidade de solicitação de Certificado de Qualidade em Biossegurança.

Nº 15 – Normas para o trabalho em contenção com animais não geneticamente modificados, em que os organismos geneticamente modificados são manipulados.

Nº 16 – Normas para elaboração de mapas e croquis.

Nº 17 – Normas que regulamentam as atividades de importação, comercialização, transporte, armazenamento, manipulação, consumo, liberação e descarte de produtos derivados de OGM.

Nº 18 – Liberação planejada no meio ambiente e comercial da soja *Roundup Ready*.

Nº 19 – Audiências públicas de caráter técnico-científico.

Além das normativas supracitadas, outras foram publicadas com o intuito de acompanhar a evolução das pesquisas em âmbito nacional. Todas as normas de biossegurança podem ser encontradas, na íntegra, no site do Ministério da Ciência e Tecnologia.

Princípios gerais de biossegurança aplicados a laboratórios

As boas práticas de laboratório (BPL) têm como finalidade avaliar o potencial de riscos e toxicidade de produtos, objetivando a proteção da saúde humana, animal e do meio ambiente. Outro objetivo é promover a qualidade e a validação dos resultados de pesquisa por meio de um sistema de qualidade aplicado a laboratórios que desenvolvem estudos e pesquisas que necessitam da concessão de registros para comercializar seus produtos e também do monitoramento do meio ambiente e da saúde humana (CHAVES, 2016). O Quadro 1 mostra algumas das BPLs.

Quadro 1. Exemplos de boas práticas em laboratórios.

Equipamentos	Profissionais envolvidos
■ Geladeiras do laboratório devem ser usadas apenas para armazenar amostras, soluções e reagentes, nunca para alimentos; ■ Uso de EPIs como luvas, jaleco, calçado fechado, óculos, máscara, touca, entre outros, adequados a cada procedimento; ■ Equipamentos devem ser configurados regularmente e estar em locais apropriados.	■ É proibido o preparo e o consumo de alimentos no ambiente laboratorial; ■ Profissionais não devem usar maquiagem; ■ Pipetar com a boca é imperiosamente proibido; ■ Profissionais devem ter atenção especial à lavagem das mãos, cuidados com as unhas, cabelos, barba e roupas, a fim de evitar contaminações cruzadas; ■ Devem ser utilizadas roupas adequadas às substâncias manuseadas no laboratório; ■ Mãos enluvadas não devem tocar áreas limpas, tais como teclados, telefones e maçanetas; ■ Acidentes ocorridos devem ser documentados e avaliados para correções e prevenções; ■ Os trabalhadores devem ser devidamente treinados e informados.

(*Continua*)

(*Continuação*)

Quadro 1. Exemplos de boas práticas em laboratórios.

Material	Ambiente
■ Os frascos devem conter rótulos com as informações principais do seu conteúdo; ■ O descarte do material perfurocortante deve ser realizado em recipiente de paredes rígidas, com tampa e devidamente identificado; ■ No descarte, as agulhas usadas não devem ser dobradas, quebradas, reutilizadas, recapeadas, removidas das seringas ou manipuladas antes de descartadas. Seu descarte deve ser feito em recipiente adequado a material perfurocortante.	■ Visitas ao ambiente laboratorial devem ser reduzidas e é desaconselhável a presença de crianças; ■ Não é recomendado que haja plantas no interior do laboratório; ■ Os procedimentos de limpezas dos laboratórios devem ser os mais rigorosos possíveis, sendo realizadas técnicas de desinfecção; ■ O descarte de resíduos deve ser feito de maneira que não comprometa a saúde dos profissionais do meio ambiente; ■ O ambiente deve ser devidamente sinalizado de forma clara e objetiva; ■ A bancada de trabalho deve ser descontaminada ao final de cada turno de trabalho e sempre que ocorrer derramamento de agente biológico; ■ Deve ser mantida uma rotina de controle de artrópode e roedores.

Fonte: Lewis (1997).

Além das práticas seguras, é fundamental conhecer em profundidade os equipamentos de trabalho, investindo em treinamento e aperfeiçoamento de pessoal. Genericamente, podem ser considerados equipamentos de proteção individual (EPI) todos os objetos cuja função seja prevenir ou limitar o contato entre o operador e o material infectante. Esses equipamentos, se bem utilizados, oferecem segurança ao funcionário, abrangendo desde objetos simples, como as luvas descartáveis, os mais elaborados como, os fluxos laminares.

Embora seja obrigação legal da empresa a aquisição e a fiscalização do correto e constante uso dos EPIs, uma prática organizacional de incentivo é fundamental, mas isso de nada adiantará se o funcionário não tiver plena consciência de que esses equipamentos são de sua responsabilidade. O uso de determinados EPIs está condicionado à conscientização e à adesão dos funcionários às normas de biossegurança, uma vez que ele deve usá-los.

Exemplo

Como EPIs, podem ser citados as luvas, as máscaras, os aventais, os visores, os óculos de proteção, entre outros. Estes, se usados adequadamente, promovem também uma contenção da dispersão de agentes infecciosos no ambiente, facilitando, dessa maneira, a preservação da limpeza do laboratório (DAVID et al., 2012).

Classificação dos laboratórios segundo o nível de biossegurança

A biossegurança em laboratórios também é abordada na RDC nº 50, por meio de um conjunto de práticas, equipamentos e instalações voltados para a prevenção, a minimização ou a eliminação de riscos inerentes às atividades de prestação de serviços, pesquisas, produção e ensino, visando à saúde dos homens, à preservação do ambiente e à qualidade dos resultados. Existem quatro níveis de biossegurança: NB-1, NB-2, NB-3 e NB-4.

A fim de atender às exigências reunidas nas resoluções e instruções normativas estabelecidas pela CTNBio, e com base na Lei Nacional de Biossegurança (BRASIL, 2005), as dependências e as características dos laboratórios deverão estar de acordo com os níveis de biossegurança, conforme o Quadro 2 (BRASIL, 2008).

Assim, para que as ações de biossegurança sejam efetivas, é necessário que todos os envolvidos em atividades de risco estejam devidamente informados acerca das diretrizes atuais, bem como aptos a colocá-las em prática de maneira correta.

Quadro 2. Resumo das características dos laboratórios de microbiologia e parasitologia de acordo com os níveis de biossegurança.

NB	Agentes biológicos	Procedimentos	Equipamentos de segurança (barreira primária)	Infraestrutura (barreira secundária)
NB-1	Menor potencial patogênico para adultos sadios, incluindo os não zoonóticos	Boas práticas laboratoriais (BPL) básicas são requeridas	Usar EPIs conforme a atividade a ser desenvolvida	Bancada aberta
NB-2	Infecções no homem, existindo o risco de ingestão e inoculação percutânea e mucosa em laboratoristas	BPLs básicas, o acesso ao recinto deve ser limitado; sinalizar as áreas de risco biológico; descontaminar o lixo e resíduos; instituir protocolos para primeiros socorros	Cabines de segurança biológica (CSB) de classe I e II para manipular os vírus e tudo que produzir aerossóis e derramamentos; usar jalecos, luvas, proteção facial, dependendo da atividade	Assim como em NB-1 e autoclave
NB-3	Exóticos ou selvagens com potencial de transmissão por aerossóis e de provocar enfermidade severa e/ou fatal	Todas as BPLs adotadas no NB-2 e o acesso ao recinto deve ser controlado; descontaminar o lixo e resíduos, bem como as roupas usadas no laboratório antes da lavagem; coletar periodicamente o soro dos profissionais e utilizar	CSB de classes II e III para manipular os vírus e tudo que produzir aerossóis e derramamentos; trajar roupas específicas para uso restrito no laboratório; EPIs de acordo com a atividade a ser desempenhada, assim como uso	NB-2 e separação física dos corredores e das áreas de circulação, portas duplas com fechamento automatizado, fluxo de ar direcional e pressão negativa

(*Continua*)

(*Continuação*)

Quadro 2. Resumo das características dos laboratórios de microbiologia e parasitologia de acordo com os níveis de biossegurança.

NB	Agentes biológicos	Procedimentos	Equipamentos de segurança (barreira primária)	Infraestrutura (barreira secundária)
		os imunoprofiláticos disponíveis	de proteção respiratória	nos recintos, sistema para filtrar ar HEPA (*High Efficiency Particulate Air*)
NB-4	Altamente perigosos ou exóticos, transmitidos por aerossóis, apresentando grande risco de causar morte. Ainda não completamente caracterizados	BPL empregadas no NB-3 e: trocar de roupas antes de entrar nas áreas de risco biológico; banho antes da saída do laboratório; todo material deve ser descontaminado antes da remoção	Todos os equipamentos do NB-3, e: CSB III e/ou vestimentas (macacão) com pressão positiva em associação com CSB II	NB-3 e prédio separado ou área isolada com entrada e saída de ar controlada, sistema de filtros HEPA, pressão negativa, sistema de descontaminação controlado, autoclaves com dupla abertura e os resíduos depositados em *containers* específicos

Fonte: Adaptado de Sangioni et al. (2010).

Exercícios

1. Assinale a alternativa correta.

a) A CTNBio não pode definir o nível de biossegurança de uma área laboratorial.

b) As instruções de biossegurança contemplam normas e condutas de segurança biológica, química, física, ocupacional e ambiental.

c) Em um laboratório de microbiologia, a emissão de certificados de qualidade em biossegurança deve ser feita pela chefia do laboratório.

d) Em laboratórios clínicos e postos de coleta laboratorial, não é necessário haver instruções escritas sobre biossegurança aos funcionários.

e) Organismos geneticamente modificados não fazem parte do escopo de legislações sobre biossegurança.

2. Sobre legislação de biossegurança aplicada a OGMs, assinale a alternativa correta.

a) Não há legislação brasileira em vigor sobre biossegurança aplicada a OGM.

b) A legislação atual de biossegurança aplicada a OGM é a Lei nº 8.974.

c) A Lei nº 11.105, de 24 de março de 2005, estabelece normas de segurança e mecanismos de fiscalização sobre a manipulação e a pesquisa de OGM e seus derivados.

d) A atual legislação de biossegurança aplicada a OGM não engloba os mecanismos de fiscalização destes.

e) O cultivo e a produção de OGM não fazem parte do escopo da lei de biossegurança atual voltada a OGM.

3. Em relação à classificação das capelas de segurança biológica, assinale a alternativa correta.

a) Não são permitidas, em hipótese alguma, pesquisas que usem células-tronco embrionárias obtidas de embriões humanos produzidos por fertilização in vitro.

b) Todo laboratório que realizar pesquisas com OGM e seus derivados deverá ter sua própria Comissão Interna de Biossegurança.

c) Não há legislação mencionando a clonagem humana no Brasil.

d) A Política Nacional de Biossegurança criou o Conselho Nacional de Biossegurança.

e) Liberar e descartar OGM no meio ambiente não constitui crime, conforme a legislação atual.

4. Sobre os requisitos de biossegurança aplicados a laboratórios, é correto afirmar que:

a) as cabines de segurança biológica devem ser empregadas sempre que houver risco de contaminação por aerossóis.

b) o trabalhador do laboratório pode optar ou não pelo uso de EPI.

c) as normas de biossegurança só se aplicam aos laboratórios de microbiologia e de pesquisa.

d) a descontaminação e o descarte de resíduos não fazem parte da biossegurança laboratorial.

e) todo laboratório deve entregar aos clientes as normas de biossegurança do laboratório.

5. Assinale a alternativa correta.

a) Em laboratórios, a contaminação por produtos químicos não é escopo da área de biossegurança.

b) Em laboratórios, normas e condutas de segurança ocupacional e ambiental não são escopo da área de biossegurança.

c) O responsável técnico pelo laboratório clínico deve documentar o nível de biossegurança dos ambientes do laboratório.

d) Não há nenhum tipo de regulamentação legal que estabeleça medidas de proteção à segurança e à saúde dos trabalhadores dos serviços de saúde.

e) A classificação de risco de agentes biológicos estabelece apenas o risco para o trabalhador da saúde, mas não para a coletividade.

Referências

BRASIL. Agência Nacional de Vigilância Sanitária. *Noções gerais para boas práticas em microbiologia clínica*. 2008. Disponível em: <http://www.anvisa.gov.br/servicosaude/controle/rede_rm/cursos/boas_praticas/modulo1/barreiras2.htm>. Acesso em: 31 jan. 2018.

BRASIL. *Lei nº 8.974, de 05 de janeiro de 1995*. Brasília, DF, 1995. Disponível em: <http://www.camara.gov.br/sileg/integras/275482.pdf>. Acesso em: 31 jan. 2018.

BRASIL. *Lei nº 11.105, de 24 de março de 2005*. Brasília, DF, 2005. Disponível em: <http://www.planalto.gov.br/ccivil_03/_ato2004-2006/2005/lei/l11105.htm>. Acesso em: 31 jan. 2018.

CHAVES, M. J. F. *Manual de biossegurança e boas práticas laboratoriais*. 2016. Disponível em: <https://genetica.incor.usp.br/wp-content/uploads/2014/12/Manual-de--biosseguran%C3%A7a-e-Boas-Pr%C3%A1ticas-Laboratoriais1.pdf>. Acesso em: 24 fev. 2018.

CONSELHO DE INFORMAÇÕES SOBRE BIOTECNOLOGIA (CIB). 2016. Disponível em: <http://cib.org.br/>. Acesso em: 31 jan. 2018.

DAVID, C. L. et al. *Biossegurança para laboratórios de ensino e pesquisa*. Salvador: IMS/CAT-UFBA, 2012. Disponível em: <http://www.ims.ufba.br/wp-content/uploads/downloads/2012/09/Livro-biosseguranca-IMS1.pdf>. Acesso em: 24 fev. 2018.

PENNA, P. M. M. et al. Biossegurança: uma revisão. *Arquivos do Instituto Biológico*, São Paulo, v. 77, n. 3, p. 555-565, jul./set. 2010.

SANGIONI, L. A. et al. Princípios de Biossegurança aplicados aos laboratórios de ensino universitário de microbiologia e parasitologia. *Ciência Rural,* Santa Maria, [online], 2010. Disponível em: <https://cesmac.edu.br/admin/wp-content/uploads/2015/09/Artigo-de-biosseguranca.pdf>. Acesso em: 24 fev. 2018.

Biossegurança em ambientes de responsabilidade técnica dos profissionais de saúde

Objetivos de aprendizagem

Ao final deste capítulo, você deve apresentar os seguintes aprendizados:

- Identificar os riscos ambientais existentes no(s) ambiente(s) sob responsabilidade técnica dos profissionais da saúde.
- Reconhecer quais os riscos que o profissional de saúde e as demais pessoas estão expostos nesse ambiente.
- Listar medidas de biossegurança que possam contribuir para a diminuição do risco de acidentes e/ou contaminação no ambiente.

Introdução

Neste capítulo, estudaremos a biossegurança em ambientes de responsabilidade técnica dos profissionais de Saúde. A responsabilidade do profissional de saúde em cuidar de si, cuidar dos outros e também ser cuidado por outros, pode facilitar a construção de ações que visem à Biossegurança, tornando o ambiente de trabalho seguro.

Riscos ambientais existentes no ambiente de trabalho

Os profissionais de saúde, em seu ambiente de trabalho, estão expostos a inúmeros riscos. Entre os ambientes tipicamente insalubres, podemos destacar os que abrangem a área da saúde, em geral, à medida que propicia a exposição de seus trabalhadores a riscos físicos, químicos, fisiológicos, psíquicos, mecânicos e biológicos inerentes ao desenvolvimento de suas atividades.

Destacamos alguns profissionais e os principais riscos a eles associados, segundo Silva et al. (2009):

- **Enfermagem:** contato com substâncias, compostos ou produtos químicos em geral, risco biológico permanente, esforço físico, levantamento e transporte manual de peso, postura inadequada, trabalho noturno, situações causadoras de estresse psíquico, na maioria das vezes arranjo físico inadequado, materiais inapropriados ou defeituosos, além de iluminação indevida.
- **Auxiliares de limpeza:** contato com substâncias, compostos ou produtos químicos em geral, risco biológico permanente, esforço físico, levantamento e transporte manual de peso, postura inadequada, trabalho noturno, situações causadoras de estresse psíquico, na maioria das vezes arranjo físico inadequado, materiais inapropriados ou defeituosos, iluminação indevida e contato com lixo hospitalar.
- **Auxiliares de lavanderia:** contato com substâncias, compostos ou produtos químicos em geral, risco biológico permanente, esforço físico, levantamento e transporte manual de peso, postura inadequada, trabalho noturno, situações causadoras de estresse psíquico, na maioria das vezes arranjo físico inadequado, materiais inapropriados ou defeituosos, além de iluminação indevida.
- **Técnicos de radiologia e outros profissionais, como os odontólogos:** exposição à radiação.
- **Odontólogos:** esses profissionais são vulneráveis aos riscos decorrentes do ruído excessivo a que estão expostos e também a posturas incorretas e forçadas durante os atendimentos.

Os riscos biológicos, entendidos como a exposição aos agentes biológicos, como bactérias, fungos, bacilos, parasitas, protozoários, vírus, entre outros, geralmente são os mais estudados nos casos dos profissionais de saúde, pois estes estão diretamente associados às suas práticas.

Fique atento

A exposição ocupacional aos agentes biológicos é caracterizada pelo contato direto com fluidos potencialmente contaminados, e pode ocorrer de dois modos distintos: por inoculação percutânea, também chamada de parenteral, e pelo contato direto com pele e/ou mucosa, com comprometimento de sua integridade após arranhões, cortes ou por dermatites (Figura 1) (SAILER; MARZIALE, 2007).

Figura 1. Exemplo de exposição a agentes biológicos.

Fonte: Sailer e Marziale (2007).

Riscos aos quais o profissional de saúde e as demais pessoas estão expostos

Entre os maiores fatores de riscos ocupacionais, destacam-se os relacionados ao manuseio de material perfuro cortante, que coloca os profissionais em situações de riscos devido ao manuseio deste em pacientes que possam estar contaminados. As infecções mais preocupantes causadas por esse tipo de acidente são aquelas causadas pelos vírus da AIDS (síndrome da imunodeficiência adquirida, do inglês *acquired immunodeficiency virus*) – HIV (do inglês *human immunodeficiency virus*) – e das hepatites B e C (SILVA et al., 2009).

Investigações de acidentes ocupacionais com material biológico entre profissionais da área de saúde mostraram que os que cuidam diretamente de pacientes são os mais expostos. Outros profissionais de categorias não envolvidas diretamente com os cuidados aos pacientes, ou seus fluidos corporais, também podem ser vítimas de acidentes biológicos, tais como os trabalhadores da limpeza, da lavanderia, da manutenção e da coleta de lixo. Acidentes com materiais perfurocortantes ocorreram com técnicos e auxiliares de enfermagem, enfermeiras, cirurgiões-dentistas e médicos durante os procedimentos de punção venosa, teste de glicemia, administração de medicamentos, realização de curativos e suturas, procedimentos odontológicos, descarte de material e administração de vacinas (CÂMARA et al., 2011).

Os fatores ergonômicos representam um expressivo problema para esse grupo de profissionais devido ao transporte e à movimentação de pacientes, no caso dos enfermeiros, à postura inadequada e estática, como, por exemplo, no trabalho odontológico, e a inadequação do mobiliário e dos equipamentos, postura inadequada. Flexões de coluna vertebral em atividades de organização e assistência podem causar problemas à saúde do trabalhador, tais como fraturas, lombalgias e varizes (Figura 2) (SILVA; PINTO, 2012).

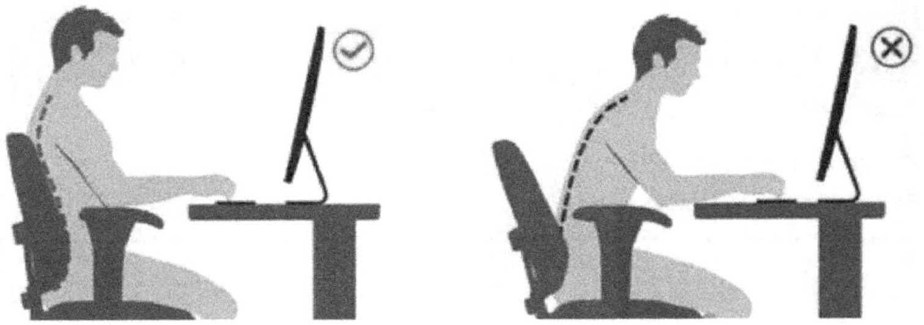

Figura 2. Posicionamento ergonomicamente correto e incorreto em atividades de digitação.
Fonte: Silva e Pinto (2012).

Os riscos químicos são aqueles gerados pelo manuseio de uma grande variedade de substâncias químicas e também pela administração de medicamentos. Atividades envolvendo essas substâncias são amplamente desenvolvidas dentro dos ambientes hospitalares pelos diversos profissionais de saúde. Entre os riscos associados às substâncias químicas, encontra-se, principalmente, o contato com anestésicos, detergentes, esterilizantes, desinfetantes, solventes, agentes de limpeza, antissépticos, detergentes e medicamentos (CIVIDINI; BARRETO, [2012?]).

O trabalho noturno também é um fator de risco, pois pode causar um impacto negativo na saúde dos trabalhadores, alterando os períodos de sono e vigília, transgredindo as regras do funcionamento fisiológico humano. Desencadeiam–se, nesses casos, as sensações de mal-estar, fadiga, flutuações no humor, reduções no desempenho devido ao déficit de atenção e concentração. Além disso, destacamos também a sobrecarga de horário e funções, que levam à insegurança no trabalho, aumentando a responsabilidade profissional, muitas vezes com recursos inadequados, o que prejudica o bom andamento de suas funções (SILVA; PINTO, 2012).

As profissões associadas à saúde estão também apresentam risco de *stress* laboral, muitas vezes devido à elevada carga de trabalho, à falta de controle/autonomia, à falta de apoio da instituição e dos colegas, às relações laborais conflituosas/*bullying*, à má adaptação à mudança, aos pacientes/familiares abusivos ou violentos, aos turnos prolongados/rotativos e à responsabilidade do cargo.

Questões envolvendo temperatura ambiental desconfortável, nível de ruído incômodo e irritante, exposição à iluminação precária e falta de arejamento nos consultórios também são considerados riscos a esses trabalhadores e estão associados ao aumento do risco de acidentes de trabalho.

Entre as consequências da exposição a esses riscos, destacamos a Síndrome de Burnout, que é um processo que se desenvolve na interação de características do ambiente de trabalho e das características pessoais. Este é um problema que atinge profissionais de serviço, principalmente aqueles voltados para atividades de cuidado com outros, no qual a oferta do cuidado ou do serviço frequentemente ocorre em situações de mudanças emocionais (CARVALHO; MAGALHÃES, 2011).

O uso inadequado ou a resistência ao uso de equipamentos de proteção individual (EPI), a sobrecarga de trabalho, a autoconfiança, o descuido próprio, a falta de capacitação e as medidas de prevenção insuficientes são fatores que podem influenciar no índice de acidentes nos estabelecimentos de saúde.

Dessa forma, entre as medidas de precauções, ou seja, para evitar a ocorrência desses acidentes, recomenda-se:

- O uso de EPIs, tais como: luvas, máscaras, protetores de olhos, nariz e boca e jaleco/avental quando o profissional estiver em contato direto com sangue ou fluidos corporais.
- A manipulação cuidadosa de objetos perfurocortantes por meio de ações como: evitar reencapar agulhas ou desconectá-las de seringas antes do descarte e descartar esses materiais em recipientes apropriados.
- Cuidado na utilização de desinfetantes, como o hipoclorito de sódio, na limpeza de áreas com respingos de sangue ou outros materiais biológicos.
- Transporte de materiais contaminados em embalagens impermeáveis e resistentes e marcação, com rótulos e etiquetas, de artigos médico-hospitalares, identificando-os como material proveniente de pacientes com HIV/AIDS.
- Vacina para prevenção de infecções por patógenos provenientes do sangue ou de outros fluidos corporais.

Medidas de biossegurança para a diminuição do risco de acidentes e contaminação no ambiente

Entre as estratégias para um trabalho mais seguro na área da saúde, destaca-se a realização de ações de educação permanente visando à capacitação e à conscientização dos profissionais. Treinamentos, seminários temáticos e reuniões clínicas devem ocorrer de modo periódico.

A ginástica laboral entra como uma estratégia para a prevenção da fadiga e das lesões decorrentes dos fatores de riscos ergonômicos. É importante aproveitar as pausas regulares durante a jornada de trabalho para exercitar os músculos correspondentes e relaxar os grupos musculares que estão em contração (SANTOS et al., 2012).

Outras medidas que contribuem para a diminuição do risco de acidentes e/ou contaminação no ambiente incluem:

- Manter o local de trabalho limpo e arrumado, devendo evitar o armazenamento de materiais não pertinentes ao trabalho.
- Limitar o acesso às áreas de risco e contaminadas.
- Esclarecer, quanto aos riscos biológicos, as mulheres grávidas ou os indivíduos imunocomprometidos que trabalham ou entram nesses locais.

- Usar óculos de segurança, visores ou outros equipamentos de proteção facial sempre que houver risco de espirrar material infectante ou de ocorrer contusão com algum objeto.
- Usar luvas sempre que houver manuseio de material biológico, trocá-las ao trocar de material, não tocar o rosto com as luvas de trabalho, não tocar com as luvas de trabalho em nada que possa ser manipulado sem proteção, tais como maçanetas, interruptores, etc., e não descartar luvas em lixeiras de áreas administrativas, banheiros, entre outros.
- Não usar sapatos abertos.
- Cabelos compridos devem estar presos durante o trabalho.
- O uso de joias ou bijuterias deve ser evitado.
- Não transitar nos corredores com material patogênico, a não ser que este esteja acondicionado conforme as normas de biossegurança.
- Não fumar, não comer e não beber no local de trabalho onde há qualquer agente patogênico.
- Colocar todo o material com contaminação biológica em recipientes com tampa e à prova de vazamento antes de removê-los de uma seção para outra.
- Saber a localização do lava olhos, do chuveiro de segurança e do extintor de incêndio mais próximos e saber como usá-los.
- Higienização correta das mãos (Figura 3). O método de higienização das mãos também pode ser chamado de antissepsia, a qual, por meio de agentes antimicrobianos, visa a eliminar microrganismos. O ato de lavar as mãos com água e sabão, com a técnica adequada, objetiva remover mecanicamente a sujidade e a maioria da flora transitória da pele, além de prevenir contra a infecção cruzada, que é desencadeada pela vinculação de microrganismos de um paciente para outro, de paciente para profissional e também de utensílios e objetos para o profissional ou cliente (CHAVES, 2016).

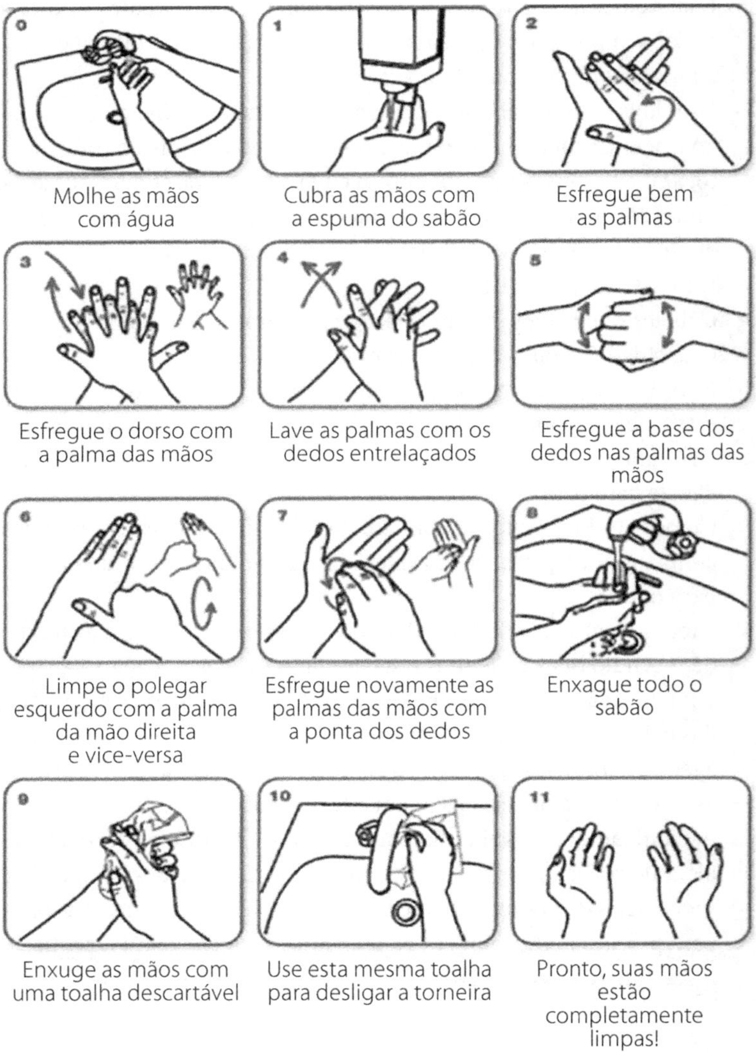
0
Molhe as mãos com água
1
Cubra as mãos com a espuma do sabão
2
Esfregue bem as palmas
3
Esfregue o dorso com a palma das mãos
4
Lave as palmas com os dedos entrelaçados
5
Esfregue a base dos dedos nas palmas das mãos
6
Limpe o polegar esquerdo com a palma da mão direita e vice-versa
7
Esfregue novamente as palmas das mãos com a ponta dos dedos
8
Enxague todo o sabão
9
Enxuge as mãos com uma toalha descartável
10
Use esta mesma toalha para desligar a torneira
11
Pronto, suas mãos estão completamente limpas!

Figura 3. Higienização correta das mãos.

Fonte: Adaptada de Chaves (2016).

Quanto à lavagem das mãos, é recomendado que esta seja feita:

a) ao iniciar o turno de trabalho;
b) sempre depois de ir ao banheiro;
c) antes e após o uso de luvas;
d) antes de beber e comer;
e) após a manipulação de material biológico e químico;
f) ao final das atividades.

É importante ressaltar que o uso das luvas não dispensa a lavagem das mãos antes e após a realização dos procedimentos. Após a lavagem das mãos, é importante a utilização de álcool a 70%.

Sobre a segurança com produtos químicos, é recomendável:

- Antes de manusear um produto químico, é necessário conhecer suas propriedades e o grau de risco a que se está exposto.
- Ler o rótulo no recipiente ou na embalagem, observando a classificação quanto ao tipo de risco que esse produto oferece.
- Nunca deixar frascos contendo solventes orgânicos próximos à chama, como, por exemplo, álcool, acetona, éter, entre outros.
- Evitar contato de qualquer substância com a pele.
- Ser cuidadoso ao manusear substâncias corrosivas.
- Não jogar, nas pias, os materiais sólidos ou líquidos que possam contaminar o meio ambiente. É importante usar o sistema de gerenciamento de resíduos químicos.
- O manuseio e o transporte de vidrarias e de outros materiais deve ser feito de forma segura.
- As substâncias inflamáveis precisam ser manipuladas com extremo cuidado, evitando-se a proximidade de equipamentos e fontes geradoras de calor. O uso de EPIs, como óculos de proteção, máscara facial, luvas, aventais e outros, durante o manuseio de produtos químicos, é obrigatório.
- Nunca cheirar diretamente ou provar qualquer substância utilizada ou produzida nos ensaios.

Exercícios

1. A fim de consolidar práticas no ambiente de trabalho pautadas na biossegurança, o profissional de saúde deve conhecer esse ambiente, bem como planejar e instituir ações que minimizem riscos e ofereçam proteção individual e coletiva. Frente ao exposto, pode-se afirmar que:
   a) A responsabilidade pela manutenção da biossegurança no ambiente é dever de cada profissional. Desse modo, o profissional deve apenas cuidar de si e, com isso, colaborará com a diminuição dos riscos.
   b) A sinalização dos riscos é suficiente para a segurança no ambiente de trabalho.
   c) O profissional de saúde deve instituir a biossegurança a partir de negociação junto à equipe de trabalho, o que facilitará a conformidade das rotinas, seguindo a orientação normativa de biossegurança para o ambiente de trabalho.
   d) Por terem sido capacitados quanto à biossegurança, determinados profissionais de saúde não sofrem acidentes nem estão expostos a riscos, uma vez que conhecem as práticas seguras do ambiente de trabalho.
   e) Devido às constantes capacitações e reuniões de equipe abordando a biossegurança, não há necessidade de extremos cuidados no ambiente, pois todos os profissionais têm o conhecimento e evitarão situações de acidentes e contaminação.
2. Quanto à identificação da importância da biossegurança no ambiente de trabalho, esta é uma ação dos:
   a) engenheiros que projetaram as instalações.
   b) profissionais que utilizam EPIs e EPCs.
   c) profissionais responsáveis pela higienização.
   d) profissionais de todas as áreas e demais pessoas que utilizam o ambiente de trabalho.
   e) somente os profissionais de saúde com formação universitária.
3. O descarte de material perfurocortante é realizado em caixa coletora específica. No entanto, um profissional de saúde se distrai, descartando o material em lixo comum. Frente a isso, pode-se afirmar que a providência adequada a ser seguida é:
   a) Não há nada a fazer, uma vez que uma agulha no lixo comum não acarretará em acidentes e contaminações.
   b) Não há nada a fazer no momento. Posteriormente, pode-se discutir sobre os fatos.
   c) Gritar e alertar a todos que o colega está descartando material no local errado, discutindo a situação em equipe.
   d) Ignorar os fatos, pois eles são irrelevantes.

e) No momento dos fatos, recolher o objeto perfurocortante e dar o destino correto a ele, orientando o profissional sobre as condutas adequadas de descarte de materiais.

4. Qual a definição de precaução padrão em biossegurança?

a) Elementos que podem prejudicar os trabalhadores a nível físico e/ou psicológico por meio de doenças ou desconforto.

b) O conjunto de normas e procedimentos considerados seguros e adequados à manutenção da saúde do trabalhador, durante atividades de risco de aquisição de doenças profissionais.

c) São parte das normas de biossegurança e consistem em atitudes que devem ser tomadas por todo trabalhador de saúde frente a qualquer paciente, com o objetivo de reduzir os riscos de transmissão de agentes infecciosos, principalmente veiculados por sangue e fluidos corpóreos (líquor, líquido pleural, peritoneal, pericárdico, sinovial, amniótico, secreções e excreções respiratórias, do trato digestivo e geniturinário) ou presentes em lesões de pele, mucosas, restos de tecidos ou de órgãos.

d) Funcionam como barreira contra a transmissão de micro--organismos, devendo ser utilizados de acordo com o tipo de atividade realizada e o risco de exposição aos patógenos.

e) É a segregação de um paciente do convívio de outras pessoas durante o período de transmissibilidade da doença infecciosa, a fim de evitar que indivíduos suscetíveis sejam infectados.

5. Como podemos definir a responsabilidade técnica dos serviços de enfermagem?

a) É uma atribuição específica e inerente ao profissional enfermeiro, que deve estar habilitado na forma da legislação vigente, e que responde tecnicamente pela assistência e qualidade dos serviços prestados sob sua responsabilidade.

b) Dizem respeito à direção do serviço de enfermagem; às atividades de gestão como planejamento da assistência de enfermagem, consultoria, auditoria, entre outras; à consulta de enfermagem; à prescrição da assistência de enfermagem; aos cuidados diretos a pacientes com risco de morte; à prescrição de medicamentos (estabelecidos em programas de saúde e em rotina); e a todos cuidados de maior complexidade técnica.

c) Visa à prevenção de acidentes e doenças relacionadas ao trabalho, buscando conciliar o trabalho com a preservação da vida e a promoção da saúde de todos os trabalhadores.

d) Visa à preservação da saúde e da integridade dos trabalhadores, por meio da antecipação, reconhecimento, avaliação e consequente controle da ocorrência de riscos ambientais existentes ou que venham a existir no ambiente de trabalho, tendo em consideração a proteção do meio ambiente e dos recursos naturais.

e) Um conjunto de atividades que se destina, por meio das ações de vigilância epidemiológica e vigilância sanitária, à promoção e proteção da saúde dos trabalhadores, assim como visa à recuperação e reabilitação da saúde dos trabalhadores submetidos aos riscos e agravos advindos das condições de trabalho.

Referências

CÂMARA, P. F. et al. Investigação de acidentes biológicos entre profissionais da equipe multidisciplinar de um hospital. *Revista de Enfermagem da UERJ*, Rio de Janeiro, v. 19, n. 4, p. 583-586, out./dez. 2011.

CARVALHO, C. G.; MAGALHÃES, S. R. Síndrome de Burnout e suas consequências nos profissionais de enfermagem. *Revista da Universidade Vale do Rio Verde*, Três Corações, v. 9, n. 1, p. 200-210, jan./jul. 2011.

CHAVES, M. J. F. *Manual de biossegurança e boas práticas laboratoriais*. 2016. Disponível em: <https://genetica.incor.usp.br/wp-content/uploads/2014/12/Manual-de--biosseguran%C3%A7a-e-Boas-Pr%C3%A1ticas-Laboratoriais1.pdf>. Acesso em: 27 fev. 2018.

CIVIDINI, F. R.; BARRETO, P. F. *Principais riscos encontrados pelos profissionais de enfermagem segundo a NR-32*: revisão bibliográfica. [2012?]. Disponível em: <https://www.portaleducacao.com.br/conteudo/artigos/idiomas/principais-riscos-encontrados--pelos-profissionais-de-enfermagem-segundo-a-nr-32/67818>. Acesso em: 27 fev. 2018.

SAILER, G. C.; MARZIALE, M. H. P. Vivência dos trabalhadores de enfermagem frente ao uso dos antiretrovirais após exposição ocupacional a material biológico. *Texto & Contexto – Enfermagem*, Florianópolis, v. 16, n. 1, p.55-62, jan./mar. 2007.

SANTOS, J. L. G. dos et al. Risco e vulnerabilidade nas práticas dos profissionais de saúde. *Revista Gaúcha de Enfermagem*, Porto Alegre, v. 33, n. 2, p. 205-212, jun. 2012.

SILVA, C. D. de L. e; PINTO, W. M. P. Riscos ocupacionais no ambiente hospitalar: fatores que favorecem a sua ocorrência na equipe de enfermagem. *Saúde Coletiva em Debate*, Rio de Janeiro, v. 2, n. 1, p. 62-29, dez. 2012.

SILVA, J. A. et al. Acidentes biológicos entre profissionais de saúde. *Escola Anna Nery Revista de Enfermagem*, Rio de Janeiro, v. 13, n. 3, p. 508-516, jul./set. 2009.

UNIDADE 2

O laboratório de ensino e pesquisa e seus riscos

Objetivos de aprendizagem

Ao final deste texto, você deve apresentar os seguintes aprendizados:

- Reconhecer a importância das práticas de biossegurança em laboratórios de ensino e pesquisa.
- Listar as medidas de proteção mais adequadas em ambientes de riscos.
- Identificar os principais riscos em laboratórios de ensino e pesquisa sob os aspectos físicos, químicos, biológicos, ergonômicos e de acidentes.

Introdução

Em laboratórios de ensino e pesquisa, inúmeras são as situações de exposição e os riscos de contaminação e acidentes. Nesse sentido, os cuidados a serem tomados por todas as pessoas envolvidas nesses locais de trabalho devem ser muito maiores, cabendo à biossegurança buscar meios de controlar e minimizar os riscos advindos das práticas nesse ambiente.

Importância das práticas de biossegurança em laboratórios

O cumprimento dos parâmetros de biossegurança é de extrema importância em laboratórios de pesquisa e ensino, devido à alta rotatividade de usuários – professores, pesquisadores, estagiários, alunos de graduação e pós-graduação e funcionários de manutenção. As diversas atividades didáticas e experimentais expõem os usuários a variados riscos associados à manipulação de instrumentos perfurocortantes, produtos químicos (solventes, tóxicos, abrasivos, irritantes, inflamáveis, voláteis, cáusticos, entre outros) e à exposição a incêndios, a ruídos, à eletricidade, à radiação e, especialmente, a microrganismos patogênicos ao homem.

As normas impostas pela biossegurança, quando voltadas para o âmbito acadêmico, são empregadas em estudos e pesquisas que utilizam peças humanas ou animais e agentes biológicos cultivados em amostras, devendo os laboratórios universitários se apresentar, de forma adequada, conforme as condições impostas pelo protocolo estabelecido pela Norma Regulamentadora nº 32, que trata especificamente da segurança e da saúde do trabalhador nos estabelecimentos de ensino e assistência à saúde.

Esses protocolos de biossegurança incluem as características de construção e planejamento dos laboratórios de pesquisa nas universidades, devendo atender às necessidades de proteção aos seus usuários conforme as atividades desenvolvidas nesses ambientes. Além da preocupação com os profissionais e os pacientes, os cuidados se estendem também ao meio ambiente.

Para que o laboratório de ensino e pesquisa funcione de forma adequada e segura, torna-se necessário: disciplina, ética, adesão às normas e à legislação por parte dos alunos, visitantes e docentes, pois, na ausência desses fatores, todos aqueles que frequentam esse local se tornam vulneráveis aos riscos que o permeiam.

Em unidades laboratoriais, podem ser encontrados fatores que, dependendo da sua natureza, da sua intensidade e do seu tempo de exposição, são capazes de causar danos à saúde ou à integridade física do trabalhador, como, por exemplo, ruído, iluminação, temperatura, umidade, pureza e velocidade do ar, esforço físico, tipo de vestimenta, manipulação de produtos químicos, microrganismos e parasitas com risco de infectividade e morbidade e manuseio de objetos e equipamentos utilizados na execução do trabalho (CHAVES, 2016).

Esses riscos são classificados em cinco grupos principais, e cada tipo de acordo com sua natureza, que são identificados por uma cor, a fim de padronizar e facilitar a visualização e a memorização dos trabalhadores (Tabela 1).

Tabela 1. Grupos de agentes de riscos e suas respectivas cores.

GRUPO I: VERDE Riscos físicos	GRUPO II: VERMELHO Riscos químicos	GRUPO III: MARROM Riscos biológicos	GRUPO IV: AMARELO Riscos ergonômicos	GRUPO V: AZUL Riscos de acidentes
Ruído	Poeiras	Vírus	Esforço físico intenso	Arranjo físico inadequado
Vibrações	Fumos	Bactérias	Levantamento e transporte manual de peso	Máquinas e equipamentos sem proteção
Radiações ionizantes	Névoas	Protozoários	Exigência de postura inadequada	Ferramentas inadequadas ou defeituosas
Radiações não ionizantes	Neblinas	Fungos	Controle rígido de produtividade	Iluminação inadequada
Frio	Gases	Parasitas	Imposição de ritmos excessivos	Eletricidade
Calor	Vapores	Bacilos	Trabalho em turno noturno	Probabilidade de incêndio ou explosão
Pressões anormais	Substâncias, compostos ou produtos químicos em geral		Jornadas prolongadas de trabalho	Armaze-namento inadequado
Umidade			Monotonia e repetitividade	Animais peçonhentos
			Outras situações causadoras de estresse físico e/ou psíquico	Outras situações de risco que poderão contribuir para a ocorrência de acidentes

Risco de acidente: é o risco de ocorrência de um evento negativo e indesejado, do qual resulta uma lesão pessoal ou um dano material. Em laboratórios, os acidentes mais comuns são as queimaduras, os cortes e as perfurações.

Risco ergonômico: considera-se risco ergonômico qualquer fator que possa interferir nas características psicofisiológicas do trabalhador, causando desconforto ou afetando sua saúde. Pode-se citar, como exemplos, o levantamento e o transporte manual de peso, os movimentos repetitivos e a postura inadequada de trabalho, que podem resultar em LER (lesões por esforços repetitivos) ou DORT (doenças osteomusculares relacionadas ao trabalho) (Figura 1).

Ritmo excessivo de trabalho, monotonia, longos períodos de atenção sustentada, ambiente não compatível com a necessidade de concentração, pausas insuficientes para descanso intra e interjornadas, bem como problemas de relações interpessoais no trabalho, também apresentam riscos psicofisiológicos para o trabalhador.

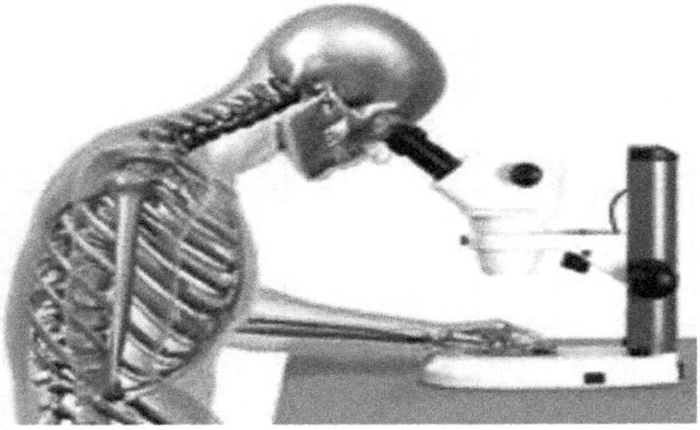

Figura 1. Exemplo de postura inadequada no exercício do trabalho.

Risco físico: está relacionado às diversas formas de energia, como pressões anormais, temperaturas extremas, ar condicionado, câmaras frias, autoclaves, ruído (p.ex., centrifugação de materiais biológicos e automação laboratorial), vibrações, radiações ionizantes (raios X, Iodo 125, Carbono 14), ultrassom e radiações não ionizantes (luz infravermelha, luz ultravioleta, laser, micro-ondas) a que os trabalhadores podem estar expostos (Figura 2).

O calor, por exemplo, é predominante em operações de esterilização de materiais em um laboratório de ensino e pesquisa, bem como o uso da chama do bico de Bunsen, que é usado para flambar uma alça de platina, podendo ocasionar queimaduras e risco de incêndio. Níveis desequilibrados de umidade relativa do ar também oferecem risco nesse ambiente devido à presença de produtos, como álcool etílico e outros líquidos combustíveis, que podem formar misturas explosivas com o ar ou se deslocar até uma fonte de ignição e provocar chama com a presença de altas temperaturas e baixa umidade relativa ambiental.

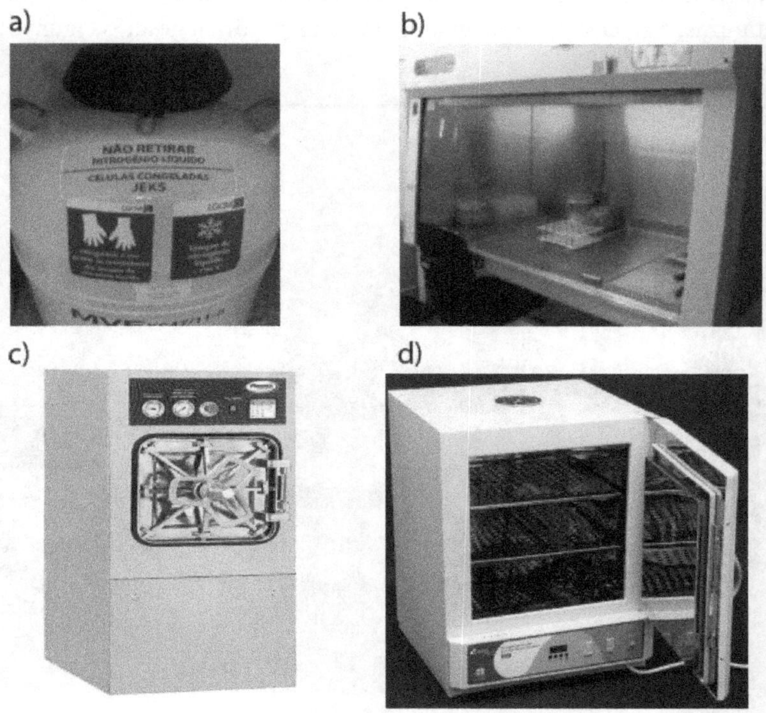

Figura 2. Exemplos de riscos físicos em laboratório de pesquisa (frio extremo, radiação UV e calor extremo). (a) Nitrogênio líquido -196°C; (b) Fluxo com radiação ultravioleta; (c) Autoclave; (d) Estufa de secagem.

Fonte: Adaptada de Chagas (2016).

Risco químico: refere-se à exposição a agentes ou substâncias químicas na forma líquida, gasosa ou como partículas e poeiras minerais e vegetais presentes nos ambientes, ou nos processos de trabalho, que possam penetrar no organismo pela via respiratória, ou que possam ter contato ou serem absorvidos pelo organismo através da pele ou por ingestão, como solventes, medicamentos, produtos químicos utilizados para limpeza e desinfecção, corantes, entre outros.

Os agentes químicos estão diretamente relacionados às questões de armazenamento e descarte. Os resíduos produzidos em laboratórios são de várias naturezas, os quais representam um problema de difícil gestão (Figura 3).

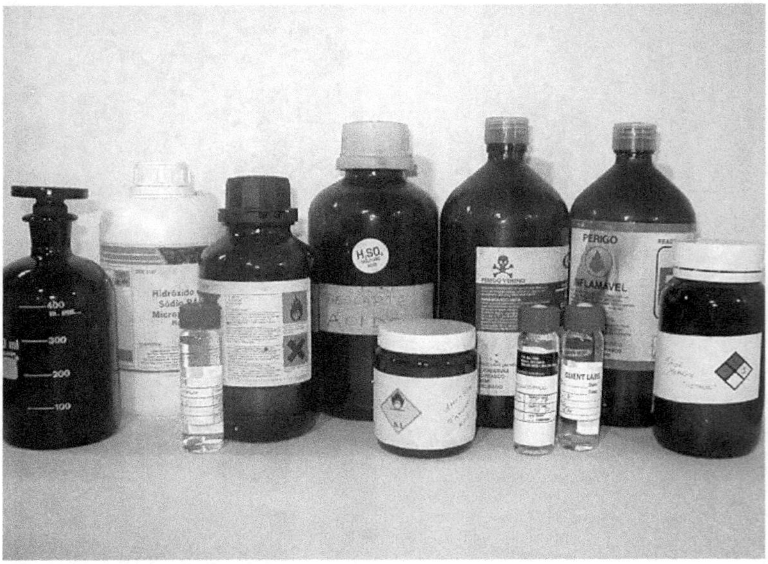

Figura 3. Agentes de risco químico utilizados em laboratório.

Risco biológico: está associado ao manuseio ou ao contato com materiais biológicos e/ou animais infectados por agentes biológicos que possuam a capacidade de produzir efeitos nocivos sobre os seres humanos, os animais e o meio ambiente. A exposição ocupacional ao material biológico representa um risco aos trabalhadores dos laboratórios clínicos, devido à possibilidade de transmissão de patógenos, como os vírus das hepatites B e C (HBV e HCV) e o vírus da imunodeficiência humana (HIV, do inglês *human immunodeficiency virus*) (Figura 4).

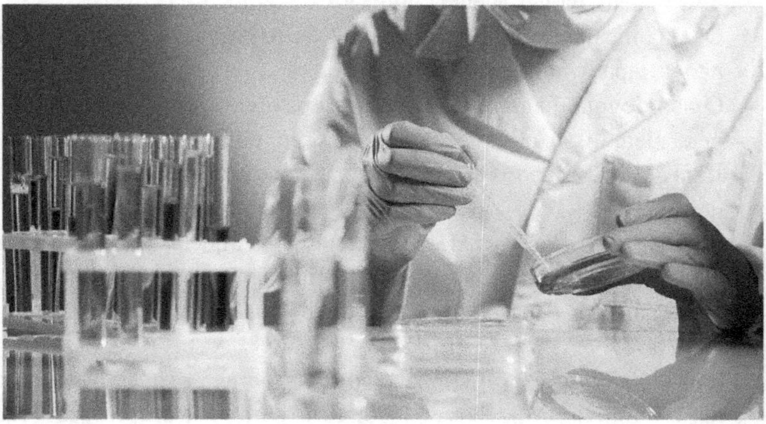

Figura 4. Manipulação de agentes biológicos.
Fonte: Motortion Films/Shutterstock.com.

Uma das medidas a ser adotada pelas instituições de ensino e pesquisa é a estruturação de um programa de avaliação de riscos, de biossegurança e boas práticas laboratoriais, que deverá conter uma estratégia efetiva de prevenção de acidentes e de minimização dos riscos ocupacionais no caso das exposições ocorridas. Além disso, alguns cuidados devem ser tomados:

- Ter cuidado ao manusear objetos cortantes e contaminados.
- É importante lembrar que a contaminação pode acontecer por qualquer uma das quatro vias principais: inalação, inoculação, ingestão e contato com mucosas.
- Atentar-se quanto à produção de aerossóis que podem ser inalados ou que produzem gotículas, sendo transmitidos para as membranas mucosas ou ingeridos devido ao contato indireto.
- Descartar os perfurocortantes em recipiente adequado.
- Identificar corretamente todos os materiais, principalmente os de risco biológico.
- Conhecer os procedimentos e também os equipamentos.

- Se os cabelos forem compridos, estes devem permanecer sempre presos ou com gorros para evitar o contato com materiais biológicos ou químicos. Em alguns setores, o uso de gorro é obrigatório.
- As lentes de contato não podem ser usadas em ambiente laboratorial, pois podem manter agentes infecciosos na mucosa ocular.
- O tamanho das unhas deve ser o mais curto possível. O ideal é que elas não ultrapassem as pontas dos dedos.
- O uso de maquiagem facilita a aderência de agentes infecciosos na pele, além disso, algumas maquiagens em pó interferem no resultado final de determinados exames, portanto, maquiagem e também esmalte devem ser evitados.
- O uso de joias ou bijuterias, principalmente aquelas que possuem reentrâncias, serve de depósito para agentes infecciosos ou químicos.
- Equipamentos de risco devem ser dispostos em áreas seguras (p.ex., autoclave, contêiner de nitrogênio, etc.).
- É importante que o profissional conheça os perigos oferecidos pelos produtos químicos utilizados no laboratório para a sua própria segurança.
- O laboratório deve manter uma pasta com as Fichas de Informações de Segurança de Produtos Químicos (FISPQ) em local visível e de fácil acesso.
- Evitar transportar materiais químicos ou biológicos de um lugar para outro no laboratório.
- Utilizar armários próprios para guardar objetos pessoais.
- O ambiente laboratorial deve ser bem iluminado.
- A sinalização de emergência deve estar presente nos laboratórios.
- O laboratório deve possuir caixa de primeiros socorros e pessoal treinado para utilizá-los.
- Os extintores de incêndio devem estar dentro do prazo de validade e com pressão dentro dos limites de normalidade.
- Utilizar EPIs (equipamento de proteção individual), sendo os principais:

Os protetores faciais: oferecem proteção à face do trabalhador contra o risco de impactos (partículas sólidas, quentes ou frias), de substâncias nocivas (poeiras, líquidos e vapores) e também das radiações (raios infravermelho e ultravioleta, etc.) (Figura 5) (SANGIONI et al., 2010; CHAVES, 2016).

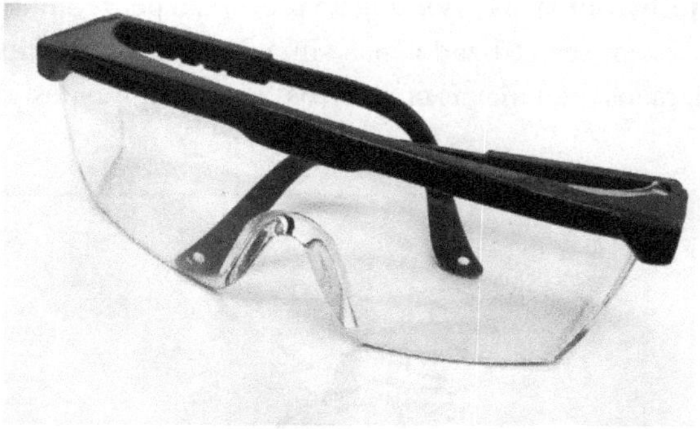

Figura 5. Óculos de proteção.
Fonte: Arpon Pongkasetkam/Shutterstock.com.

Os protetores respiratórios: existem vários tipos de respiradores que devem ser selecionados conforme o risco inerente à atividade a ser desenvolvida. Os respiradores com filtros mecânicos, por exemplo, destinam-se à proteção contra partículas suspensas no ar, enquanto os com filtros químicos protegem contra gases e vapores orgânicos (Figura 6).

Figura 6. Exemplos de respiradores.
Fonte: Angare ([201-?]).

Os protetores auditivos: usados para prevenir a perda auditiva provocada por ruídos. Devem ser utilizados nas situações em que os níveis de ruído sejam considerados prejudiciais ou nocivos com a longa exposição (Figura 7).

Figura 7. Protetor auricular de inserção.

Fonte: mtkang/Shutterstock.com.

As luvas: previnem a contaminação das mãos do trabalhador ao manipular, por exemplo, material biológico potencialmente patogênico e produtos químicos (Figura 8).

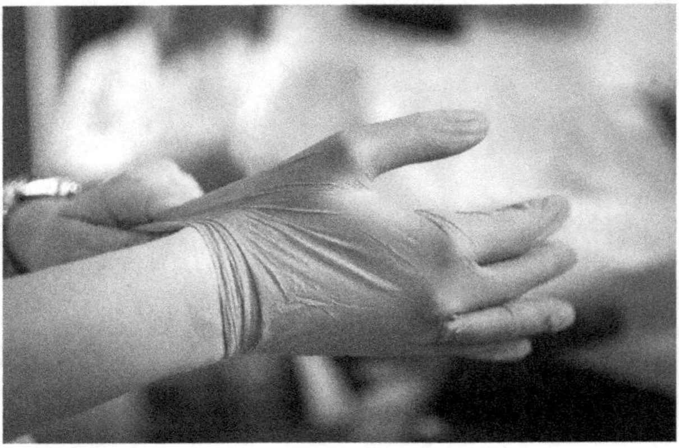

Figura 8. Luvas cirúrgicas.

Fonte: Bojan Milinkov/Shutterstock.com.

Os jalecos: são de uso obrigatório para todos que trabalham nos ambientes laboratoriais onde há manipulação de microrganismos patogênicos, manejo de animais, lavagem de material, esterilização e manipulação de produtos químicos (devem ser impermeáveis). Eles devem ser de mangas compridas para cobrir os braços, o dorso, as costas e a parte superior das pernas (Figura 9).

Figura 9. Jaleco de proteção.
Fonte: lightpoet/Shutterstock.com.

Os calçados de segurança: são destinados à proteção dos pés contra umidade, respingos, derramamentos e impactos de objetos diversos, não sendo permitido o uso de tamancos, sandálias e chinelos em laboratórios (Figura 10).

Figura 10. Calçado de segurança.

As orientações para a segurança em laboratório são planejadas e construídas com a intenção de permitir a proteção da equipe de profissionais que realizam suas atividades e também de favorecer um meio de proteção ao ambiente externo, como as demais pessoas fora do laboratório, dificultando assim a transmissão e a liberação de agentes que têm a capacidade de causar infecções.

Fique atento

A promoção da segurança em ambientes acadêmicos é de responsabilidade pessoal, da chefia do laboratório e da instituição. Assim, cada laboratório deve estabelecer as medidas preventivas adequadas aos respectivos agentes pesquisados, informando aos usuários o potencial de risco e as respectivas medidas de proteção necessárias.

Exercícios

1. Marque a alternativa que NÃO condiz com as práticas de biossegurança em laboratório de ensino e pesquisa.
   a) A organização de um laboratório de aula prática deve ser bem sistematizada, planejada e descrita, contando com materiais identificados e informações específicas.
   b) As pessoas envolvidas no trabalho em laboratório de ensino e pesquisa devem estar atentas, entre outros aspectos, à manipulação de produtos químicos, às amostras biológicas e aos seres vivos.
   c) As práticas de biossegurança em laboratórios de pesquisa e ensino se baseiam, unicamente, na necessidade de proteção das pessoas envolvidas no experimento.
   d) A identificação correta de materiais e substâncias de laboratório é uma maneira importante de prevenir os riscos à saúde das pessoas envolvidas no trabalho experimental.
   e) Em laboratório de ensino e pesquisa, deve-se ter o cuidado, entre outras ações, de identificar, armazenar e descartar os produtos utilizados.
2. A atuação em laboratórios de ensino e pesquisa é permeada por riscos específicos que vão depender do contexto de trabalho. Em se tratando de riscos físicos, é correto afirmar que:
   a) estes se referem a riscos provocados por algum tipo de energia, como calor, frio, ruídos, radiações e vibrações.
   b) em locais muito úmidos, é preciso utilizar proteção contínua com vistas à preservação da saúde, sendo imprescindível o uso de protetores auriculares.
   c) em laboratórios que contam com equipamentos que emitem ruídos, as pessoas que trabalham nesse ambiente devem fazer uso de barreiras faciais e óculos de proteção.
   d) profissionais técnicos especializados, ao manusear equipamentos de raios X, podem se expor a esses equipamentos por um período ilimitado, desde que ele esteja utilizando EPIs.
   e) em ambientes de exposição à radiação não ionizante, deve-se utilizar roupa impermeável e máscaras do tipo bico-de-pato, com o intuito de evitar a contaminação por fungos e bactérias.
3. Com relação aos riscos em laboratórios de ensino e pesquisa, pode-se considerar uma fonte de risco biológico:
   a) a utilização de equipamentos de raios X para a realização de radiografias.
   b) a manipulação de organismos geneticamente modificados (OGM).
   c) a realização de atividades que demandam movimentos repetidos.

d) o manuseio e a instalação de equipamentos de gás comprimido.

e) a manipulação de sistemas de trituração.

4. Suponha que sua equipe irá elaborar um mapa de risco para o laboratório de ensino e pesquisa em que trabalha. Cada pessoa ficou responsável pela elaboração do círculo que melhor identifica os fatores de riscos associados ao local de trabalho em que desenvolvem suas atividades específicas. Considere que no seu ambiente de atuação, você está exposto a riscos graves, dos tipos físico, químico e de acidente. Nessas condições, a figura que melhor representa a avaliação de risco no local em que você atua deverá apresentar o seguinte formato e cores:

a) Círculo grande, com identificação das cores vermelha, marrom e amarela.

b) Círculo médio, com identificação das cores verde, vermelha e azul.

c) Círculo grande, com identificação das cores verde, amarelo e azul.

d) Círculo médio, com identificação das cores vermelha, marrom e amarela.

e) Círculo grande, com identificação das cores verde, vermelha e azul.

5. Assinale a alternativa que representa a natureza de um risco ergonômico em laboratório de ensino e pesquisa.

a) Contenção de animais transgênicos.

b) Probabilidade de incêndio ou explosão.

c) Pressões anormais.

d) Substâncias corrosivas e inflamáveis.

e) Exigência de postura inadequada.

Referências

ANGARE. *Máscaras de proteção respiratória e protetor facial; máscaras de proteção respiratória.* [201-?]. Disponível em: <https://www.angare.com/mascaras-de-protecao/respiratoria-epi>. Acesso em: 09 mar. 2018.

CHAVES, M. J. F. *Manual de biossegurança e boas práticas laboratoriais*. 2016. Disponível em: <https://genetica.incor.usp.br/wp-content/uploads/2014/12/Manual-de-biosseguran%C3%A7a-e-Boas-Pr%C3%A1ticas-Laboratoriais1.pdf>. Acesso em: 03 mar. 2018.

SANGIONI, L. A. et al. Princípios de Biossegurança aplicados aos laboratórios de ensino universitário de microbiologia e parasitologia. *Ciência Rural*, Santa Maria, [online], 2010. Disponível em: <https://cesmac.edu.br/admin/wp-content/uploads/2015/09/Artigo-de-biosseguranca.pdf>. Acesso em: 03 mar. 2018.

Leituras recomendadas

CORRÊA, Danilo A.; CORRÊA, Daniel A. Importância da aplicação da biossegurança em laboratórios de ensino e pesquisa. [2010?]. Disponível em: <http://fait.revista.inf.br/imagens_arquivos/arquivos_destaque/7MqCTbY6u0QS7pk_2014-4-22-15-35-6.pdf>. Acesso em: 03 mar. 2018.

DAVID, C. L. et al. *Biossegurança para laboratórios de ensino e pesquisa*. Salvador: IMS/CAT-UFBA, 2012. Disponível em: <http://www.ims.ufba.br/wp-content/uploads/downloads/2012/09/Livro-biosseguranca-IMS1.pdf>. Acesso em: 03 mar. 2018.

WALDHELM NETO, N. *Segurança do trabalho*: os primeiros passos. Santa Cruz do Rio Pardo, SP: Viena, 2015.

Riscos físicos e ergonômicos

Objetivos de aprendizagem

Ao final deste texto, você deve apresentar os seguintes aprendizados:

- Listar os diferentes tipos de riscos físicos.
- Descrever os riscos ergonômicos.
- Correlacionar os riscos físicos e ergonômicos à saúde humana.

Introdução

Riscos ocupacionais no trabalho são os perigos que incidem sobre a saúde humana e o bem-estar dos trabalhadores associados a determinadas profissões. Esses riscos são causas frequentes de acidentes, da diminuição da produtividade dos colaboradores e do aumento do número de absenteísmo. Eles são classificados, pelo Ministério do Trabalho, de acordo com sua natureza: física, química, biológica, ergonômica e acidente.

São considerados riscos físicos as diversas formas de energia e os riscos ergonômicos que se originam da ausência de condições adequadas ou das condições precárias de adequação do ambiente de trabalho ao homem.

Neste capítulo, você vai conhecer quais são os riscos físicos e ergonômicos e as consequências da exposição a esses riscos à saúde humana.

Tipos de riscos físicos

São considerados riscos físicos as diversas formas de energia, tais como ruído, vibrações, temperaturas extremas (frio/calor), radiações ionizantes e não ionizantes e pressão anormal:

Ruído

É conceituado como o som ou a mistura de sons que são capazes de causar dano à saúde de quem o percebe. Ou seja, o ruído é um som ou um conjunto de sons desagradáveis ao ouvido dos indivíduos. Existem três diferentes tipos de ruídos:

- Contínuo – aquele que possui pouca ou nenhuma variação durante um certo período e é constante e ininterrupto. Exemplo: equipamentos em operação.
- Intermitente – aquele com vários níveis de intensidade. É descontínuo e não constante.
- Impacto – som muito forte em um período bastante curto. Tem duração inferior a um segundo e intervalos superiores a um segundo. Exemplo: explosões.

Ruídos elevados podem produzir vários efeitos adversos, que incluem interferências nas comunicações, acidentes de trabalho, efeitos sobre a saúde e, até mesmo, perdas auditivas irreversíveis.

Saiba mais

O risco da lesão auditiva aumenta com o nível de pressão sonora e com a duração da exposição, mas depende também das características do ruído e da suscetibilidade individual. O ruído contribui para distúrbios gastrintestinais e distúrbios relacionados ao sistema nervoso (irritabilidade, nervosismo, vertigens), pode acelerar o pulso e elevar a pressão arterial, além de contrair os vasos sanguíneos.

O trauma acústico também pode ocorrer. É a perda auditiva súbita decorrente de uma única exposição à pressão sonora intensa. Ocorre de forma súbita, provocada por ruído repentino e de grande intensidade, ou seja, por um ruído de impacto. Esses acontecimentos podem causar perfurações no tímpano e deslocamento dos ossículos.

A perda temporária é a dificuldade de audição, que podemos observar após exposição, por algum tempo, ao ruído intenso. Quando cessada tal exposição, retorna-se aos níveis normais após horas ou dias. Porém, se a exposição for repetida antes de uma completa recuperação, esse dano pode se tornar em surdez permanente ou, até mesmo, na perda permanente decorrente da exposição repetida ao ruído excessivo e isso pode levar, em alguns anos, a uma perda auditiva irreversível.

Em laboratórios que possuem equipamentos dotados de sons elevados que podem causar desconfortos auditivos e comprometimento na saúde, faz-se necessário o uso de protetores auriculares.

Vibrações

São movimentos oscilatórios do corpo sobre o ponto de equilíbrio. Elas são geradas por forças de componentes rotativos ou movimentos alternados de máquinas ou equipamento. As vibrações podem ser de corpo inteiro ou localizadas.

- De corpo inteiro: todo o corpo, ou grande parte dele, está exposto aos movimentos vibratórios, como, por exemplo, motoristas de ônibus e maquinistas, bem como os operadores de veículos pesados, como retroescavadeiras, tratores e empilhadeiras, nos quais a vibração é transmitida pelo assento.
- Localizadas: atingem certas regiões do corpo, normalmente membros superiores (mãos, braços e ombros), como, por exemplo, operadores, marteletes pneumáticos, lixadeiras e parafusadeiras.

O principal sistema do organismo afetado por essa exposição é o sistema osteomuscular, porém, os sistemas urinário e circulatório também podem ser comprometidos. Em geral, a pessoa apresenta sintomas como fadiga, dores de cabeça, tremores e insônia.

A alteração em nível vascular pode ocorrer com a chamada Síndrome de Raynaud, ou **síndrome dos dedos brancos** (Figura 1). Essa doença, em seu primeiro estágio, começa com sensações de formigamento com o passar do tempo, em seguida há leves branqueamentos nas extremidades dos dedos por curtos períodos. Posteriormente, o branqueamento começa a se tornar frequente e se prolonga, podendo se estender a todo o dedo, levando à falta de sangue e oxigenação dos tecidos.

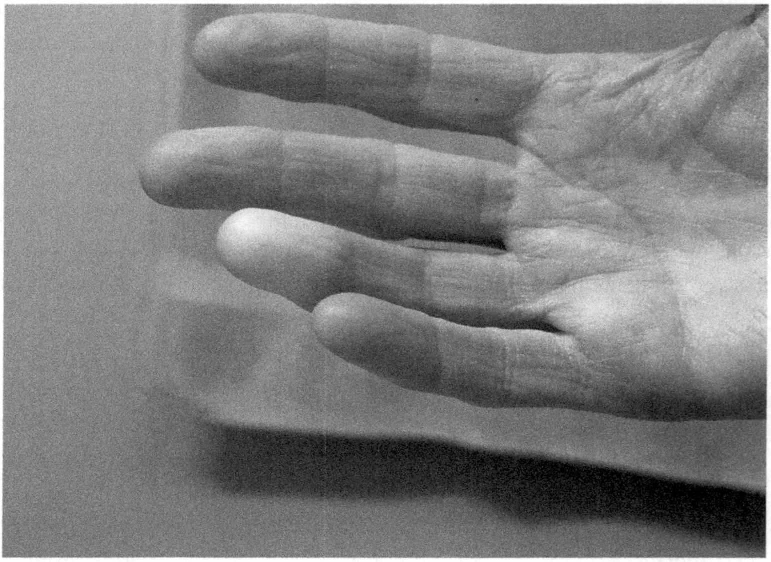

Figura 1. Síndrome de Raynaud.
Fonte: Barb Elkin/Shutterstock.com.

Calor

Quando o corpo é submetido a temperaturas elevadas, ocorre a vasoconstrição para aumentar a circulação sanguínea e forçar a perda de calor pelos poros da pele. Quando o corpo não consegue eliminar o excesso de calor, este fica armazenado e a temperatura do corpo aumenta, assim, o trabalhador começa a perder sua capacidade de concentração, tornando-se vulnerável a acidentes (WALDHELM NETO, 2015).

Os efeitos da sobrecarga térmica (ou estresse térmico) que um trabalhador está submetido em uma área de trabalho quente dependem de fatores ambientais e de características individuais do trabalhador, tais como idade, peso e condicionamento físico, especialmente do aparelho cardiocirculatório. Entre os fatores ambientais, devem ser considerados a temperatura, a umidade, o calor radiante (sol, fornos) e a velocidade do ar. Os riscos aumentam com a umidade elevada, a qual diminui o efeito refrescante da sudorese, que, com o esforço físico prolongado, aumenta a quantidade de calor produzido pelos músculos

Saiba mais

Efeitos da exposição prolongada ao calor:

- Exaustão/fadiga: sintomas como cansaço, abatimento, dor de cabeça, tontura, mal-estar, fraqueza, inconsciência.
- Desidratação: diminuição do volume sanguíneo, perda de líquido e sais minerais são algumas das alterações causadas pela exposição excessiva ao calor.
- Edema pelo calor: consiste no inchaço das extremidades, em particular pés e tornozelos.

Frio

O trabalho em ambientes de baixa temperatura representa um risco à saúde do trabalhador. Os principais efeitos da exposição ao frio acontecem na circulação do corpo. Ao contrário do calor, em que há vasodilatação dos vasos sanguíneos, o frio leva à vasoconstrição, a fim de reduzir as perdas de calor.

Os tremores causados pelo frio ocorrem como tentativa de gerar calor para compensar as perdas. Entre as manifestações da exposição ao frio, podemos citar as feridas, as rachaduras, as necroses, o agravamento de doenças articulares e respiratórias, além de:

- Geladura ou queimadura do frio: resultante da prolongada exposição ao frio úmido. Seus sintomas são: pele avermelhada, inchada e quente, vesiculação e ulceração, formigamento, adormecimento e dor.
- *Frostbite*: lesão que ocorre, principalmente, nas extremidades devido à diminuição da circulação de sangue e à deposição de pequenos cristais de gelo nos tecidos, que ocorre quando a região corporal é exposta a temperaturas muito baixas (abaixo de –2 °C) (Figura 2).
- Hipotermia – redução da temperatura do corpo abaixo de 35 °C, resultando na incapacidade do corpo em repor a perda de calor para o ambiente.

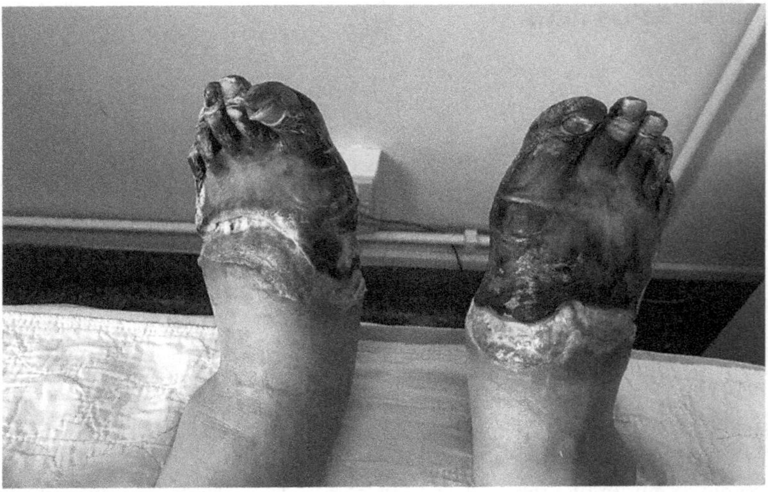

Figura 2. Lesão causada pela exposição ao frio intenso chamada *frostbite*.
Fonte: PROTECTION... (2018).

Radiações

As radiações referem-se à propagação de energia na forma de ondas eletromagnéticas.

As **radiações não ionizantes** são radiações que não conseguem ionizar a matéria. Elas estão presentes em nosso cotidiano, como micro-ondas produzidas por telefones celulares, aparelhos de rádio e alguns processos industriais e medicinais, e raios ultravioletas de origem natural (sol – UVA e UVB) ou artificial (operações de solda, fornos, metais incandescentes, lâmpadas ultravioletas, radiação infravermelha).

As **radiações ionizantes** são aquelas que são capazes de produzir uma reação de ionização. Outra característica das radiações ionizantes não está só no fato da ionização, mas também na capacidade destas serem bastante penetrantes em comparação com a radiação não ionizante. São inúmeras e importantíssimas as aplicações das radiações ionizantes, como o uso na medicina (raios X, tomografia computadorizada e radioterapia), além de também serem encontradas na natureza em elementos radioativos (urânio 235, rádio, potássio 40). As radiações ionizantes englobam raios X, raios γ, partículas α, β e nêutrons.

As principais alterações na saúde do trabalhador, em decorrência da exposição à radiação não ionizante, são as alterações nos olhos e na pele, como:

- queimaduras;
- eritemas;
- dermatites;
- manchas;
- envelhecimento precoce;
- câncer de pele;
- conjuntivite;
- ceratite;
- catarata.

As radiações ionizantes podem causar diarreia, náuseas, vômitos, inflamação da boca e da garganta, queda de cabelo, fraqueza e, inclusive, câncer.

Pressão anormal

Refere-se às condições hiperbáricas, nas quais a pressão do ambiente é maior que a atmosférica. Quanto maior a profundidade, maior será a pressão à qual serão submetidos. Os trabalhos sob ar comprimido, em tubulões pneumáticos e túneis pressurizados, por exemplo, bem como trabalhos submersos realizados por mergulhadores, são exemplos de exposição a esse tipo de risco.

Saiba mais

A exposição a pressões anormais pode causar a ruptura do tímpano quando o aumento de pressão for brusco e houver a liberação de nitrogênio em tecidos e vasos sanguíneos, além de ocorrerem embolias, intoxicações provocadas por oxigênio e gás carbônico devido à sua maior concentração e morte.

Riscos ergonômicos

A palavra **ergonomia** vem das palavras gregas *ergon*, que significa trabalho, e *nomos*, que significa regras, sendo assim, pode ser definida como o estudo das leis do trabalho, que visam a adaptar o ambiente de trabalho às condições necessárias ao conforto e à saúde do trabalhador.

São três os tipos de ergonomia:

- **Ergonomia física:** a qual está relacionada ao estudo da postura no trabalho, ao manuseio de materiais, aos movimentos repetitivos, aos distúrbios musculoesqueléticos relacionados ao trabalho, ao projeto de posto de trabalho, à segurança e à saúde.
- **Ergonomia cognitiva:** refere-se aos processos mentais, cujos tópicos relevantes incluem o estudo da carga mental de trabalho, a tomada de decisão, o desempenho especializado, a interação homem-computador, o estresse e o treinamento, conforme esses se relacionam a projetos envolvendo seres humanos e sistemas.
- **Ergonomia organizacional:** inclui as estruturas organizacionais, políticas e de processos, como projeto de trabalho, organização temporal do trabalho, trabalho em grupo, projeto participativo, trabalho cooperativo, cultura organizacional, organizações em rede e gestão da qualidade (WALDHELM NETO, 2015).

São exemplos de riscos ergonômicos: esforços físicos intensos; levantamento e transporte manual de peso; exigências e posturas inadequadas; controle rígido de produtividade; imposição de ritmos excessivos; trabalho em turnos e trabalhos noturnos; jornadas de trabalho prolongadas; monotonia e repetitividade; outras situações causadoras de estresse físico e/ou psíquico.

Algumas questões ergonômicas no ambiente de trabalho devem ser observadas, como, por exemplo, em relação ao mobiliário: altura da bancada de trabalho; cadeira confortável; se o monitor oferece ajuste de altura; se os painéis estão adaptados à estatura das pessoas; se as cadeiras têm altura ajustável que se adapte à estatura do trabalhador e ao tipo de função; se estas têm encosto na região lombar; se há borda frontal arredondada e pouca ou nenhuma conformação no assento.

Nas atividades que envolvem leitura de documentos para digitação, deverá ser disponibilizado suporte adequado para documentos que possa ser ajustado, proporcionando boa postura, visualização e operação, evitando movimentação frequente do pescoço e fadiga visual. Os computadores devem ter ajuste de iluminação de tela e tela antirreflexo, os teclados não devem ser integrados, permitindo mobilidade para ajuste, de acordo com a tarefa, e serem posicionados em superfícies de trabalho com altura ajustável.

Consequências dos riscos ergonômicos

As lesões resultantes das condições ergonômicas inadequadas são chamadas de LER/DORT (lesões por esforços repetitivos ou distúrbios osteomusculares relacionados ao trabalho), que são um conjunto de doenças que atingem músculos, tendões e nervos, geralmente membros superiores (dedos, mãos, punhos, antebraços, braços e pescoço), e têm relação direta com as condições de trabalho. Pode ocorrer também em membros inferiores e na coluna vertebral. Representa cerca de 70% do conjunto das doenças profissionais registradas no Brasil e provoca dor e inflamação, podendo alterar a capacidade funcional da região comprometida. Os fatores de risco são os mesmos citados antes como riscos ergonômicos.

Algumas das patologias que podem ter relação com o trabalho e podem ser consideradas LER/DORT são:

- Tendinite: inflamação aguda ou crônica dos tendões. Geralmente é provocada por movimentação frequente e período de repouso insuficiente.
- Síndrome do túnel do carpo: compressão do nervo mediano no túnel do carpo. As causas mais comuns desse tipo de lesão são a exigência de flexão e extensão do punho.

Para evitarmos essas lesões, é importante controlar o ritmo de trabalho, reduzir as horas extras, adequar os postos de trabalho, realizar tarefas diversas, realizar exames médicos voltados aos aspectos clínicos e relativos a ossos e articulações, fazer alongamentos, eliminar os movimentos e a postura crítica, fazer revezamento, melhorar o método de trabalho e a organização do sistema de trabalho, orientar o trabalhador quanto à postura correta e realizar pausas para a recuperação.

Exercícios

1. Os agentes ambientais, ou riscos ambientais, são elementos ou substâncias presentes em diversos ambientes, que, acima dos limites de tolerância, podem gerar danos à saúde dos profissionais. Eles são agrupados em 5 classes. Qual das alternativas a seguir corresponde aos riscos considerados físicos?
   a) Solventes e tintas.
   b) Gases e poeiras.
   c) Temperaturas extremas e ruído.
   d) Má postura e exercícios repetitivos.
   e) Vírus e bactérias.
2. Entre as inúmeras consequências da exposição a riscos ambientais à saúde do trabalhador, podemos citar um conjunto de doenças que são caracterizadas pelo desgaste de estruturas do sistema musculoesquelético que atingem várias categorias profissionais. Estamos falando de qual das seguintes alterações?
   a) Doença descompressiva.
   b) Câncer.
   c) Perda auditiva induzida pelo ruído ocupacional (PAIRO).
   d) Asbestose.
   e) Lesões por esforços repetitivos ou distúrbios osteomusculares relacionados ao trabalho (LER/DORT).
3. Mobiliário adequado às características fisiológicas individuais, pausas para descanso que não atrapalhem o desenvolvimento do serviço, prática da ginástica laboral, eliminação de movimentos e postura crítica, revezamento, melhora do método de trabalho e da organização do sistema de trabalho são dicas para evitar as consequências da exposição a qual risco ambiental?
   a) Ergonômico.
   b) Físico.
   c) Químico.
   d) Biológico.
   e) Mecânico.
4. Uma das consequências da exposição a agentes ambientais é a chamada Síndrome de Raynaud, no qual as manifestações clínicas são causadas pela vasoconstrição dos vasos sanguíneos, o que resulta na redução do fluxo sanguíneo para a pele, enquanto a cianose (arroxeamento da pele) é causada pela diminuição da oxigenação nos pequenos vasos sanguíneos. Essa condição se dá pela exposição a qual agente ambiental?
   a) Ruído.
   b) Vibrações.
   c) Calor.
   d) Radiações.
   e) Má postura.
5. As radiações ionizantes são aquelas capazes de produzir uma reação de ionização. Outra característica das radiações ionizantes não está só no fato da ionização, mas

também na capacidade destas serem bastante penetrantes em comparação com a radiação não ionizante. Qual das opções a seguir é um exemplo de fonte que emite radiações desse tipo?

a) Forno de micro-ondas.
b) Raios X.
c) GPS.
d) Lâmpadas ultravioletas.
e) Metais incandescentes.

Referências

PROTECTION against frostbite during this freezing weather. 2018. Disponível em: <http://www.viralinfections.info/article/99175050/protection-against-frostbite-during-this-freezing-weather/>. Acesso em: 23 fev. 2018.

WALDHELM NETO, N. *Segurança do trabalho*: os primeiros passos. Santa Cruz do Rio Pardo, SP: Viena, 2015.

Leitura recomendada

ADALBERTO JÚNIOR, S. M. *Manual de segurança, higiene e medicina do trabalho*. 11. ed. São Paulo: RIDEEL, 2017.

Riscos químicos

Objetivos de aprendizagem

Ao final deste texto, você deve apresentar os seguintes aprendizados:

- Identificar os riscos químicos existentes nos ambientes de trabalho.
- Classificar os agentes químicos quanto ao risco à saúde.
- Descrever problemas na saúde humana decorrentes da exposição a agentes químicos.

Introdução

O risco químico é a probabilidade de determinado indivíduo sofrer agravo de acordo com aquilo que está exposto ao manipular produtos químicos que podem causar danos físicos ou prejudicar a saúde. Consideram-se agentes de risco químico as substâncias, os compostos ou os produtos que podem penetrar no organismo do trabalhador, principalmente pela via respiratória, nas formas de poeira, fumo, gás, neblina, névoa ou vapor, ou pela natureza da atividade, de exposição, que possam ter contato ou serem absorvidos pelo organismo através da pele ou por ingestão.

Neste texto, você irá conhecer a classificação dos agentes químicos e quais as consequências da exposição a esses agentes para a saúde humana.

Riscos químicos existentes nos ambientes de trabalho

Os riscos e as combinações químicas provêm dos elementos da tabela periódica. São 118 elementos, que, combinados, geram os mais de 125 milhões de agentes químicos que temos atualmente, segundo o Chemical Abstracts Service (CAS), instituto que realiza o registro de todos os agentes químicos conhecidos, no qual cada um recebe um número de registro. Apesar dessa quantidade de agentes existentes, apenas uma parcela possui seus efeitos catalogados no organismo. A Norma Regulamentadora NR 15, do Ministério do Trabalho, apresenta uma listagem de pouco mais de 150 substâncias que foram estudadas e que têm efeitos descritos na saúde, quando o trabalhador fica exposto sem a devida proteção (BRASIL, 2017).

Dessa maneira, agentes químicos são substâncias, produtos ou compostos químicos que penetram no organismo pela inalação, pela ingestão ou pelo contato com a pele (Figura 1).

A via respiratória é a principal via de ingresso dos agentes químicos, pois a maioria desses agentes está dispersa na atmosfera. Já a pele é relativamente impermeável, agindo como uma barreira de proteção, no entanto, algumas substâncias possuem a capacidade de penetrar através da epiderme, que é a primeira camada da pele. A via digestiva é a via de entrada dos agentes menos comum, contudo, pode assumir importância quando é permitido, aos trabalhadores, comer ou beber nos postos de trabalho, por exemplo, ou em caso de ingestão de agentes de forma acidental ou proposital.

O nível de toxicidade de uma substância vai depender da sua concentração no ambiente, do tempo de exposição, das características do agente e da susceptibilidade individual de cada trabalhador. A intoxicação pode ser dividida em aguda e crônica:

- **Aguda:** exposição curta em altas concentrações produzidas por substâncias rapidamente absorvidas pelo organismo.

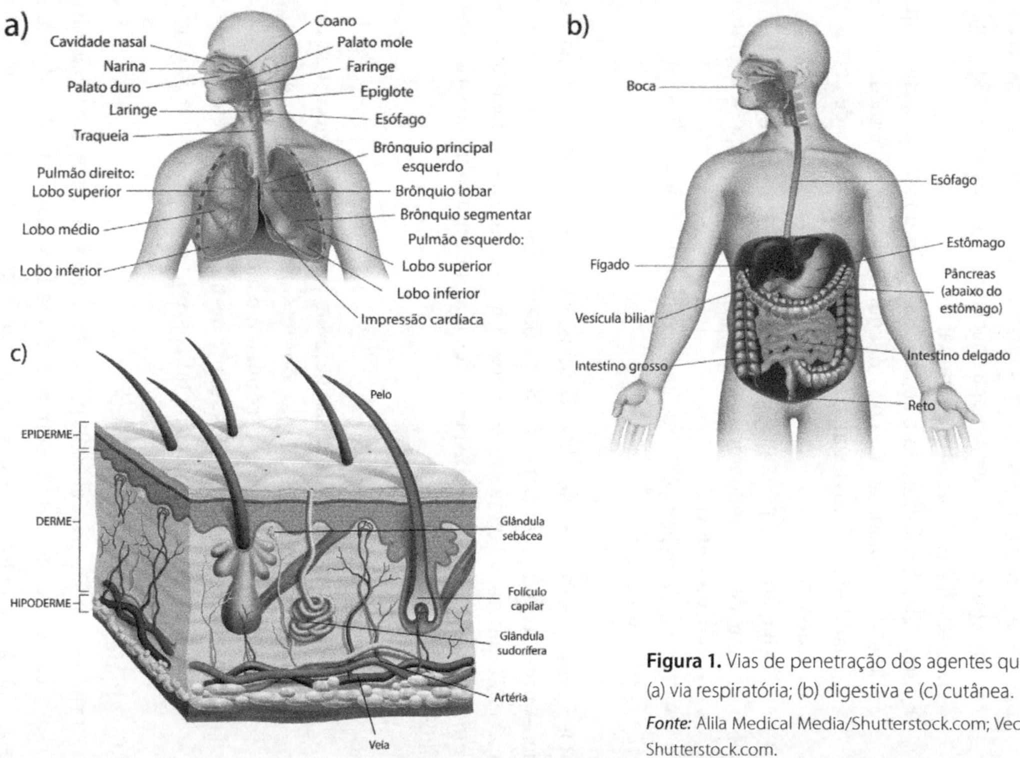

Figura 1. Vias de penetração dos agentes químicos: (a) via respiratória; (b) digestiva e (c) cutânea.

Fonte: Alila Medical Media/Shutterstock.com; Vectorism/Shutterstock.com.

- **Crônica:** exposição repetida em pequenas concentrações e com efeito acumulativo no organismo. Para avaliar o potencial tóxico das substâncias químicas, alguns fatores devem ser levados em consideração:
  - Concentração: quanto maior a concentração, maiores serão os efeitos nocivos sobre o organismo humano.
  - Frequência respiratória e capacidade pulmonar: representa a quantidade de ar inalado pelo trabalhador durante a jornada de trabalho.
  - Sensibilidade individual: o nível de resistência varia de acordo com o indivíduo.
  - Toxicidade: é o potencial tóxico da substância no organismo, dessa forma, deve-se redobrar a atenção com substâncias que têm potencial tóxico mais elevado.
  - Tempo de exposição: é o tempo que o organismo fica exposto ao contaminante.

Os agentes químicos são classificados, segundo as suas características físico-químicas, em *aerodispersoides* – partículas microscópicas que permanecem temporariamente em suspensão no ar, até sua deposição no solo ou em algum objeto. Os aerodispersoides podem ser ainda classificados em sólidos e líquidos.

- **Sólidos:** poeiras e fumos.
  - Poeiras: partículas sólidas geradas pela ruptura mecânica de um sólido, como, por exemplo, durante operações, como escavações, explosões, perfurações, lixamento e moagem.
  - Fumos: partículas sólidas suspensas no ar, geradas pelo processo de condensação de vapores metálicos, ou seja, é resultante da oxidação e da volatização de metais.
- **Líquidos:** névoas e neblinas.
  - Névoas: são partículas líquidas formadas pela fragmentação de um líquido, como, por exemplo, a névoa formada por gotículas de solvente durante a aplicação de pintura com pistola, ou a névoa formada durante a aplicação de agrotóxicos por nebulização.
  - Neblinas: partículas líquidas geradas por condensação do vapor de um líquido, como a nuvem de vapor formada quando há condensação de água.

Também são classificados como gases e vapores.

- **Gases:** fluidos que, nas condições normais de pressão e temperatura do ambiente, encontram-se na forma gasosa, como, por exemplo, o hidrogênio, o oxigênio e o nitrogênio.
- **Vapores:** substâncias que estão na forma líquida ou sólida na temperatura normal do ambiente, passando para a forma gasosa quando aquecidas, como a água e a gasolina.

Os efeitos da exposição a esses agentes no organismo incluem:

- Rinites.
- Sinusites.
- Bronquites.
- Asmas.
- Neoplasias.
- Doença pulmonar obstrutiva crônica (DPOC): grupo de doenças pulmonares no qual duas doenças se destacam por serem responsáveis por quase todos os casos.
- Bronquite crônica e enfisema pulmonar: caracterizam-se por uma limitação da passagem de ar pelas vias respiratórias dentro dos pulmões, principalmente durante a expiração.
- Pneumoconioses: grupo genérico de patologias que afetam o sistema respiratório, estando etiologicamente relacionadas à inalação de poeiras em ambientes de trabalho. Levam a um quadro de fibrose, ou seja, ao endurecimento intersticial do tecido pulmonar. As mais importantes são aquelas causadas pela poeira de sílica, configurando a doença conhecida como silicose, e as causadas pelo asbesto, configurando a asbestose.

Classificação dos agentes químicos segundo seus graus de risco

Ao manusear produtos químicos, a primeira providência é ler as instruções do rótulo, no recipiente ou na embalagem, observando a classificação quanto ao risco à saúde (R) que ele oferece e às medidas de segurança para o trabalho (S) (Tabela 1).

Tabela 1. Relação que apresenta os produtos químicos mais comuns em laboratórios de pesquisas.

Grau de risco: 1		
Agentes	**Riscos (R)***	**Cuidados (S)****
Ácido cítrico	36	25 – 26
Ácido crômico	8 – 35	28
EDTA	37	22
Ácido fosfomolíbdico	8 – 35	22 – 28
Sulfato de cobre II	22	20
Nitrato de prata	34	24 – 25 – 26
Cromado de potássio	36 – 37 – 38	22 – 28
Grau de risco: 2		
Agentes	**Riscos (R)***	**Cuidados (S)****
Ácido nítrico fumegante	8 – 35	23 – 26 – 36
Ácido sulfamílico	20 – 21 – 22	25 – 28
Amoníaco 25%	36 – 37 – 38	26
Anídrico acético	10 – 34	26
Anídrico carbônico	2	3 – 4 – 7 – 34
Sulfato de cádmio	23 – 25 – 33 – 40	13 – 22 – 44
Cianeto	26 – 27 – 28 – 32	1 – 7 – 28 – 29 – 45
Formalina	23 – 24 – 25 – 43	28
Nitrogênio – gás	2	3 – 4 – 7 – 34
O-toluidina	20 – 21	24 – 25
Oxigênio – gás	2 – 8 – 9	3 – 4 – 7 – 18 – 34
Timerosal	26 – 27 – 28 – 33	13 – 28 – 36 – 45

(Continua)

(*Continuação*)

Tabela 1. Relação que apresenta os produtos químicos mais comuns em laboratórios de pesquisas.

Grau de risco: 3		
Agentes	**Riscos (R)***	**Cuidados (S)****
Acetato de etila	11	16 – 23 – 29 – 33
Acetato de butila	11	9 – 16 – 23 – 33
Acetato	11	9 – 16 – 23 – 33
Ácido clorídrico	34	26
Ácido fórmico	31 – 37	23 – 26
Ácido láctico	34	26 – 28
Ácido perclórico	5 – 8 – 35	23 – 26 – 36
Ácido sulfúrico	35	26 – 30
Ácido tricloroacético	35	24 – 25 – 26
Acrilamida	23 – 24 – 25 – 33	27 – 44
Álcool etílico	11	7 – 9 – 16 – 23 – 33
Álcool isobutílico	10 – 20	16
Álcool metálico	11 – 23 – 25	7 – 16 – 24
Amoníaco	10 – 23	7 – 9 – 16 – 38
Anilina	23 – 24 – 25 – 33	28 – 36 – 37 – 44
Benzeno	11 – 23 – 24 – 29	9 – 16 – 29
Tetracloreto de carbono	26 – 27 – 40	38 – 45
Clorofórmio	20	24 – 25
Fenol	24 – 25 – 34	28 – 44
Nitrobenzeno	26 – 27 – 28 – 33	28 – 36 – 37 – 45
Ozônio	9 – 23	17 – 13 – 24
Dicromato de potássio	36 – 37 – 38 – 43	22 – 28
Hidróxido de potássio	35	26 – 37 – 39
Permangato de potássio	8 – 20 – 21 – 22	23 – 42
Tolueno	11 – 20	16 – 29 – 33
Xileno	10 – 20	24 – 25

(*Continua*)

(*Continuação*)

Tabela 1. Relação que apresenta os produtos químicos mais comuns em laboratórios de pesquisas.

Grau de risco: 4		
Agentes	**Riscos (R)***	**Cuidados (S)****
Acetileno	5 – 6 – 12	9 – 16 – 33
Ácido acético	10 – 35	23 – 26
Ácido fluorídrico	26 – 27 – 28 – 35	7 – 9 – 26 – 36 – 37
Ácido pícrico	2 – 4 – 23 – 24 – 25	28 – 35 – 37 – 44
Ácido sulfídrico	13 – 26	7 – 9 – 25 – 45
Azida sódica	28 – 32	28

Fonte: extraída da classificação de agentes químicos da National Fire Protection Association – NFPA – 704-m/USA.

Cada número da tabela representa um código de risco e as medidas de segurança que estão descritas no Quadro 1.

Quadro 1. Códigos de risco e medidas de segurança.

* Códigos de risco – normas R
01 – Risco de explosão em estado seco.
02 – Risco de explosão por choque, fricção ou outras fontes de ignição.
03 – Grave risco de explosão por choque, fricção ou outras fontes ignição.
04 – Formar compostos metálicos explosivos.
05 – Perigo de explosão pela ação do calor.
06 – Perigo de explosão com ou sem contato com o ar.
07 – Pode provocar incêndios.
08 – Perigo de fogo em contato com substâncias combustíveis.
09 – Perigo de explosão em contato com substâncias combustíveis.
10 – Inflamável.
11 – Muito inflamável.
12 – Extremamente inflamável.
13 – Gás extremamente inflamável.
14 – Raciona violentamente com a água.

(*Continua*)

(*Continuação*)

Quadro 1. Códigos de risco e medidas de segurança.

*** Códigos de risco – normas R**
15 – Raciona com a água, produzindo gases muito inflamáveis. 16 – Risco de explosão em misturas com substâncias oxidantes. 17 – Inflama-se espontaneamente ao ar. 18 – Pode formar misturas vapor-ar explosivas. 19 – Pode formar peróxidos explosivos. 20 – Nocivo por inalação. 21 – Nocivo em contato com a pele. 22 – Nocivo por ingestão. 23 – Tóxico por inalação. 24 – Tóxico em contato com a pele. 25 – Tóxico por ingestão. 26 – Muito tóxico por inalação. 27 – Muito tóxico em contato com a pele. 28 – Muito tóxico por ingestão. 29 – Libera gases tóxicos em contato com a água. 30 – Pode inflamar durante o uso. 31 – Libera gases tóxicos em contato com ácidos. 32 – Libera gases muito tóxicos em contato com ácidos. 33 – Perigo de efeitos cumulativos. 34 – Provoca queimaduras. 35 – Provoca graves queimaduras. 36 – Irrita os olhos. 37 – Irrita o sistema respiratório. 38 – Irrita a pele. 39 – Risco de efeitos irreversíveis. 40 – Probabilidade de efeitos irreversíveis. 41 – Risco de grave lesão aos olhos. 42 – Probabilidade de sensibilização por inalação. 43 – Probabilidade de sensibilização por contato com a pele. 44 – Risco de explosão por aquecimento em ambiente fechado. 45 – Pode provocar câncer. 46 – Pode provocar dano genético hereditário. 47 – Pode provocar efeitos teratogênicos. 48 – Risco de sério dano à saúde por exposição prolongada.

(*Continua*)

(*Continuação*)

Quadro 1. Códigos de risco e medidas de segurança.

** Códigos de medidas de segurança – normas S
01 – Manter fechado.
02 – Manter fora do alcance de crianças e pessoas leigas.
03 – Manter em local fresco.
04 – Guardar fora de locais habitados.
05 – Manter em... (líquido inerte especificado pelo fabricante).
06 – Manter em... (gás inerte especificado pelo fabricante).
07 – Manter o recipiente bem fechado.
08 – Manter o recipiente em local seco.
09 – Manter o recipiente em local ventilado.
10 – Manter o produto em estado úmido.
11 – Evitar contato com o ar.
12 – Não fechar hermeticamente o recipiente.
13 – Manter afastado de alimentos.
14 – Manter afastado de... (substâncias incompatíveis).
15 – Manter afastado do calor.
16 – Manter afastado de fontes de ignição.
17 – Manter afastado de materiais combustíveis.
18 – Manipular o recipiente com cuidado.
19 – Não comer nem beber durante a manipulação.
20 – Evitar contato com alimentos.
21 – Não fumar durante a manipulação.
22 – Evitar respirar o pó.
23 – Evitar respirar os vapores.
24 – Evitar contato com a pele.
25 – Evitar contato com os olhos.
26 – Evitar contato com os olhos, lavar com bastante água.
27 – Tirar imediatamente a roupa contaminada.
28 – Em caso de contato com a pele, lavar com... (especificado pelo fabricante).
29 – Não descartar resíduos na pia.
30 – Nunca verter água sobre o produto.
31 – Manter afastado de materiais explosivos.
32 – Manter afastado de ácidos e não descartar na pia.
33 – Evitar a acumulação de cargas eletrostáticas.
34 – Evitar choque e fricção.
35 – Tomar cuidados com o descarte.
36 – Usar roupas de proteção durante a manipulação.
37 – Usar luvas de proteção apropriadas.
38 – Usar equipamento de respiração adequado.
39 – Proteger os olhos e o rosto.
40 – Limpar corretamente os pisos e os objetos contaminados.
41 – Em caso de incêndio ou explosão, não respirar os fumos.

(*Continua*)

(*Continuação*)

Quadro 1. Códigos de risco e medidas de segurança.

** Códigos de medidas de segurança – normas S
42 – Usar equipamento de respiração adequado (fumigações). 43 – Usar o extintor correto em caso de incêndio. 44 – Em caso de mal-estar, procurar um médico (trabalho – SAST). 45 – Em caso de acidente, procurar um médico 46 – Em caso de ingestão, procurar imediatamente um médico, levando consigo o rótulo do frasco ou o conteúdo. 47 – Não ultrapassar a temperatura especificada. 48 – Manter úmido com o produto especificado pelo fabricante. 49 – Não passar para outro frasco. 50 – Não misturar com... (especificado pelo fabricante). 51 – Usar em áreas ventiladas. 52 – Não recomendável para uso interior em áreas de grande superfície.

Exemplo

Grau de Risco 1

Substância	Risco R	Segurança S
Ácido crômico	8 – 35	28

R – 08 – Perigo de fogo em contato com substâncias combustíveis.
R – 35 – Provoca graves queimaduras.
S – 28 – Em caso de contato com a pele, lavar com... (especificado pelo fabricante).

Além dessa classificação, o Regulamento (CE) nº 1272/2008 CRE (classificação, rotulagem e embalagem) harmoniza a anterior legislação da UE com o GHS (Sistema Mundial Harmonizado de Classificação e Rotulagem de Produtos Químicos), um sistema das Nações Unidas destinado a identificar produtos químicos perigosos e a informar os utilizadores sobre esses perigos. Os rótulos e as fichas de dados de segurança incluem frases e pictogramas normalizados que alertam para os perigos dos produtos químicos (Figura 2).

Figura 2. Símbolos utilizados em rótulos e fichas de produtos químicos.

Fonte: Rainer Lesniewski/Shutterstock.com.

Exercícios

1. Os agentes químicos, quando se encontram em suspensão ou dispersão no ar, são chamados de aerodispersoides. A esse respeito, assinale a alternativa correta.

a) Neblinas são partículas líquidas produzidas por condensação de vapores.

b) Poeiras são partículas gasosas produzidas por junção de partículas menores.

c) Fumos são partículas líquidas produzidas mecanicamente (em processo *spray*, por exemplo).
d) Fumaças são partículas sólidas produzidas por condensação de vapores metálicos.
e) Névoas são partículas sólidas produzidas por ruptura de pequenas partículas.

2. Qual é a principal via de ingresso dos agentes químicos?
a) Digestiva.
b) Hormonal.
c) Respiratória.
d) Cutânea.
e) Endovenosa.

3. Diversas são as patologias associadas à exposição prolongada a agentes químicos. A patologia que se caracteriza por uma limitação da passagem de ar pelas vias respiratórias dentro dos pulmões, principalmente durante a expiração, e é responsável por quase todos os casos de bronquite crônica e enfisema pulmonar é a chamada:
a) asbestose.
b) bagaçose.
c) silicose.
d) DPOC.
e) saturnismo.

4. A classificação dos agentes químicos, segundo seus graus de risco, fornece informações sobre o risco e sobre as medidas de segurança essenciais para a manipulação de uma substância química. Uma substância que possui código de risco 11 e medidas de segurança 16, de acordo com a tabela da classificação:
a) é muito inflamável e deve se manter afastada de fontes de ignição.
b) irrita a pele e se recomenda não comer nem beber durante a manipulação.
c) pode provocar câncer e se deve evitar respirar o pó.
d) é tóxica em contato com a pele e se deve evitar contato com os olhos.
e) irrita o sistema respiratório e se deve usar em áreas ventiladas.

5. Os riscos e as combinações químicas provêm dos elementos da tabela periódica. A Norma Regulamentadora NR15, do Ministério do Trabalho, apresenta uma listagem de pouco mais de 150 substâncias que foram estudadas e que têm efeitos descritos na saúde, quando o trabalhador fica exposto sem a devida proteção. São considerados riscos químicos a exposição:
a) ao calor e à umidade.
b) ao vírus e às bactérias.
c) aos solventes e às tintas.
d) ao ruído e às vibrações.
e) às pressões anormais.

Referência

Brasil. Ministério do Trabalho. *Norma Regulamentadora Nº 15*: atividades e operações insalubres. out. 2017. Disponível em: <http://trabalho.gov.br/seguranca-e-saude-no-trabalho/normatizacao/normas-regulamentadoras/norma-regulamentadora-n-15-atividades-e-operacoes-insalubres>. Acesso em: 16 fev. 2018.

Leituras recomendadas

ADALBERTO JÚNIOR, S. M. *Manual de segurança, higiene e medicina do trabalho.* 11. ed. São Paulo: RIDEEL, 2017.

AGÊNCIA EUROPEIA PARA A SEGURANÇA E SAÚDE NO TRABALHO. *Regulamento CRE*: classificação, rotulagem e embalagem de substâncias e misturas. 2008. Disponível em: <https://osha.europa.eu/pt/themes/dangerous-substances/clp-classification-labelling-and-packaging-of-substances-and-mixtures>. Acesso em: 30 jan. 2018.

BRASIL. Ministério da Saúde. *Classificação de risco dos agentes biológicos.* Brasília, DF: Ministério da Saúde, 2006. (Série A. Normas e Manuais Técnicos). Disponível em: <http://bvsms.saude.gov.br/bvs/publicacoes/classificacao_risco_agentes_biologicos.pdf>. Acesso em: 16 fev. 2018.

WALDHELM NETO, N. *Segurança do trabalho*: os primeiros passos. Santa Cruz do Rio Pardo, SP: Viena, 2015.

Riscos de acidentes

Objetivos de aprendizagem

Ao final deste texto, você deve apresentar os seguintes aprendizados:

- Compreender o que são os riscos de acidentes.
- Identificar os diferentes riscos de acidentes ocupacionais.
- Avaliar e classificar os diferentes riscos presentes no ambiente de trabalho.

Introdução

O profissional da saúde é responsável pelo gerenciamento da qualidade do serviço prestado e pela integridade física dos seus pacientes. Portanto, é necessário que o profissional da saúde saiba reconhecer quais fatores de risco de acidentes estão presentes no ambiente de trabalho, possibilitando, assim, a adesão de práticas de biossegurança e a minimização desses riscos ocupacionais.

Neste capítulo, você vai estudar o que são os riscos de acidentes, quais são esses riscos e a importância da sua avaliação.

Riscos de acidentes

Quando falamos de riscos de acidentes, imediatamente pensamos em situações trágicas, sem considerarmos que pequenas ações cotidianas também oferecem elevado grau de risco para a nossa saúde. A palavra risco é definida pelos dicionários de língua portuguesa como "perigo; probabilidade ou possibilidade de perigo; estar em risco". Apenas fazendo uso dessa descrição, podemos inferir que, mesmo fora de uma situação de risco explícita, implicitamente existe a possibilidade de estarmos em perigo.

A construção do conhecimento sobre os riscos ocupacionais não está restrita a questões informativas, mas envolve também a percepção individual sobre o problema, ou seja, a compreensão e a capacidade de assimilação dessas informações.

O termo **acidente** é utilizado para descrevermos um evento imprevisto e indesejável, instantâneo ou não, que resultou em dano à pessoa ou ao patrimônio ou em impacto ambiental. É importante deixar claro que o termo **incidente** se refere a um evento imprevisto e indesejável que poderia ter resultado em dano à pessoa ou ao patrimônio ou em impacto ambiental.

As atividades laborais sempre estão relacionadas com algum tipo de risco à saúde do trabalhador, e os riscos que ocorrem dentro do processo de trabalho são comumente chamados de **agentes de risco**. Os agentes de risco são divididos em duas classes, dependendo do tipo de ação e reação provenientes da exposição a estes. A ação direta ocorre quando o agente de risco, propriamente dito, entra em contato com o indivíduo, tais como as substâncias químicas. A ação indireta provém de alterações provocadas pela presença do agente de risco no ambiente de trabalho e que resultam em efeitos sobre os indivíduos, tais como fiações elétricas expostas, que podem ocasionar choques ou incêndios.

A biossegurança, definida por Hirata e Mancini (2002) como:

> [...] A ciência voltada para o controle e minimização de riscos advindos da prática de diferentes tecnologias, seja em laboratório seja aplicada no meio ambiente. O fundamento básico da biossegurança é assegurar o avanço dos processos tecnológicos e proteger a saúde humana, animal e o meio ambiente.

Tem como principal objetivo a prevenção de riscos e dos consequentes acidentes ocupacionais.

Fique atento

As doenças do trabalho são provenientes do exercício laboral, do local de trabalho ou dos instrumentos utilizados nas atividades, sendo assim, hipertensão arterial, ansiedade, distúrbio osteomuscular relacionado ao trabalho (DORT) e a síndrome do esgotamento profissional (SEP) também podem ser classificadas como doenças ocupacionais (CASTILHO, 2010).

Diferentes tipos de riscos e acidentes ocupacionais

A avaliação de riscos no ambiente de trabalho do profissional da saúde se faz necessária devido às atividades laborais diariamente executadas. O risco ocupacional é proveniente dessas atividades realizadas em locais onde a exposição a fatores de risco é constante. Esses fatores de risco podem ser tanto pelo desenvolvimento de atividades assistenciais diretas e indiretas, como por cuidados prestados diretamente a pacientes e em organização, limpeza e desinfecção de materiais, de equipamentos e do ambiente.

A exposição ocupacional a riscos biológicos, ou seja, a materiais possivelmente contaminantes, é definida por Marino et al. (2001, documento *on-line*, tradução nossa) como "[...] a possibilidade de contato com sangue e fluidos orgânicos no ambiente de trabalho e as formas de exposição incluem inoculação percutânea, por intermédio de agulhas ou objetos cortantes, e o contato direto com pele e/ou mucosas". O contato com materiais potencialmente contaminantes faz com que o profissional da saúde esteja sempre vulnerável a adquirir infecções graves e que causam grandes prejuízos à saúde, tais como os vírus da imunodeficiência humana (VIH ou HIV, do inglês *human immunodeficiency virus*), vírus da hepatite B (HBV) e vírus da hepatite C (HCV).

Um estudo realizado por Godfre (2001) identificou que os acidentes com materiais perfurocortantes, mais especificamente com agulhas, são responsáveis por 80 a 90% das transmissões de doenças infecciosas entre trabalhadores de saúde, sendo o risco de transmissão de infecção de uma agulha contaminada é de 1 em 3 para a hepatite B, 1 em 30 para hepatite C e 1 em 300 para HIV.

Os riscos físicos são aqueles ocasionados por situações nas quais o trabalhador está exposto a fatores como radiação, vibrações, ruídos, temperatura ambiental, iluminação e eletricidade. Todos esses fatores podem resultar em desconforto auditivo, visual e térmico. Eles também podem ocasionar lesões oculares por radiação ultravioleta, alterações morfológicas de células sanguíneas, alterações da capacidade reprodutiva do homem e da mulher, efeitos teratogênicos, radiodermites e carginogênese.

Os riscos ergonômicos estão relacionados com a adequação do sujeito e seu ambiente de trabalho, mais especificamente associado à postura inadequada e/ou prolongada, erros posturais durante o manejo de pacientes, equipamentos e materiais. A presença de móveis não adequados, ou seja, não reguláveis e com tamanho/altura que não favoreça um bom ambiente de trabalho também é categorizado como risco ergonômico.

Os riscos químicos são aqueles ocasionados durante o processo de desinfecção, esterilização, soluções medicamentosas, compostos químicos, entre outros. Esses riscos podem ocasionar queimadura de pele e mucosas, dermatites de contato, alergias respiratórias, intoxicações agudas e crônicas, alterações morfológicas de células sanguíneas, conjuntivites químicas e carcinogênese.

Saiba mais

A Organização Internacional do Trabalho (OIT) (OFICINA..., 1986), em 1986, definiu que o risco psicossocial é a interação entre o conteúdo do trabalho, sua organização e seu gerenciamento com outras condições ambientais e organizacionais de um lado, e as competências e as necessidades dos trabalhadores de outro.

Guimarães (2006) afirma que os fatores de risco psicossocial do trabalho são definidos como características do trabalho que funcionam como estressores sem recursos para o seu enfrentamento. Os fatores de risco psicossocial também podem ser entendidos como percepções subjetivas existentes para o trabalhador relacionadas aos fatores de organização do trabalho, às carreiras, ao cargo, ao ritmo, ao ambiente social e ao técnico.

Os riscos psicossociais ainda foram caracterizados em dois tipos: estressores e disponibilidade de recursos pessoais e laborais. Os estressores são definidos como as dimensões físicas, sociais e organizacionais que exigem manutenção e que se relacionam aos custos psicológicos e fisiológicos vinculados ao processo de trabalho. Já a disponibilidade de recursos pessoais e laborais se refere aos aspectos psicológicos, físicos, sociais e organizacionais que são necessários para a obtenção das metas, que visam a minimizar as demandas laborais e a estimular o desenvolvimento profissional. Já os riscos de acidentes são considerados como fatores quaisquer que coloquem o profissional em situações de perigo e, consequentemente, afete o seu bem-estar físico. Entre eles, podemos citar a manipulação de materiais sem o uso adequado de equipamentos de proteção, armazenamento inadequado de substâncias tóxicas, arranjo físico do ambiente, entre outros.

A adoção de medidas de biossegurança no dia a dia do profissional da saúde deve fazer parte de um conjunto de ações voltadas ao gerenciamento da qualidade, ou seja, os problemas relacionados à qualidade do serviço prestado estão fortemente interligados ao uso de técnicas seguras.

Saiba mais

De acordo com a OIT, ocorrem cerca de 270 milhões de acidentes de trabalho por ano em todo o mundo. Os custos desses acidentes são raramente contabilizados, mesmo em países desenvolvidos e que investem em programas de prevenção. Estima-se que 4% do produto interno bruto (PIB) sejam perdidos por doenças e agravos ocupacionais, podendo chegar a até 10%.

Análise de riscos e prevenção de acidentes

A percepção é um conjunto de processos pelos quais reconhecemos, organizamos e entendemos as sensações que recebemos dos estímulos ambientais. A construção do conhecimento sobre os riscos ocupacionais não está restrita a questões informativas, mas envolve também a percepção individual sobre o problema, ou seja, a compreensão e a capacidade de assimilação dessas informações.

A análise dos riscos tem como objetivos principais a identificação dos riscos, a avaliação do grau desses riscos e a indicação das maneiras de gerenciamento, visando a monitorá-los e, se possível, eliminá-los. Ademais, a avaliação dos riscos no local de trabalho não deve se limitar apenas à descrição dos riscos ocupacionais a que os profissionais estão expostos.

Os dados obtidos pela análise de riscos do ambiente podem ser empregados na elaboração de um mapa de risco do ambiente, que é uma ferramenta amplamente utilizada, não apenas em setores que prestam serviços à saúde, mas também em outros diversos locais de trabalho. Ele consiste na representação gráfica dos riscos à saúde identificados em todos os locais da empresa, e tem como objetivo juntar as informações referentes à situação de segurança do ambiente e da saúde dos trabalhadores que ali atuam, tendo como foco a prevenção de acidentes ocupacionais.

Em 2005, o Ministério do Trabalho e Emprego, visando a minimizar os riscos ocupacionais, implementou a Norma Regulamentadora 32 (NR 32), que estabelece as diretrizes básicas para a aplicação de medidas de proteção à segurança da saúde dos trabalhadores dos serviços de saúde.

A NR 32 estabelece medidas preventivas para a segurança e a saúde do trabalhador em qualquer serviço de saúde, inclusive em escolas e serviços de pesquisa. Tem como objetivo prevenir acidentes de trabalho e o consequente adoecimento, por meio da eliminação das condições de risco presentes no ambiente laboral. Essa norma regulamentadora também abrange a questão da obrigatoriedade da vacinação dos profissionais da saúde e determina algumas questões de vestuário, descarte de resíduos, capacitação contínua e permanente na área especifica de atuação, entre outras.

A Norma Regulamentadora 06 (NR 06), que torna obrigatório o uso de equipamentos de proteção individual (EPI), é o principal método de prevenção geral do profissional da saúde, que se dá pela utilização das precauções padrão e das medidas de proteção que devem ser tomadas por todos os profissionais de saúde, quando estes prestam cuidados aos pacientes ou manuseiam artigos contaminados, independente da presença ou não de doença transmissível comprovada, como, por exemplo, o uso de EPIs (luvas, máscaras, gorros, óculos de proteção, aventais e botas), a lavagem das mãos, o descarte adequado de roupas e resíduos, o adequado acondicionamento de materiais perfurocortantes e a vacinação de todos os profissionais contra a hepatite B.

A notificação como registro documental se faz importante para que as estimativas da ocorrência de acidentes biológicos sejam divulgadas, assim como a letalidade das infecções, para que se consiga direcionar medidas para a notificação dos acidentes, melhorar o encaminhamento dos trabalhadores acidentados aos serviços especializados e adotar medidas para a prevenção dos acidentes nos locais de trabalho.

Entretanto, para que esse controle, que visa a minimizar os riscos, seja realizado de maneira eficaz, é necessário que os profissionais da saúde possuam conhecimento sobre os riscos presentes nos seus ambientes de trabalho e a gravidade de cada fator e também que eles consigam realizar as suas atividades laborais de maneira adequada, sempre buscando prevenir ou minimizar a ocorrência de acidentes ocupacionais.

Link

Acesse o link abaixo e revise, de maneira rápida e divertida, quais são os principais riscos de acidentes presentes no ambiente de trabalho.

https://goo.gl/6iLtzw

Exercícios

1. Assinale a alternativa que explica corretamente à que se refere o termo *incidente*.

a) É o evento imprevisto e indesejável que resultou em dano à pessoa.

b) É o evento imprevisto e indesejável que poderia ter resultado em dano à pessoa ou ao patrimônio ou em impacto ao meio ambiente.

c) É o evento que instantaneamente resultou em dano ao patrimônio.

d) É o evento imprevisto e indesejável, instantâneo ou não, que resultou em dano à pessoa e ao patrimônio ou em impacto ao meio ambiente.

e) É o evento imprevisto e indesejável, que, posteriormente, resultou em dano à pessoa e ao meio ambiente.

2. A presença de gases tóxicos no ambiente de trabalho, decorrente do armazenamento inadequado, é classificada como:

a) agente de risco químico.

b) agente de risco físico direto.

c) agente de risco biológico.

d) agente de risco químico indireto.

e) agente de risco biológico indireto.

3. Alguns equipamentos utilizados na rotina laboratorial emitem elevados graus de vibrações e ruídos, podendo ocasionar desconforto auditivo e até mesmo dores de cabeça. De que maneira esses riscos podem ser classificados?

a) Riscos de acidentes.

b) Riscos biológicos.

c) Riscos físicos.

d) Riscos psicossociais.

e) Riscos ergonômicos.

4. A NR 32 tem como principal objetivo:

a) estabelecer diretrizes básicas para ações de prevenção de incêndios.

b) estabelecer diretrizes básicas para o armazenamento de produtos químicos.

c) estabelecer diretrizes básicas para a instalação da rede elétrica nos estabelecimentos que prestam serviços de saúde.

d) estabelecer diretrizes básicas para a aplicação do uso de EPIs.

e) estabelecer diretrizes básicas para a aplicação de medidas de proteção à segurança da saúde dos trabalhadores dos serviços de saúde.

5. Qual taxa (%) de transmissão de doenças infecciosas é diretamente relacionada com os acidentes com materiais perfurocortantes?

a) 60 a 80%.

b) 85 a 95%.

c) 70 a 80%.

d) 80 a 90%.

e) 70 a 90%.

Referências

BRASIL. Ministério do Trabalho e Emprego. NR 6: Equipamento de Proteção Individual – EPI. *Diário Oficial da União,* Brasília, DF, 06 jul. 1978. Atualizada em 2017. Disponível em: <http://trabalho.gov.br/images/Documentos/SST/NR/NR6.pdf>. Acesso em: 17 fev. 2018.

BRASIL. Ministério do Trabalho e Emprego. NR 32: segurança e saúde no trabalho em serviços de saúde. *Diário Oficial da União,* Brasília, DF, 16 nov. 2005. Atualizada em 2008. Disponível em: <http://trabalho.gov.br/images/Documentos/SST/NR/NR32.pdf>. Acesso em: 17 fev. 2018.

CASTILHO, C. R. N. *A relação de processo do trabalho de enfermagem com o adoecimento destes profissionais*: uma pesquisa bibliográfica. 40 f. 2010. Monografia (Especialização)- Faculdade de Medicina, Universidade Federal do Rio Grande do Sul, Porto Alegre, 2010.

GODFRE, K. Sharp practice. *Nursing Times*, London, v. 97, n. 2, p. 22-24, 2001.

GUIMARÃES, L. A. M. *Fatores psicossociais de risco no trabalho.* In: CONGRESSO INTERNACIONAL SOBRE SAÚDE MENTAL NO TRABALHO, 2., 2006, Goiânia.

HIRATA, M. H.; MANICINI FILHO, J. *Manual de biossegurança*. Barueri, SP: Manole, 2002.

MARINO, C. G. G. et al. Cut and puncture accidents involving health care workers exposed to biological materials. *The Brazilian Journal of Infectious Diseases*, São Paulo, v. 5, n. 5, p. 235-242, 2001. Disponível em: <http://www.scielo.br/scielo.php?script=sci_arttext&pid=S1413-86702001000500001>. Acesso em: 02 mar 2018.

OFICINA INTERNACIONAL DEL TRABAJO. *Factores psicosociales en el trabajo*: naturaleza, incidencia y prevención. Ginebra: OIT, 1986.

Leituras recomendadas

BRASIL. Ministério do Trabalho e Emprego. Portaria nº 485, de 11 de novembro de 2005. Aprova a Norma Regulamentadora nº32 (Segurança e Saúde no Trabalho em Estabelecimentos de Saúde). *Diário Oficial da República Federativa do Brasil*, Brasília, DF, 16 nov. 2005.

BRASIL. Ministério do Trabalho e Emprego. NR 7: Programa de Controle Médico de Saúde Ocupacional. *Diário Oficial da União,* Brasília, DF, 06 jul. 1978. Atualizada em 2013. Disponível em: <http://trabalho.gov.br/images/Documentos/SST/NR/NR7.pdf>. Acesso em: 17 fev. 2018.

MAURO, M. Y. C. et al. Riscos ocupacionais em saúde. *Revista de Enfermagem UERJ*, Rio de Janeiro, v. 12, p. 338-345, 2004.

MOURA, G. M. S. S. de. O estudo da satisfação no trabalho e do clima organizacional como fatores contributivos para o ser saudável no trabalho da enfermagem. *Texto & Contexto Enfermagem*, Florianópolis, v. 2, n. 1, p. 167-179, jul./dez. 1992.

Procedimentos de biossegurança

Objetivos de aprendizagem

Ao final deste texto, você deve apresentar os seguintes aprendizados:

- Identificar os procedimentos de biossegurança.
- Descrever o manuseio, o controle e o descarte de resíduos com risco biológico.
- Listar o manuseio de material perfurocortante.

Introdução

Neste capítulo, trabalharemos os procedimentos de biossegurança, o manuseio, o controle e o descarte de resíduos com risco biológico, bem como o manuseio de material perfurocortante.

Procedimentos de biossegurança

O gerenciamento de resíduos de serviços de saúde visa definir medidas de segurança e saúde para o trabalhor, garantindo a integridade física do pessoal direta e indiretamente envolvido, além da preservação preservação do meio ambiente. Ainda, tem por objetivo minimizar os riscos qualitativa e quantitativamente, reduzindo os resíduos perigosos e cumprindo, assim, a legislação referente à saúde e ao meio ambiente.

A adoção de procedimentos de biossegurança durante o descarte de resíduos de todo local de trabalho é extremamente importante. Do que adianta você adotar todas as técnicas disponíveis para a sua proteção durante a execução de algum procedimento (por exemplo, coleta de sangue) e posteriormente sofrer um acidente com material perfurocortante, apenas porque o acondicionamento temporário e o descarte não foram realizados adequadamente?

A Agência Nacional de Vigilância Sanitária (ANVISA) estabeleceu, por meio da Resolução da Diretoria Colegiada (RDC) 306, como deve ser realizado o manejo dos resíduos gerados por estabelecimentos de saúde (BRASIL, 2004). A RDC 306 é amplamente utilizada nos serviços da saúde para a elaboração do Plano Gerencial de Serviços de Saúde, no qual consta como deve ser realizado o manejo dos resíduos, desde sua geração até seu descarte. Esse documento deve ser de conhecimento de todos os funcionários e todos devem ter acesso a ele, garantindo, assim, a uniformidade do descarte de resíduos de acordo com as normas de biossegurança.

Vale ressaltar que todos os ambientes do local de trabalho geram resíduos, desde a recepção da empresa até as salas de esterilização. Nesse cenário, é importante sabermos quais são esses resíduos e qual a maneira correta de descartá-los.

De acordo com a RDC 306, os resíduos gerados nos serviços de saúde são classificados de acordo com as suas características biológicas, físicas, químicas, estado da matéria e origem, permitindo, dessa forma, o manejo seguro destes:

- **Grupo A:** potencialmente infectantes.
- **Grupo B:** resíduos químicos.
- **Grupo C:** resíduos radioativos.
- **Grupo D:** resíduos comuns e recicláveis.
- **Grupo E:** resíduos perfurocortantes.

Cada tipo de resíduo deve ser acondicionado em sacos e/ou recipientes com tamanhos e cores diferentes para facilitar a identificação do material. Os resíduos perfurocortantes devem ser descartados em recipientes específicos que sejam resistentes a perfurações e tenham revestimento impermeabilizante que permita a coleta de resíduos líquidos sem apresentar vazamento ou umidade.

Por outro lado, os resíduos infectantes (por exemplo, algodão e/ou papel com sangue ou outro fluído corporal) devem ser descartados em lixeiras arredondadas, propriamente identificadas na parte externa como *lixo infectante*. Tais lixeiras devem possuir tampa acionada por pedal e o saco de lixo utilizado deve ser de cor branca leitosa e conter o símbolo internacional para risco biológico.

Os resíduos orgânicos comuns, tais como papel para secar as mãos e papel higiênico, também devem ser descartados em lixeira arredondada, identificadas na parte externa como *lixo orgânico*. O saco de lixo utilizado deve ser resistente e na cor preta.

Os resíduos comuns recicláveis, tais como embalagens plásticas e papéis não contaminados, devem ser descartados em lixeira arredondada, cuja parte externa deve ser identificada como *lixo reciclável*. O saco de lixo utilizado deve ser resistente e transparente.

Fique atento

Lembre-se que é imprescindível respeitar as cores e as suas nomeações de acordo com a Resolução CONAMA nº 275/2001. A cor azul é utilizada para identificar papéis, amarelo para metais, verde para vidros, vermelho para plásticos e marrom para resíduos orgânicos (BRASIL, 2001).

Caso for necessário acondicionar temporariamente os resíduos não contaminantes, deve-se utilizar um saco plástico preto de material resistente e impermeável. Já o armazenamento temporário de resíduos dos Grupos A, B e E devem ser acondicionados em contêiner de plástico rígido com tampa, na cor azul, fornecido pela empresa terceirizada que realiza o descarte do material contaminado. A RDC 306 também prediz que os resíduos potencialmente contaminantes ou perfurocortantes gerados em domicílios, tal como agulhas para aplicação de insulina, também devem ser acondicionados e recolhidos por profissionais treinados e, posteriormente, encaminhados para as empresas terceirizadas que realizam o descarte final do material.

Fique atento

De acordo com a Sociedade Brasileira de Patologia Clínica/Medicina Laboratorial ([2009?]), o ato de recapear agulhas pode representar de 25 a 30% de todos os ferimentos com seringas de enfermagem do pessoal de laboratório.

Manuseio, controle e descarte de resíduos com risco biológico

A exposição ocupacional a riscos biológicos, ou seja, a materiais possivelmente contaminantes, é definida por Marino et al. (2001, p.??) como "[...] a possibilidade de contato com sangue e fluidos orgânicos no ambiente de trabalho e as formas de exposição incluem inoculação percutânea, por intermédio de agulhas ou objetos cortantes, e o contato direto com pele e/ou mucosas". O contato com materiais potencialmente contaminantes faz com que o profissional da saúde esteja sempre vulnerável a adquirir infecções graves e que causam grandes prejuízos à saúde, tais como os vírus da imunodeficiência humana (HIV, do inglês *human immunodeficiency virus*), da hepatite B (HBV) e da hepatite C (HCV).

Os resíduos biológicos resultantes da prestação de serviço à saúde são classificados em grandes grupos diferentes: Grupo A, D e E. O manuseio desses resíduos sempre deve ser realizado com equipamentos de proteção individual (EPIs), ou seja, o profissional deve utilizar luvas, máscaras, uniforme com mangas compridas e protetores de calçados. Além disso, é indicado que a coleta seja realizada, no mínimo, duas vezes ao dia ou sempre que atingirem 2/3 do volume máximo do recipiente. Os sacos devem ser fechados e conduzidos até o local destinado para esse fim, chaveado e com o acesso restrito aos funcionados da equipe de higienização.

Os resíduos do Grupo A possuem subclasses que dependem do tipo de resíduo gerado:

- **A1:** resíduos de cultura e estoques de microrganismos, material proveniente de campanhas de vacinação, material resultante da atenção à saúde de indivíduos com suspeita ou certeza de contaminação por agentes da Classe de Risco 4 e bolsas de transfusão com material rejeitado.
- **A2:** carcaças, peças anatômicas e vísceras de animais utilizados em pesquisa experimental.
- **A3:** peças anatômicas de seres humanos e produtos de fecundação sem sinais vitais e com peso menor que 500g.
- **A4:** acessos arteriais, endovenosos, utilizados para diálise, sobras de amostras de laboratórios, tecido adiposo, peças anatômicas provenientes de procedimentos cirúrgicos, bolsas de transfusão vazias.
- **A5:** órgãos, tecidos, fluidos orgânicos, materiais perfurocortantes e outros materiais resultantes da prestação de serviços à saúde, com suspeita ou certeza de contaminação com príons.

O armazenamento externo dos resíduos do Grupo A se dá com o acondicionamento em contêiner, fornecido pela empresa de recolhimento e tratamento de resíduos terceirizada, com tampa e identificação adequadas. Esse local deve permanecer constantemente chaveado e esses resíduos devem ser apenas recolhidos pela empresa terceirizada responsável pelo descarte final do material. Já os resíduos do Grupo D são recolhidos conforme a tabela de coleta do DMLU de cada município.

Saiba mais

Profissionais que já sofreram algum acidente ocupacional com materiais contaminantes apresentam maior nível de ansiedade, podendo resultar em menor qualidade do trabalho desenvolvido, atrasos, faltas e até mesmo maior descuido durante o manejo de resíduos perfurocortantes (MOURA, 1992).

O manuseio de materiais perfurocortantes

Durante a década de 1980, devido à epidemia do vírus HIV, os profissionais da saúde ficaram mais atentos e preocupados com possíveis contaminações relacionadas à prestação de serviços da saúde em pacientes com a síndrome da imunodeficiência adquirida (SIDA, do inglês *acquired immunodeficiency syndrome* – AIDS). A Agência americana Occupational Safety and Administration (OSHA) elaborou e estabeleceu os parâmetros para que sangue e outros fluidos corporais fossem classificados como *potencialmente infecciosos*, visando à redução de acidentes ocupacionais com materiais perfurocortantes (UNITED STATES, 2011). Posteriormente, vários métodos de prevenção primária foram estabelecidos, tais como o uso dos EPIs, o manuseio adequado do material e, também, os programas de conscientização e educação continuada.

É importante sempre manter em mente que qualquer etapa do manuseio de material perfurocortante é uma situação de risco. Além disso, o fato de tentar realizar mais de um procedimento ao mesmo tempo e a maneira como o material é utilizado podem aumentar ainda mais a chance de ocorrer um acidente de trabalho.

O manejo dos materiais perfurocortantes requer cuidados especiais quando comparados com outros tipos de resíduos, o que é dividido em diferentes etapas: segregação, acondicionamento, identificação, transporte interno, armazenamento temporário e externo, tratamento, coleta e transporte externo e descarte final.

O acondicionamento dos resíduos perfurocortantes, de acordo com a RDC 306, deve ser:

> Descartados separadamente, no local de sua geração, imediatamente após o uso ou necessidade de descarte, em recipientes, rígidos, resistentes à punctura, ruptura e vazamento, com tampa, devidamente identificados, atendendo aos parâmetros referenciados na norma NBR 13853/97 da ABNT, sendo expressamente proibido o esvaziamento desses recipientes para o seu reaproveitamento (BRASIL, 2004).

A etapa de identificação dos resíduos deve ser realizada para indicar qual tipo de risco biológico (agente) pode estar presente no material descartado. O esvaziamento e o reaproveitamento das caixas de descarte de materiais perfurocortantes são proibidos, sendo assim, o volume de acondicionamento (2/3) deve ser compatível com a quantidade de resíduo gerada.

Quanto ao descarte dos resíduos perfurocortantes, as agulhas devem ser descartadas juntamente com a seringa e o profissional não deve quebrar, entortar ou recapar agulhas ou qualquer outro tipo de perfurocortante após uso. A RDC 306 também estabeleceu que os resíduos perfurocortantes gerados durante a prestação de serviço de assistência domiciliar devem ser acondicionados e coletados por profissionais treinados.

Durante o transporte manual do recipiente utilizado para o descarte de material perfurocortante, jamais deixe que a caixa entre em contato com o seu corpo ou arraste a caixa até o seu local de acondicionamento temporário. É importante citar que o transporte interno deve ser realizado em momentos de baixo fluxo de pessoas pelo ambiente e feito por equipe responsável pelo serviço, com treinamento específico para essa atividade, sempre fazendo uso adequado dos EPIs.

Os recipientes devem ser lacrados e transportados até um local específico para o seu armazenamento temporário. O acesso a esse local deve ser restrito a funcionários treinados, juntamente com a empresa terceirizada responsável pela coleta e pelo descarte final do resíduo de tipo E.

Após a coleta dos resíduos perfurocortantes pela empresa terceirizada, estes devem ser descartados de acordo com os padrões estabelecidos na Resolução CONAMA nº 237/97, a qual estabelece que o material deve ser depositado no solo previamente preparado para esse tipo de descarte, obedecendo, dessa maneira, os critérios técnicos de construção e operação e tendo o devido licenciamento ambiental (BRASIL, 1997).

Link

Acesse o link ou código a seguir e veja como é feita a montagem de uma caixa utilizada para o descarte adequado dos materiais perfurocortantes:

https://goo.gl/q33ST5

Exercícios

1. Você trabalha em um bloco cirúrgico e precisa indicar o local correto para descarte de tecido adiposo proveniente de uma lipoaspiração. Sobre o descarte desse tipo de resíduo, é correto afirmar que:

a) deve ser acondicionado em saco branco leitoso, não requer tratamento prévio e pode ser destinado ao aterro sanitário.

b) deve ser acondicionado em saco branco leitoso, passar por autoclavagem e, por fim, ser sepultado.

c) deve ser acondicionado em saco vermelho, passar por autoclavagem e, por fim, ser levado ao aterro sanitário.

d) deve ser acondicionado em saco vermelho e incinerado.

e) deve ser acondicionado em saco plástico amarelo e tratado previamente por autoclavagem.

2. Sobre o descarte dos resíduos do Grupo A que são gerados no domicilio do paciente, é correto afirmar que:

a) devem ser recolhidos de forma adequada pelo profissional ou pela pessoa que realizou a coleta e encaminhados ao estabelecimento de saúde de referência.

b) devem ser descartados no lixo doméstico, porque têm origem doméstica.

c) devem ser acondicionados em saco plástico transparente e descartados em lixo orgânico doméstico.

d) não há nada previsto para o descarte desse tipo de material biológico, quando gerado em domicílio.

e) podem ser descartados na pia do domicílio do paciente.

3. Assinale a alternativa correta.

a) Resíduos do grupo biológicos e perfurocortantes podem ser acondicionados somente em sacos plásticos branco leitoso.

b) Todo resíduo biológico deve ser incinerado.

c) Resíduos biológicos com suspeita ou certeza de contaminação por príons devem ser incinerados.

d) Todo resíduo biológico deve receber tratamento prévio por autoclavagem.

e) Bolsas de transfusão de sangue não devem seguir normas de descarte de resíduos biológicos porque são estéreis.

4. São exemplos de resíduos do Grupo E.

a) Tubos capilares, lâminas, lamínulas e utensílios de vidro quebrados em laboratório.

b) Papel sanitário, fraldas e absorventes higiênicos.

c) Resíduos de gesso provenientes de serviços de saúde.

d) Todos os materiais perfurocortantes com suspeita de contaminação por príon.

e) Tesouras de cortar cabelo e lâminas de barbear.

5. Assinale a alternativa correta.

a) Resíduos do Grupo E podem ser reciclados e armazenados em recipientes azuis.

b) Os recipientes para armazenamento de resíduos do Grupo E não podem, em hipótese alguma, ser esvaziados para posterior reaproveitamento.

c) Resíduos do Grupo E só podem ser descartados em recipientes de papelão de cor amarela.

d) Recipientes para armazenagem de resíduos do Grupo E devem ter impressos os dizeres *Grupo E*.

e) Resíduos do Grupo E só podem ser descartados em recipientes de vidro.

Referências

BRASIL. Ministério do Trabalho e Emprego. NR 6: Equipamento de Proteção Individual – EPI. *Diário Oficial da União*, Brasília, DF, 06 jul. 1978. Atualizada em 2017. Disponível em: <http://trabalho.gov.br/images/Documentos/SST/NR/NR6.pdf>. Acesso em: 03 mar. 2018.

BRASIL. Agência Nacional de Vigilância Sanitária. *Resolução RDC nº 306, de 7 de dezembro de 2004*. Dispõe sobre o Regulamento Técnico para o gerenciamento de resíduos de serviços de saúde. Brasília, DF, 2004. Disponível em: <http://portal.anvisa.gov.br/documents/33880/2568070/res0306_07_12_2004.pdf/95eac678-d441-4033-a5ab-f0276d56aaa6>. Acesso em: 03 mar. 2018.

BRASIL. Ministério do Meio Ambiente. *Resolução CONAMA nº 275, de 25 de abril de 2001*. Estabelece o código de cores para os diferentes tipos de resíduos, a ser adotado na identificação de coletores e transportadores, bem como nas campanhas informativas para a coleta seletiva. Brasília, DF, 2001. Disponível em: <http://www.mma.gov.br/port/conamalegiabre.cfm?codlegi=273>. Acesso em: 03 mar. 2018.

BRASIL. Ministério do Meio Ambiente. *Resolução CONAMA nº 237, de 19 de dezembro de 1997.* Brasília, DF, 1997. Disponível em: <http://www.mma.gov.br/port/conama/res/res97/res23797.html>. Acesso em: 03 mar. 2018.

MOURA, G. M. S. S. de. O estudo da satisfação no trabalho e do clima organizacional como fatores contributivos para o ser saudável no trabalho da enfermagem. *Texto & Contexto Enfermagem*, Florianópolis, v. 2, n. 1, p. 167-179, jul./dez. 1992.

SOCIEDADE BRASILEIRA DE PATOLOGIA CLÍNICA/MEDICINA LABORATORIAL. *Prevenção de acidentes por material perfurocortante.* [2009?]. Disponível em: <http://www.sbrafh.org.br/site/public/temp/4f7baaa733121.pdf>. Acesso em: 03 mar. 2018.

UNITED STATES. Department of Labor. Occupational Safety and Health Administration (OSHA). *Bloodborne pathogens standard.* Washington, DC: OSHA, 2011.

Leituras recomendadas

BRASIL. Ministério do Trabalho e Emprego. Portaria nº 485, de 11 de novembro de 2005. Aprova a Norma Regulamentadora nº32 (Segurança e Saúde no Trabalho em Estabelecimentos de Saúde). *Diário Oficial da República Federativa do Brasil*, Brasília, DF, 16 nov. 2005.

HIRATA, M. H.; MANICINI FILHO, J. *Manual de biossegurança.* Barueri, SP: Manole, 2002.

UNIDADE 3

Avaliação da exposição, da notificação e da quimioprofilaxia

Objetivos de aprendizagem

Ao final deste texto, você deve apresentar os seguintes aprendizados:

- Identificar as formas de avaliação da exposição a agentes biológicos.
- Listar os procedimentos técnicos para a notificação dos acidentes ocupacionais.
- Descrever as medidas de quimioprofilaxia em casos de contaminação por HIV e hepatite.

Introdução

O risco ocupacional com agentes potencialmente transmissíveis foi identificado no início da década de 1940, porém, até recentemente, os profissionais da saúde não eram considerados como uma categoria de alto risco para acidentes ocupacionais.

Neste capítulo, você vai estudar a importância da avaliação do risco de transmissão, como deve ser realizada a notificação do acidente ocupacional, como deve ser feito o manejo pós-exposição e os esquemas de quimioprofilaxia disponíveis atualmente.

Avaliação do acidente e o risco de contaminação

A exposição dos trabalhadores da área saúde a riscos biológicos potencialmente contaminantes é, em grande parte dos campos de atuação, constante e confere grande risco à integridade física dos profissionais. Acidentes envolvendo materiais potencialmente contaminados são os mais relatados. A exposição ocupacional a riscos biológicos, ou seja, a materiais possivelmente contaminantes, corresponde às mais frequentemente relatadas.

Os materiais perfurocortantes, tais como agulhas e lâminas de bisturi, são considerados extremamente perigosos, pois podem transmitir mais de 20 agentes biológicos (patógenos) diferentes (Quadro 1), entre eles o vírus da imunodeficiência humana (HIV, do inglês *human immonodeficiency virus*), vírus da hepatite B (HVB) e vírus da hepatite C (HCV).

Quadro 1. Doenças infecciosas que podem ser transmitidas por materiais perfurocortantes.

Blasmotomicose	Mycoplasma caviae
Brucelose	Micobacteriose
Criptococose	Esporotricose
Difteria	Staphylococcus aureus
Gonorreia cutânea	Streptococcus pyogenes
Herpes	Sífilis
Malária	Toxoplasmose Tuberculose

Fonte: Adaptado de Sociedade Brasileira de Patologia Clínica/Medicina Laboratorial ([2009?]).

O risco ocupacional após a ocorrência do acidente é variável e depende de inúmeros fatores, como a gravidade da lesão, a presença e o volume de sangue, as condições clínicas do paciente que forneceu o material biológico e o uso adequado do tratamento profilático pós-exposição.

Primeiramente, deve-se identificar o material biológico envolvido, que pode ser classificado como sangue/fluidos orgânicos potencialmente contaminantes (sêmen, liquor, líquido amniótico, líquido pleural, entre outros) ou como fluidos orgânicos potencialmente não infectantes (suor, urina, fezes e saliva). Os fluidos corporais potencialmente não contaminantes **sem a presença de sangue** são considerados como líquidos sem risco de transmissão ocupacional, sendo assim, a profilaxia e o acompanhamento clínico-laboratorial não é necessário.

A análise do tipo de fluido ou tecido envolvido é crucial na determinação do potencial de transmissão decorrente do acidente, tendo em vista que cada um deles possui uma concentração diferente dos vírus que fazem parte da avaliação de risco. Os vírus da hepatite B e C possuem altas concentrações no sangue e também são encontrados em outros fluidos corporais, entre eles, o sêmen, o leite materno, o líquido sinovial, o líquido cerebrospinal (LCE), entre outros. O vírus HIV possui maiores concentrações e potencial de transmissão no sangue, nos líquidos orgânicos contendo sangue visível, no sêmen, na secreção vaginal, entre outros.

A avaliação do acidente deve ser realizada imediatamente após o ocorrido, sempre considerando a análise do acidente, a identificação do paciente-fonte do material biológico, a avaliação do risco de contaminação, a notificação do acidente e as orientações de cuidados com o local exposto.

A avaliação do risco de contaminação se baseia no potencial de transmissão dos vírus HIV, HBV e HCV, que é mensurado pelos seguintes critérios: tipo de exposição, tipo e quantidade de fluido, condições sorológicas do paciente-fonte e condições clínicas e sorológicas do profissional exposto.

O tipo de exposição também faz parte do processo de avaliação do acidente e é dividido em diferentes classes:

- **Exposições percutâneas:** lesões provocadas por materiais perfurocortantes.
- **Exposições em mucosas:** respingos nos olhos, no nariz, na boca e na genitália.
- **Exposições em pele não íntegra:** contato direto com feridas abertas ou outros tipos de lesões cutâneas, inclusive mordidas humanas quando existir a presença de sangue.

Os acidentes ocupacionais mais graves decorrentes da exposição a agentes biológicos são geralmente relacionados aos maiores volumes de sangue, às lesões profundas provocadas por material perfurocortante, à presença de sangue visível no material cortante, aos acidentes com agulhas previamente utilizadas em punções venosas ou arteriais e às agulhas de maior calibre e/ou com lúmen.

Pacientes-fonte com diagnóstico de HIV possuem diferentes níveis de possível inoculação viral, dependendo do estágio da doença/infecção e da situação atual de viremia do paciente. É importante deixar claro que mesmo quando a carga viral do paciente-fonte for baixa, sempre existe a possibilidade de transmissão quando houver a presença de pequenos volumes de sangue.

A avaliação do paciente-fonte é realizada de acordo com os dados presentes no prontuário médico deste, incluindo informações sobre exames laboratoriais realizados, história clínica e diagnóstico de admissão (caso o paciente seja positivo para infecções por HIV, HVB e HCV). Caso o paciente-fonte seja desconhecido, deve-se levar em conta os dados epidemiológicos e clínicos referentes às infecções por HIV, HVB e HCV da população que o material biológico provém. Durante a avaliação das condições clínicas e sorológicas do acidentado, deve-se verificar se ele possui vacina para hepatite B, comprovando a imunização pelo exame para anti-HBs, e realizar a sorologia para HIV, HVB e HCV.

Fique atento

O uso de AZT após a exposição percutânea com sangue sabidamente infectado pelo vírus HIV pode reduzir as chances de transmissão em até 81% (CARDO et al., 1997).

Registro e notificação de acidentes ocupacionais

Todos os acidentes de trabalho devem ser devidamente protocolados e registrados com todas as informações pertinentes ao acidente em questão, tais como:

- data e hora;
- avaliação do tipo de exposição;
- área do corpo atingida;
- tipo, volume e tempo de contato com o material biológico;
- descrição dos EPIs (equipamentos de proteção individual) utilizados pelo profissional no momento do acidente;
- causa e descrição do acidente;
- local do serviço de saúde onde ocorreu o acidente;
- detalhe do procedimento realizado durante o acidente.

Também devem ser informados e registrados os dados sobre o paciente-fonte, incluindo o histórico clínico e os resultados dos exames sorológicos. Caso o paciente seja HIV positivo, os dados sobre o estágio da infecção, o histórico de tratamento e a carga viral também devem ser incluídos na documentação.

Ademais, a documentação para o registro de acidente ocupacional exige os dados do profissional acidentado, como o seu nome, a sua ocupação, a sua idade, as datas de coleta e os resultados dos exames laboratoriais, o uso ou não da quimioprofilaxia, as reações adversas decorrentes das medicações antirretrovirais, a vacinação, o uso de imunossupressores ou o histórico de doenças imunossupressoras, as condutas que foram indicadas logo após o acidente e se houve ou não acompanhamento pós-exposição. Caso o profissional, após a ocorrência do acidente, tiver recusado a realização dos exames sorológicos ou o uso de quimioprofilaxia, essas informações devem ser registradas e atestadas pelo profissional.

É importante citar que também existem orientações legais em relação à legislação trabalhista. Os profissionais públicos e privados são diferentes naquilo que diz respeito à categoria, entretanto, nesse caso, o registro de acidente ocupacional é necessário em ambas as classes. De acordo com a legislação, o profissional privado deve informar o acidente ocupacional em até 24h, por meio de um formulário chamado de CAT (Comunicação de Acidente de Trabalho). Quanto aos funcionários públicos, conforme o Regime Jurídico Único (RJU), que regulamenta, a partir da Lei nº 8.112/90 (Art. 211 a 214), o acidente ocupacional, este deve ser registrado em até 10 dias após o ocorrido. Portanto, os profissionais da saúde de diferentes estados e municípios devem seguir aquilo que é estabelecido por lei de acordo com o RJU local.

Os medicamentos utilizados para a quimioprofilaxia, a vacina para hepatite B e as imunoglobulinas devem, por determinação da Legislação Trabalhista Brasileira, estar sempre disponíveis nos locais de trabalho, tanto públicos ou privados.

Saiba mais

Apenas em 1999, o Ministério da Saúde brasileiro preconizou o uso da quimioprofilaxia após a exposição ocupacional a agentes biológicos.

Procedimentos pós-exposição e quimioprofilaxia

Após a ocorrência de uma exposição ocupacional, a identificação e a avaliação sobre a sorologia do paciente-fonte são imprescindíveis. O Ministério da Saúde estabeleceu medidas de cuidados imediatos com a área exposta, preconizando que lesões cutâneas ou percutâneas devem ser higienizadas abundantemente com água corrente e sabão, enquanto as lesões em mucosas devem ser lavadas apenas com água ou solução fisiológica.

Caso o paciente-fonte seja conhecido e não conste informações sobre a situação sorológica referente aos vírus do HIV, da hepatite B e da hepatite C, ele pode ser informado sobre a importância dos exames e posteriormente consultado se aceita realizar essas avaliações clínicas. Caso o paciente-fonte for desconhecido ou não aceitar os exames sorológicos, as informações epidemiológicas e o tipo de acidente devem ser utilizados para a análise da probabilidade de transmissão.

Nas situações em que o paciente-fonte consentiu com a realização dos exames sorológicos, primeiramente, deve-se realizar um teste rápido para o HIV no paciente, tendo em vista que esse é um método que, em menos de 30 minutos, fornece informações preliminares de infecção por esse vírus. Se o teste rápido der **não reagente**, a profilaxia antirretroviral não deve ser iniciada ou deve ser interrompida, caso o profissional acidentado já estiver fazendo uso dos medicamentos.

Quando indicada, a profilaxia deve ser iniciada o mais rápido possível, preferencialmente nas duas primeiras horas após o acidente e, caso a exposição tiver ultrapassado o prazo de 72 horas, não é recomendado iniciar a profilaxia, mas, sim, realizar a avaliação do risco da exposição.

A quimioprofilaxia é realizada com medicamentos antirretrovirais, por meio de uma combinação de diferentes tipos, visando a potencializar a ação do tratamento contra os vírus mais resistentes. Há dois programas diferentes de tratamento: o básico, no qual é feita a combinação de apenas dois medicamentos – a Zidovudina (AZT) associada à Lamivudina (3TC) –, e nos casos de exposições de alto risco, quando é utilizado o esquema expandido, no qual são utilizados três medicamentos – o AZT, a 3TC e o Lopinavir/ritonavir (LPV/r).

Por recomendação do Ministério da Saúde, todos os profissionais da saúde acidentados devem possuir acompanhamento clínico e laboratorial, independentemente do tipo de acidente, fluido, estado sorológico do paciente-fonte, entre outros. Portanto, o acompanhamento clínico deverá ser iniciado logo após a exposição, por um período de 6 a 12 semanas após o ocorrido, e deverá ser finalizado apenas seis meses após o acidente. Caso o paciente-fonte tiver sorologia positiva para HIV e/ou HCV, o acompanhamento deverá ser realizado até um ano após a exposição.

Ao longo do acompanhamento clínico, será realizada a avaliação do acidente de acordo com a gravidade e o tipo, juntamente com todos os exames sorológicos, a vacinação e o uso da quimioprofilaxia.

A vacinação para o HBV é o método mais eficaz de prevenção de hepatite B ocupacional, dessa forma, recomenda-se que os profissionais (ou estudantes e estagiários) sejam vacinados antes de serem admitidos. A vacina para hepatite B possui aproximadamente 90% de eficácia em adultos saudáveis e seu esquema de vacinação é composto por 3 doses, no qual a segunda dose deve ser aplicada entre 1 e 2 meses após a primeira e a terceira 6 meses após a primeira dose.

Caso ocorra um acidente ocupacional no qual seja detectada a infecção por HVB, os profissionais previamente vacinados devem realizar exames sorológicos para confirmar a imunização. Nesses casos, não existe indicação de acompanhamento sorológico ou recomendação para quimioprofilaxia.

Nos casos em que a imunização não é comprovada e/ou houver exposição de profissionais não vacinados, recomenda-se fazer testes sorológicos para os marcadores virais de hepatite B no momento do acidente e 6 meses após a exposição. Caso o profissional apresente resultado positivo, este deverá ser encaminhado para os serviços especializados, nos quais será realizado o acompanhamento clínico juntamente com outros exames laboratoriais.

Até o momento, não existe nenhuma medida específica para a redução do risco de transmissão da hepatite C após a exposição ocupacional. Estudos realizados com imunoglobulinas não demonstraram eficácia profilática e/ou que o uso do Interferon é eficaz apenas quando a infecção já está devidamente estabelecida.

Link

Acesse o link a seguir e revise, de maneira simples, como deve ser realizada a quimioprofilaxia pós-exposição para o HIV.

https://goo.gl/vv6Qcr

Exercícios

1. Os resíduos potencialmente não contaminantes são:

a) Suor, saliva e liquor.
b) Suor, urina, fezes e sêmen.
c) Suor, urina, fezes e saliva.
d) Urina, suor, saliva e fezes com sangue visível.
e) Sêmen, urina, fezes e saliva com sangue visível.

2. Os acidentes mais graves são principalmente relacionados com:

a) o grande volume de sangue, as lesões superficiais e as agulhas de maior calibre.
b) a presença de sangue visível no material, as lesões profundas e a baixa viremia do paciente-fonte.
c) as lesões profundas, a presença de sangue visível no material, as agulhas de grande calibre, os grandes volumes de sangue e a alta viremia do paciente-fonte.
d) as lesões superficiais, a presença de sangue visível no material, as agulhas de menor calibre, os pequenos volumes de sangue e a alta viremia do paciente-fonte.
e) as lesões profundas, a presença de sangue visível no material, as agulhas de maior calibre, os pequenos volumes de sangue e alta viremia do paciente-fonte.

3. O Ministério da Saúde recomenda que a quimioprofilaxia seja iniciada em quanto tempo após a exposição ocupacional?

a) Logo após o acidente ou em até, no máximo, 24 horas.
b) Logo após o acidente ou em até, no máximo, 10 dias.
c) Após os exames e os resultados sorológicos do profissional acidentado.
d) Logo após o acidente ou em até, no máximo, 72 horas.
e) Após a realização de todos os exames sorológicos do paciente-fonte e do profissional acidentado.

4. A vacina contra a hepatite é o método de prevenção mais eficaz contra a transmissão ocupacional, apresentando, aproximadamente, 90% de sucesso em indivíduos adultos saudáveis, porém, o seu esquema de vacinação é realizado em etapas. Assinale a alternativa correta, considerando o dia 0 como a primeira dose da vacina.

a) Dia 0, dia 30, dia 120.
b) Dia 0, dia 90, dia 180.
c) Dia 0, dia 30-60, dia 180.
d) Dia 0, dia 70, dia 150.
e) Dia 0, dia 150, dia 180.

5. As exposições em pele não íntegra são aquelas que:

a) ocorrem pelo contato direto com feridas abertas ou outras lesões cutâneas e mordidas humanas sem a presença de sangue.
b) ocorrem por meio de respingos nos olhos, no nariz, na boca e na genitália.
c) ocorrem por meio de cortes com lâminas cirúrgicas.
d) ocorrem pelo contato direto com feridas abertas ou outras lesões cutâneas e mordidas humanas com a presença de sangue.
e) ocorrem por meio de lesões profundas com agulhas calibrosas.

Referências

BRASIL. *Lei nº 8.112, de 11 de dezembro de 1990.* Dispõe sobre o regime jurídico dos servidores públicos civis da União, das autarquias e das fundações públicas federais. Brasília: DF, Senado Federal, 1991. Disponível em: <http://www.planalto.gov.br/ccivil_03/Leis/L8112cons.htm>. Acesso em: 28 fev 2018.

CARDO, D. M. et al. A case-control study of HIV seroconversion in health care workers after percutaneous exposure. *The New England Journal of Medicine*, London, v. 337, p. 1485-1490, 1997.

SOCIEDADE BRASILEIRA DE PATOLOGIA CLÍNICA/MEDICINA LABORATORIAL. *Prevenção de acidentes por material perfurocortante.* [2009?]. Disponível em: <http://www.sbrafh.org.br/site/public/temp/4f7baaa733121.pdf>. Acesso em: 09 fev. 2018.

Leituras recomendadas

BRASIL. Ministério da Saúde. *Recomendações para atendimento e acompanhamento de exposição ocupacional a material biológico*: HIV e Hepatites B e C. Brasília, DF: Ministério da Saúde, 2004.

BRASIL. Ministério da Saúde. Secretaria de Atenção à saúde. Coordenação nacional de DST e AIDS. *Recomendações para terapia antirretroviral em adultos e adolescentes infectados pelo HIV.* Brasília, DF: Ministério da Saúde, 2006.

BRASIL. Ministério da Saúde. Secretaria de Atenção à saúde. Departamento de Ações Programáticas Estratégicas. *Exposição a materiais biológicos*: saúde do trabalhador; protocolos de complexidade diferenciada. Brasília, DF: Ministério da Saúde, 2006. (Série A. Normas e Manuais Técnicos).

BRASIL. Ministério do Trabalho e Emprego. Portaria nº 485, de 11 de novembro de 2005. Aprova a Norma Regulamentadora nº32 (Segurança e Saúde no Trabalho em Estabelecimentos de Saúde). *Diário Oficial da República Federativa do Brasil*, Brasília, DF, 16 nov. 2005.

Equipamentos de proteção individual e coletiva

Objetivos de aprendizagem

Ao final deste texto, você deve apresentar os seguintes aprendizados:

- Identificar quais são os principais equipamentos de proteção individual (EPIs).
- Reconhecer os equipamentos de proteção coletiva (EPCs).
- Elencar quais EPIs e EPCs devem ser utilizados de acordo com o Nível de Biossegurança do ambiente.

Introdução

Devido à exposição constante do profissional da saúde a inúmeros fatores de risco, a utilização dos equipamentos de proteção individual e coletiva assume um papel de grande importância para a preservação da saúde do trabalhador. Assim, é preciso que o profissional saiba reconhecer a necessidade desses equipamentos para o bom funcionamento do ambiente de trabalho e de que maneira o seu uso adequado pode minimizar os ricos relacionados às tarefas laborais.

Neste capítulo, você vai estudar quais são os EPIs e os EPCs nos laboratórios clínicos e experimentais e como eles devem ser utilizados de acordo com a classe de risco e com o Nível de Biossegurança presentes no ambiente de trabalho.

Equipamentos de proteção individual

A prevenção de doenças infecciosas em ambientes de prestação de serviços de saúde exige que certas precauções sejam adotadas, entre elas, destaca-se o uso dos equipamentos de proteção individual (EPIs) e dos equipamentos de proteção coletiva (EPCs). Esses equipamentos necessitam do certificado de aprovação (CA) do Ministério do Trabalho e Emprego (MTE), que é o órgão governamental responsável pela análise e pela aprovação da comercialização desses produtos. O principal objetivo do CA é garantir a qualidade dos equipamentos de proteção por meio de inúmeros testes que indicam o grau de proteção, a durabilidade e o conforto do produto.

Inicialmente, é importante citar que a empresa é obrigada a fornecer os EPIs para todos os seus funcionários que estiverem nas situações em que as medidas gerais de segurança não garantam proteção completa contra os riscos presentes no ambiente, caso as medidas de proteção coletiva ainda não estejam totalmente implantadas ou quando o profissional estiver em uma situação de emergência.

Os EPIs não são destinados apenas para a proteção da saúde do profissional, mas também visam à prevenção e, consequente, à minimização do risco de transmissão de doenças infectocontagiosas. Os EPIs que devem ser utilizados estão sempre relacionados ao potencial risco de exposição a fluidos orgânicos (sangue e outros líquidos corporais), contato direto com lesões cutâneas, mucosas e cuidados envolvendo procedimentos invasivos.

A Norma Regulamentadora nº 6 (NR-6) da Agência Nacional de Vigilância Sanitária (ANVISA) divide os EPIs em nove grupos diferentes, classificados de acordo com a parte do corpo para qual oferecem proteção (BRASIL, 1978):

- Proteção da cabeça: capacete, capuz ou balaclava.
- Proteção dos olhos e face: óculos, máscara de solda e protetor facial.
- Proteção auditiva: protetor auditivo.
- Proteção respiratória: purificador de ar não motorizado, purificador de ar motorizado, respirador de adução de ar tipo linha de ar comprimido, respirador de adução de ar tipo máscara autônoma e respirador de fuga.

Avental

O avental, ou jaleco, pode ser classificado como avental de uso diário, avental para procedimentos não invasivos e avental para procedimentos invasivos.

O avental de uso diário serve para identificar o profissional e proteger as roupas. Ele deve, preferencialmente, ser de mangas longas e ter comprimento abaixo dos joelhos. Mesmo sendo o jaleco de uso diário, ele deve sempre ser abotoado e utilizado apenas no local de trabalho, ou seja, jamais deve ser utilizado em áreas públicas, tais como restaurantes, lanchonetes e banheiros.

É importante sempre remover o avental na hora de sair do ambiente de trabalho e o pendurar no lugar destinado, dessa forma, evita-se a transmissão de possíveis patógenos presentes no tecido e/ou a contaminação por algum patógeno presente no ambiente que seria levado de volta para o local de trabalho. O avental deve ser lavado sempre que necessário ou, no mínimo, duas vezes por semana.

Já o avental para procedimentos não invasivos é destinado para situações em que o profissional sabidamente entrará em contato com fluidos orgânicos (coleta de sangue, aplicação de vacinas, exames clínicos, entre outros). O avental de tecido não estéril deve, obrigatoriamente, ter mangas longas e comprimento abaixo dos joelhos. Também existe o avental descartável não estéril, o qual também tem mangas longas e comprimento abaixo do joelho, entretanto, esse tipo de jaleco é utilizado durante procedimentos de isolamento e é descartado logo após o uso.

O avental cirúrgico é diferenciado, pois, além de passar pelo processo de esterilização, é longo, tem mangas compridas e punhos ajustáveis, os quais têm uma alça de fixação no polegar (evita que as mangas se desloquem durante o procedimento). Esse tipo de avental para procedimentos invasivos é utilizado apenas em cirurgias de grande porte, nas quais a exposição ao sangue e a outros fluidos corporais é alta.

Gorro

O gorro deve ser utilizado para evitar a queda de cabelo em materiais ou locais estéreis. O uso adequado do gorro requer que este recubra todo o cabelo e as orelhas do profissional. Ele precisa ser descartado imediatamente após o uso.

Luvas

As luvas devem ser utilizadas sempre que o profissional da saúde entrar em contato direto com um indivíduo, fluidos orgânicos, fezes, produtos químicos ou temperaturas extremas, conforme as classificações abaixo:

- **Luvas de látex:** procedimentos em geral, visando à proteção contra agentes biológicos e soluções químicas diluídas (exceto solventes orgânicos).
- **Luvas de cloreto de vinila (PVC) e látex nitrílico:** procedimentos que, em geral, visam à proteção contra agentes biológicos e produtos químicos ácidos, cáusticos e solventes.
- **Luvas de fibra de vidro com polietileno reversível:** proteção contra materiais cortantes.

- **Luvas de fio *kevlar* tricotado:** manuseio de materiais com temperaturas até 250 °C.
- **Luvas térmicas de *nylon*:** manuseio de materiais com temperaturas ultrabaixas, tais como *freezer* -80 °C e nitrogênio líquido (-195 °C).
- **Luvas de borracha:** utilizadas para a realização de serviços gerais de limpeza e descontaminação.

Ao utilizar as luvas de procedimento, o profissional deve sempre se atentar para a troca de luvas entre cada paciente ou análise laboratorial, bem como removê-las prontamente após o uso, evitando, dessa forma, possíveis contaminações cruzadas entre as luvas contaminadas e outras pessoas e/ou superfícies. Sempre mantenha em mente que as luvas reduzem o risco de contaminação, mas sem eliminá-lo totalmente.

O profissional sempre deve utilizar luvas de tamanho adequado, permitindo o ajuste ideal e evitando qualquer tipo de intercorrência durante a realização do procedimento. A remoção das luvas deve ser realizada com cuidado para evitar que a superfície contaminada entre em contato com as mãos do profissional.

Protetor ocular e/ou facial

Este deve ser usado quando houver risco de contaminação dos olhos e/ou da face com sangue, fluidos corpóreos, secreções e excretas, não sendo de uso individual. O profissional deve utilizar o protetor ocular e/ou facial em todas as situações que podem gerar respingos de sangue e/ou gotículas de outras secreções corporais possivelmente contaminantes.

Geralmente, os óculos e/ou protetores faciais são fabricados com materiais rígidos (acrílico ou polietileno), visando a evitar a ocorrência de respingos pelas porções superiores e laterais dos olhos.

Sapatos e botas

Recomenda-se que o profissional da saúde utilize exclusivamente sapatos fechados e, se possível, impermeáveis.

Máscara

Deve ser usada quando houver risco de contaminação da face com sangue, fluidos corpóreos, secreções e excretas.

É utilizada para evitar a transmissão de gotículas ou em procedimentos em que materiais estéreis sejam utilizados. As máscaras também protegem ou minimizam a inalação de gases, poeiras, névoas e voláteis e podem ser de tecido, sintéticas e com filtro.

Os filtros PFF (peças faciais filtrantes) são classificados da seguinte forma:

- PFF1: poeiras e névoas.
- PFF2: poeiras, névoas, fumos e agentes biológicos/voláteis.
- PFF3: poeiras, névoas, fumos, radionuclídeos e preparação de quimioterápicos e citostáticos/voláteis.

Fique atento

Todos os equipamentos de proteção (individuais ou coletivos) devem estar dentro do prazo de validade. Essa informação precisa, obrigatoriamente, constar no CA de todos os equipamentos de proteção (BRASIL, 1978).

Equipamentos de proteção coletiva

Os EPCs são sistemas de contenção que têm como objetivo minimizar ou eliminar a exposição a fatores de riscos de todos os profissionais presentes em determinado ambiente de trabalho. Os EPCs não se limitam apenas a equipamentos específicos, mas também a medidas de prevenção simples, como a ventilação do local, com exaustores e condicionadores de ar, placas sinalizadoras, pisos antiderrapantes, corrimãos e extintores de incêndio.

Entretanto, outros tipos de EPCs são utilizados em ambientes de prestação de serviços de saúde que têm finalidades especificas de acordo com o tipo de procedimento realizado:

- **Chuveiro de emergência:** para banhos em caso de acidentes com produtos químicos e fogo. É instalado em local de fácil acesso, sendo acionado por alavancas de mão, cotovelos ou joelhos.
- **Lava-olhos:** usado em casos de acidentes na mucosa ocular, promovendo a remoção da substância e diminuindo os danos.

- **Autoclave:** para o processo de esterilização de materiais ou resíduos produzidos em laboratório, diminuindo os efeitos contaminantes dos resíduos sobre o meio ambiente.
- **Cabines de segurança biológica:** protege o profissional e o ambiente laboratorial dos aerossóis potencialmente infectantes que podem se espalhar durante a manipulação dos materiais biológicos. Alguns tipos de cabine protegem também o produto manipulado do contato com o meio externo, evitando a contaminação.
- **Cabines de exaustão química:** protege o profissional da inalação de vapores e gases liberados por reagentes químicos e evita a contaminação do ambiente laboratorial, retirando do ambiente laboral os vapores e os gases nocivos.

A velocidade de exaustão da capela deverá ser verificada periodicamente, a fim de examinar se o sistema de exaustão tem força suficiente para promover a exaustão de gases leves, os quais ocupam rapidamente as camadas superiores, e dos gases pesados que tendem a permanecer nas partes baixas da capela.

É importante citar que todos os EPCs devem seguir algumas exigências, tais como: limpeza, lubrificação e manutenção frequente do equipamento, estar de acordo com o risco que irão minimizar e serem fabricados com materiais resistentes a impactos, à corrosão, a desgaste, entre outros.

Saiba mais

A análise e a manipulação de agentes biológicos requerem o uso de substâncias químicas ou até mesmo de radioisótopos. Nesse caso, o volume e a quantidade de produtos químicos e radioisótopos determina qual cabine deve ser utilizada ou modificada (BRASIL, 2006).

Níveis de Biossegurança: quais são os EPIs e os EPCs adequados?

A exposição a fatores de risco biológico é inerente ao trabalho realizado nos serviços de saúde por meio de patógenos, como vírus, bactérias, parasitas e fungos, os quais, em contato com o profissional, podem ocasionar inúmeras patologias. Esses agentes biológicos são classificados em 4 classes de risco, de acordo com o grau de perigo para a saúde do profissional, a capacidade de propagação para outros indivíduos e a existência de tratamentos e/ou terapias profiláticas (Quadro 1).

Quadro 1. Classes de risco de biossegurança.

Classe de risco	Risco individual	Risco coletivo	Tratamento ou medidas profiláticas
1	Baixo	Baixo	-
2	Moderado	Baixo	Disponíveis
3	Elevado	Moderado	Nem sempre existem
4	Elevado	Elevado	Atualmente, não existem

Fonte: adaptado de Norma Regulamentadora nº 6 (NR-6) (BRASIL, 1978).

Ademais, conforme as diretrizes do Ministério da Saúde (MS), foram determinados quatro Níveis de Biossegurança (NB) conforme os cuidados necessários para contenção do tipo de agente patológico.

NB-1

Refere-se ao trabalho com agentes biológicos da Classe de Risco I. Recomenda-se a utilização de EPIs adequados e o cumprimento das boas práticas de laboratório. O NB-1 exige a utilização de avental, luvas, óculos e calçado fechado.

NB-2

Refere-se à manipulação de agentes biológicos da Classe de Risco II. Geralmente são aplicados a laboratórios clínicos e hospitalares, nos quais, além do uso dos EPIs, os profissionais também devem fazer uso da contenção por meio de barreiras primárias (cabines de segurança biológicas) e secundárias (projeto do ambiente/laboratório de acordo com a legislação). Os profissionais que atuam em locais NB-2 devem utilizar avental, proteção respiratória, luvas, óculos e calçado fechado. Ademais, os locais NB-2 devem ter lava olhos e cabines de segurança classe II (EPCs).

NB-3

Refere-se a ambientes nos quais microrganismos da Classe de Risco III são manipulados ou em locais que tenham altas concentrações de agentes da Classe II. Esse tipo de ambiente exige medidas de contenção física primária e secundária e o local deve ser projetado de maneira específica, visando à contenção de agentes de alto risco. O local deve ser rigorosamente controlado por meio de medidas de vigilância, inspeção e manutenção, além de todos os funcionários do local serem devidamente treinados sobre as Normas de Biossegurança e a correta manipulação desse tipo de material.

Os EPIs exigidos para esses locais são: avental, proteção respiratória (máscara com filtro), luvas, óculos e calçado fechado. O local deve ter como EPCs: lava olhos, sistema de alarme, escoamento de ar direcionado e cabines de segurança classe II ou III.

NB-4

Refere-se ao nível de segurança máxima, ou seja, são locais que desenvolvem projetos e manipulam agentes biológicos da Classe de Risco IV. Esses locais devem ser projetados e construídos em áreas isoladas, funcionalmente independentes de outras áreas. É preciso que haja todos os EPIs supracitados, juntamente com procedimentos de segurança especiais.

Os profissionais que trabalham em ambientes NB-4 devem utilizar máscara facial ou macacão pressurizado, luvas, óculos, roupa protetora completa e calçado fechado como EPI. Os EPCs exigidos são: lava olhos, equipamentos de exaustão, vácuo e descontaminação e cabines de segurança classe III.

Link

As classes de riscos são importantes para que o profissional consiga determinar quais equipamentos de proteção devem ser utilizados e como deve ser feita a manipulação dos patógenos de acordo com a classificação.

Acesse o link ou código a seguir e identifique as classes de risco de diferentes microrganismos.

https://goo.gl/DfZ4ve

Exercícios

1. Selecione a alternativa que apresenta exemplos de EPI e EPC.

a) Cabine de segurança biológica e exaustor.
b) Macacão e luvas.
c) Protetor facial e sapatos fechados.
d) Avental e máscaras com filtro.
e) Protetor ocular e lava-olhos.

2. Em relação ao uso adequado dos EPIs, assinale a alternativa correta.

a) O avental pode ser utilizado em áreas externas.
b) As luvas de látex geralmente são utilizadas na manipulação de substâncias químicas ácidas, cáusticas e solventes orgânicos.
c) As luvas de borracha podem ser utilizadas no manuseio de materiais em temperaturas ultrabaixas.
d) O gorro é utilizado para evitar a queda de cabelos em materiais ou locais estéreis.
e) O avental para procedimentos não invasivos pode possuir mangas curtas.

3. Sobre os EPIs, assinale a alternativa correta.

a) A empresa não é obrigada a fornecer os EPIs adequados.
b) Não é de responsabilidade do empregador que os funcionários façam o uso correto dos EPIs.
c) É de responsabilidade do trabalhador adquirir ou substituir os seus EPIs.
d) O profissional deve adaptar os EPIs de acordo com o risco, sem treinamento prévio.
e) É de responsabilidade do empregador fornecer os EPIs e orientar o seu uso correto.

4. Em relação aos EPCs, assinale a alternativa incorreta.

a) O lava-olhos é utilizado em situações de acidentes na mucosa ocular.

b) A autoclave diminui os efeitos contaminantes dos resíduos sobre o meio ambiente.

c) As cabines de exaustão química são utilizadas para evitar a propagação de aerossóis potencialmente infectantes.

d) Todos os EPCs devem ser fabricados com materiais resistentes a impactos, à corrosão e a desgaste.

e) As cabines de segurança biológica protegem o profissional e o ambiente dos aerossóis potencialmente infectantes.

5. Em relação aos níveis de biossegurança (NB), assinale a alternativa correta.

a) Os laboratórios NB-1 não exigem o uso de EPIs.

b) Os laboratórios NB-4 podem ser construídos em áreas com grande densidade populacional.

c) Os profissionais que trabalham em laboratórios NB-2, NB-3 e NB-4 não necessitam de treinamentos específicos.

d) Apenas os laboratórios NB-3 e NB-4 necessitam de cabines de segurança classe III.

e) A contenção primária se refere ao projeto do ambiente, enquanto a contenção secundária é relacionada com a utilização de cabines de segurança.

Referências

BRASIL. Ministério da Saúde. Secretaria de Ciência, Tecnologia e Insumos Estratégicos. *Diretrizes gerais para o trabalho em contenção com agentes biológicos.* 2. ed. Brasília, DF: Ministério da Saúde, 2006.

BRASIL. Ministério do Trabalho e Emprego. *NR 6:* Equipamento de Proteção Individual – EPI. Diário Oficial da União, Brasília, DF, 06 jul. 1978. Atualizada em 2017. Disponível em: <http://trabalho.gov.br/images/Documentos/SST/NR/NR6.pdf>. Acesso em: 13 mar. 2018.

Leituras recomendadas

BRASIL. Ministério do Trabalho e Emprego. Portaria nº 485, de 11 de novembro de 2005. Aprova a Norma Regulamentadora nº32 (Segurança e Saúde no Trabalho em Estabelecimentos de Saúde). *Diário Oficial da República Federativa do Brasil*, Brasília, DF, 16 nov. 2005.

CAMISASSA, M. Q. *Segurança e saúde no trabalho:* NRs 1 a 36 comentadas e descomplicadas. Rio de Janeiro: Método, 2015.

Métodos de limpeza, desinfecção e esterilização de materiais laboratoriais e hospitalares

Objetivos de aprendizagem

Ao final deste capítulo, você deve apresentar os seguintes aprendizados:

- Descrever os processos de limpeza de ambientes laboratoriais e hospitalares.
- Diferenciar os tipos de técnicas de desinfecção de materiais.
- Identificar os diferentes tipos de técnicas de esterilização.

Introdução

As técnicas de limpeza e esterilização são imprescindíveis para o controle de infecções, pois é pelo seu uso que garantimos a completa eliminação dos agentes biológicos que podem contaminar produtos e materiais. Os procedimentos realizados no ambiente de serviços de saúde, na sua maior parte, necessitam de instrumentos que entram em contato direto com vários pacientes e fluidos corporais.

Neste capítulo, você vai estudar a importância da limpeza e da desinfecção do ambiente, as técnicas de desinfecção de materiais e os processos de esterilização.

Processos de limpeza de ambientes laboratoriais e hospitalares

Os ambientes que prestam serviços à saúde, sejam eles hospitais, laboratórios clínicos ou experimentais e clínicas particulares, concentram, no mesmo local, pessoas, equipamentos, livros, vidrarias e inúmeros outros materiais. Sendo assim, a limpeza e a higienização devem ser executadas rigorosamente e com cuidados especiais.

De acordo com a Agência Nacional de Vigilância Sanitária (ANVISA), a limpeza e a higienização do ambiente fazem parte dos critérios mínimos para a qualidade e o funcionamento adequado dos locais que oferecem atendimento à saúde. Um dos principais fatores que justificam tamanha importância das técnicas de limpeza e higienização desses ambientes é a grande rotatividade de pessoas, o que, claramente, acontece em inúmeros locais, desde lojas, shoppings e restaurantes, porém, os indivíduos que fazem uso do serviço ali prestado geralmente estão doentes, sendo assim, há, constantemente, a manipulação de fluidos orgânicos potencialmente contaminados .

Os ambientes de saúde também são classificados de acordo com o risco. Os ambientes críticos são aqueles com maior número de pacientes graves e os que realizam procedimentos invasivos e análises de materiais orgânicos potencialmente contaminados, tais como os centros cirúrgicos, os centros de terapia intensiva (CTI), os centros de esterilização, os centros de hemodiálise e os laboratórios clínicos.

As áreas semicríticas são aquelas onde os pacientes internados estão e onde o risco de infecção é menor, como, por exemplo, enfermarias quartos, ambulâncias e ambulatórios. Por fim, são consideradas como áreas não críticas todos os setores onde não existe risco de contaminação, como salas de reuniões e refeitórios, por exemplo.

Durante o processo de limpeza do ambiente, o profissional deve utilizar os equipamentos de proteção individual (EPIs) e coletiva (EPCs). Os EPIs necessários são as luvas, as máscaras, os protetores oculares, o avental e os sapatos fechados. O principal EPC que deve ser utilizado durante os procedimentos de limpeza são as placas sinalizadoras (piso molhado/escorregadio).

Os processos de limpeza de superfícies em serviços de saúde envolvem a limpeza concorrente (diária) e limpeza terminal. A limpeza concorrente é aquela que deve ser realizada diariamente, com a finalidade de limpar e organizar o ambiente de trabalho, repor os insumos de consumo diário e separar e organizar os materiais que serão processados para a esterilização. A limpeza concorrente deve ser realizada em todas as superfícies horizontais de móveis e equipamentos, portas, maçanetas, piso e instalações sanitárias. A limpeza terminal não é muito utilizada fora de ambientes hospitalares e Unidades de Pronto Atendimento (UPAs), pois é feita com máquinas de lavar piso e com produtos químicos mais fortes.

A limpeza dos pisos deve ser realizada diariamente e, sempre que necessário, primeiramente varrendo os resíduos existentes. Utilize um pano embebido em água e sabão e sempre faça uso de dois baldes com água: um contendo água limpa e produto e o outro com água apenas para o enxague do pano, removendo, assim, o excesso de sujidade. Posteriormente, o produto desinfetante, geralmente hipoclorito de sódio, deve ser aplicado em toda a superfície do piso, fazendo uso de um pano limpo.

As bancadas devem ser higienizadas várias vezes ao dia, ao iniciar o turno de trabalho, entre um paciente e outro e no final do dia. A limpeza profunda das bancadas também é feita com o uso de água e sabão, seguida pela aplicação de produto desinfetante, tal como uma solução alcoólica 70% ou hipoclorito de sódio 1%. A maca e a mesa auxiliar utilizadas durante determinados procedimentos também devem ser devidamente desinfetadas no início do turno de trabalho, entre um paciente e outro e no fim do dia. Essa desinfecção pode ser realizada com a aplicação de solução alcoólica 70%, utilizando compressa estéril ou gaze, sempre do local mais contaminado para o menos contaminado.

A limpeza do ambiente – piso, bancadas e equipamentos – deve ser realizada de acordo com as normas de biossegurança adequadas. A limpeza sempre deve ser realizada no sentido da área mais limpa em direção à mais suja e/ou da mais contaminada para a menos contaminada. O movimento deve ser o mesmo, sempre de cima para baixo e no mesmo sentido e direção, ou seja, se você começar pelo lado superior esquerdo da área, o movimento será de trás para frente e deve ser repetido na área adjacente àquela que foi higienizada. Os movimentos circulares ou de *vai e vem* apenas espalham mais a sujeira, portanto, evite utilizá-los durante a higienização do local.

Por fim, para contextualizar todas as informações abordadas neste capítulo, recomenda-se que todo estabelecimento elabore e deixe disponível para todos os funcionários um Manual de Rotinas e Procedimentos. Assim, todos os procedimentos de limpeza, esterilização e outras recomendações estarão padronizados e descritos passo a passo, melhorando a qualidade do serviço prestado e reduzindo os riscos de biossegurança.

Fique atento

A escolha do processo de descontaminação deve se basear nas condições do estabelecimento e na classificação do material que está sendo processado para esterilização.

Métodos de desinfecção

O processo de esterilização de materiais tem grande impacto sobre o controle de infecções nos ambientes de prestação de serviços de saúde. A exposição contínua dos profissionais da saúde a agentes biológicos identificados já foi amplamente descrita, entretanto, atualmente, é possível observar um relevante aumento de patógenos resistentes a terapias convencionais.

Inicialmente, precisamos definir os termos que serão utilizados no texto a seguir. Quando falamos em assepsia, estamos referenciando o uso de produtos químicos na pele ou em outros tecidos corporais, os quais têm como principal objetivo a neutralização ou a eliminação de microrganismos potencialmente contaminantes, mas sem ação esporicida (eliminação de esporos). Já o processo de desinfecção se refere ao uso de métodos físicos ou de produtos químicos que são capazes de destruir a maior parte dos microrganismos, entretanto esporos bacterianos, fungos e vírus ainda podem resistir ao processo de desinfecção. Sendo assim, o processo de desinfecção foi dividido em três categorias de eficácia: alta, intermediária e baixa.

O processo de desinfecção de alta eficiência ocorre pela aplicação de soluções germicidas capazes de eliminar todos os microrganismos, exceto os esporos bacterianos maiores. A desinfecção intermediária também é realizada com um agente germicida, o qual elimina todos os microrganismos, exceto os endósporos bacterianos. A desinfecção de baixa eficácia é realizada com agente germicida fraco que tem a capacidade de eliminar quase todas as bactérias e todos os vírus envelopados.

O processo de esterilização é realizado com métodos físicos ou químicos que eliminam todos os tipos de agentes biológicos, sejam eles bactérias, microbactérias, vírus não envelopados e fungos, juntamente com seus esporos.

O Sistema de Classificação de Spaulding, elaborado em 1972, categorizou os equipamentos e os instrumentos que devem ser esterilizados ou desinfetados de acordo com o risco de infecção para o paciente. A Classificação de Spaulding é composta por três categorias de risco e ainda é utilizada para determinar qual método deve ser escolhido e empregado.

De acordo com a Classificação de Spaulding (Figura 1), os objetos críticos são aqueles que entram em contato direto com a corrente sanguínea ou outros locais estéreis do corpo, tais como instrumentos cirúrgicos, cateteres, agulhas e implantes. Esses materiais devem, obrigatoriamente, passar pelo processo de esterilização.

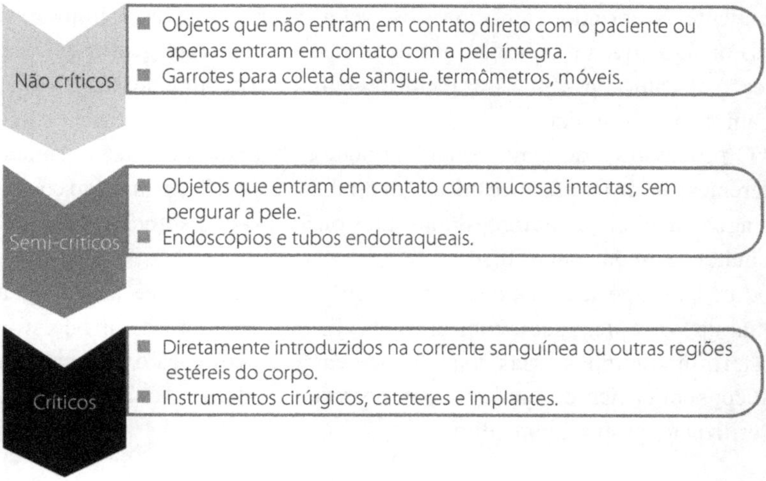
Não críticos
Objetos que não entram em contato direto com o paciente ou apenas entram em contato com a pele íntegra.
Garrotes para coleta de sangue, termômetros, móveis.
Semi-críticos
Objetos que entram em contato com mucosas intactas, sem pergurar a pele.
Endoscópios e tubos endotraqueais.
Críticos
Diretamente introduzidos na corrente sanguínea ou outras regiões estéreis do corpo.
Instrumentos cirúrgicos, cateteres e implantes.

Figura 1. Esquema da classificação de Spaulding.

Já os objetos semicríticos são aqueles que entram em contato com mucosas intactas, sem perfuração cutânea, tais como endoscópios e tubos endotraqueais. Esses materiais devem ser esterilizados ou altamente desinfetados. Por fim, os objetos não críticos são aqueles que não entram em contato com o paciente ou entram em contato apenas com a pele íntegra. Os materiais não críticos podem ser higienizados e desinfetados com soluções germicidas intermediárias ou apenas com água e sabão. Garrotes para coleta de sangue e mobília são classificados como objetos não críticos.

Conforme quase todos os procedimentos laboratoriais, as técnicas de esterilização também necessitam que o profissional tome precauções específicas antes de iniciar o processo. Essas precauções garantem que as técnicas de esterilização sejam realizadas corretamente, aumentando, dessa forma, a sua eficácia. O uso de EPIs é obrigatório, independentemente da classificação do material que seja esterilizado ou desinfetado. Portanto, você deve sempre considerar que o material está contaminado, estando ele visivelmente sujo ou não.

Todos os materiais devem ser lavados com água corrente, fazendo uso de fricção mecânica e de uma esponja ou pano com sabão. Somente após esse processo de lavagem o material pode ser enviado para esterilização ou desinfecção. A padronização da técnica com Protocolos Operacionais Padrão (POPs) é recomendada, principalmente em relação ao local onde o material será lavado, ou seja, em uma pia específica para essa tarefa ou dentro de algum recipiente apropriado. Também é possível utilizar máquinas de limpeza com jatos de água quente ou máquinas de ultrassom com detergentes em vez de fricção mecânica, porém, essas técnicas de limpeza geralmente ficam restritas ao ambiente hospitalar.

O processo de descontaminação pode ser realizado de várias maneiras diferentes, desde fricção mecânica com produtos específicos, imersão completa em água em ebulição durante 30 minutos ou até mesmo autoclavagem prévia do material ainda contaminado.

Após a limpeza e/ou a descontaminação, o material deve ser enxaguado em água corrente e seco com um pano limpo, secadora de ar ou estufas. Ao término de todas essas etapas, você então classificará o material como crítico, semicrítico ou não crítico e, posteriormente, iniciará o processo de esterilização propriamente dito.

Saiba mais

Precauções e recomendações sobre o uso do aparelho de autoclave:

- O carregamento de materiais no autoclave não deve ultrapassar 2/3 da capacidade do cesto.
- A distribuição dos cestos deve ser feita de forma a garantir a circulação do vapor.
- A autoclavação perde a eficiência se o vapor não atingir todos os materiais.
- Não coloque hipoclorito de sódio no autoclave. Esse tipo de desinfetante é altamente oxidante e sua associação com material orgânico em autoclave pode ser explosiva.

Técnicas de esterilização

Os ambientes laboratoriais precisam de procedimentos padronizados que visem a garantir a segurança dos profissionais e de outras pessoas presentes no ambiente. Recomenda-se que a higienização dos materiais tenha um POP elaborado e disponível para todos os funcionários do local, permitindo, assim, que o material seja sempre higienizado e esterilizado da mesma maneira. Todos os objetos que entraram em contato direto com pacientes ou fluidos corporais necessitam, obrigatoriamente, da realização dos processos de limpeza e esterilização.

Os materiais podem ser esterilizados com as seguintes técnicas:

- Técnicas de esterilização química;
- Técnicas de esterilização física.

Técnicas de esterilização química

A esterilização química é realizada com soluções esterilizantes, geralmente com a imersão do material contaminado dentro da solução. Tendo em vista que produtos químicos fortes são utilizados durante o processo de esterilização química, o profissional deve ser mais cuidadoso em relação ao manuseio do material e jamais esquecer que colocar os EPIs adequados.

Ademais, a esterilização química requer cuidados prévios com o material que será submetido ao processo. Isso se faz necessário devido ao fato de que os objetos são devidamente esterilizados após a exposição ao produto químico, portanto, as peças devem ser lavadas e secas rigorosamente para evitar que a água presente na superfície do objeto altere a concentração do produto químico.

O material deve ser completamente imerso no agente químico e o recipiente deve ficar fechado durante o tempo que o material ficará em contato com a solução. É importante anotar a hora de início e de término do processo de esterilização e, ao retirar o material da solução química, sempre utilizar luvas estéreis. Após a remoção do material, este deve ser enxaguado com água destilada ou deionizada, pois o contato com água corrente, ou até mesmo com o soro fisiológico, pode oxidar o objeto. Por fim, deve-se usar uma compressa estéril para secar o material e o utilizar imediatamente.

Vários tipos de soluções químicas são utilizados no processo de esterilização, como o glutaraldeído, o ácido peracético (0,2%), o formaldeído, entre outros, por exemplo, e podem ser citados. Entretanto, esses produtos são altamente tóxicos, de difícil acesso, caros e exigem um longo período de imersão para que o material seja corretamente esterilizado.

A desinfecção dos materiais é, geralmente, realizada com soluções alcoólicas ou com hipoclorito de sódio (1%), que são produtos de fácil acesso e baratos. Porém, é importante citar que esses dois produtos agem apenas como desinfetantes de baixa eficácia, sendo assim, utilizar apenas essas soluções não garante a total esterilização dos materiais.

Técnicas de esterilização física

As técnicas de esterilização física são aquelas que utilizam o calor em diferentes formas ou alguns tipos de radiação durante o processo de esterilização dos materiais.

Os materiais podem ser esterilizados com calor seco, ou seja, com uma estufa (ou forno de Pasteur) pela exposição dos objetos a temperaturas de 170 °C durante 120 minutos. Os microrganismos presentes nos materiais são eliminados pela sua oxidação e sua desidratação. Recomenda-se o calor seco na esterilização de vidrarias, metais, óleos e substâncias em pó, uma vez que são resistentes a altas temperaturas ou então poderiam oxidar caso fossem esterilizados com o calor úmido. Os materiais cortantes não podem passar pelo processo de esterilização com calor úmido, tendo que vista que, ao entrarem em contato com o vapor, oxidariam e perderiam o fio.

Os materiais mais sensíveis, tais como produtos têxteis, plásticos ou emborrachados, não devem ser submetidos à esterilização com calor seco devido à alta temperatura necessária. Além disso, esse processo requer maior tempo de exposição do material à alta temperatura, pois age lentamente quando comparado com o calor úmido.

A técnica de esterilização com calor úmido, também conhecida como autoclavagem, é recomendada como tratamento para materiais classificados como críticos, os quais são resistentes a altas temperaturas. Os materiais semicríticos, quando sabidamente resistentes, também podem ser submetidos ao processo de autoclavagem, tendo em vista que esta é uma técnica de baixo custo e rápida.

Os equipamentos de autoclave esterilizam os materiais devido à presença de vapor saturado sob pressão dentro da câmara do aparelho, o que consegue desnaturar e coagular as proteínas dos microrganismos presentes nos objetos. Durante essa técnica, o material fica exposto ao vapor sob pressão, a 121°C, durante 15 minutos. Além do vapor saturado sob pressão, a presença de água é um fator chave para a eliminação de todos os microrganismos, pois ela auxilia na destruição das membranas e das enzimas dos microrganismos, além realizar a quebra das pontes de hidrogênio entre as moléculas orgânicas. Todos esses fatores supracitados demonstram o porquê a técnica de autoclavagem é o método mais eficaz para a esterilização completa dos materiais.

Depois de lavar e secar os materiais, eles devem ser acondicionados em embalagens adequadas à técnica, e estas devem ser fechadas e estéreis, garantindo, dessa forma, que o material continue esterilizado até o momento do uso. No caso das autoclaves, a embalagem (invólucro) comumente utilizada é um filme de poliamida e papel *kraft* com pH de 5 a 8. Outros tipos de embalagens também podem ser utilizadas, porém, são de baixo custo benefício ou têm menor eficácia na manutenção da esterilidade do material.

Link

Acesse o link a seguir e veja, passo a passo, como utilizar adequadamente um equipamento de autoclave.

https://goo.gl/HbfMSh

Exercícios

1. Selecione a alternativa que corresponde ao processo utilizado para destruir todas as formas de vida microbiana, por meio do uso de agentes físicos e químicos.
a) Descontaminação.
b) Desinfecção.
c) Esterilização.
d) Fricção.
e) Limpeza.

2. Qual das alternativas a seguir é a técnica física ou química que elimina todos os microrganismos, com exceção dos esporos bacterianos?
a) Degermação.
b) Oxidação.
c) Limpeza.
d) Esterilização.
e) Desinfecção.

3. Os procedimentos cujos materiais contêm presença de saliva após seu uso devem ser classificados como:
a) materiais ultracríticos.
b) materiais críticos.
c) materiais pouco críticos.
d) materiais não críticos.
e) materiais semicríticos.

4. Os materiais classificados como críticos, ou seja, aqueles que penetram na pele, nas mucosas e nos tecidos devem passar por qual processo?
a) Limpeza com água e sabão seguida de solução alcoólica.
b) Esterilização apenas quando houver evidência da presença de microrganismos contagiosos.
c) Desinfecção de alta eficiência ou esterilização devido ao risco de transmissão de infecção.
d) Esterilização.
e) Lavagem com água e sabão e, depois disso, serem colocados em estufa para secar.

5. A limpeza do ambiente de trabalho tem como objetivo a remoção do excesso de sujidade e/ou matéria orgânica, reduzindo, assim,o número de microrganismos presentes.

Qual medida é fundamental para a limpeza do ambiente de trabalho?

a) Usar água e sabão.

b) Não realizar movimentos circulares.

c) Iniciar a limpeza pelo chão e depois pelas paredes.

d) Usar escovas em vez de panos.

e) Limpar da área menos contaminada para a mais contaminada.

Leituras recomendadas

BRASIL. Agência Nacional de Vigilância Sanitária. Biossegurança. *Revista Saúde Pública*, v. 39, n. 6, p. 989-991, dez. 2005.

BRASIL. Agência Nacional de Vigilância Sanitária *Segurança do paciente em serviços de saúde:* limpeza e desinfecção de superfícies. Brasília, DF: Anvisa, 2010.

BRASIL. Ministério da Saúde. Secretaria de Assistência à Saúde. Coordenação-Geral das Unidades Hospitalares Próprias do Rio de Janeiro. *Orientações gerais para a Central de Esterilização*. Brasília, DF: Ministério da Saúde, 2001.

BRASIL. Ministério da Saúde. Coordenação de Controle de Infecção Hospitalar. *Processamento de artigos e superfícies em estabelecimentos de saúde*. 2. ed. Brasília, DF: Ministério da Saúde, 1994. Disponível em: <http://bvsms.saude.gov.br/bvs/publicacoes/superficie.pdf>. Acesso em: 04 abr. 2018.

HIRATA, M. H.; MANCINI-FILHO, J. M. *Manual de biossegurança*. 2. ed. São Paulo: Manole, 2012.

MASTROENI, M. F. *Biossegurança aplicada a laboratórios e serviços de saúde*. 2. ed. São Paulo: Atheneu, 2005.

Biossegurança em laboratórios clínicos, químicos e de exposição ocupacional a raios X

Objetivos de aprendizagem

Ao final deste texto, você deve apresentar os seguintes aprendizados:

- Identificar os riscos de biossegurança a que o profissional está exposto.
- Descrever as Normas de Biossegurança para boas práticas laboratoriais.
- Listar as práticas que visem a minimizar o risco de acidentes e contaminação ao profissional da saúde, bem como ao ambiente.

Introdução

Neste capítulo, estudaremos sobre a biossegurança em laboratórios clínicos (biologia molecular, virologia e nanotecnologia), bem como em laboratórios químicos e de exposição ocupacional a raios x. Os riscos de contaminação e acidentes são distintos em cada laboratório, porém, com noções básicas de biossegurança, são possíveis de serem evitados.

Os riscos de biossegurança

Nos ambientes laboratoriais, inúmeros fatores relacionados às atividades desenvolvidas acentuam o nível de exposição a agentes biológicos potencialmente contaminantes, a produtos químicos fortes, a produtos cancerígenos, a radiações ionizantes, entre outros. Esses ambientes de trabalho necessitam da implementação de Normas de Biossegurança, ou seja, do uso das Boas Práticas de Laboratório (BPL).

Mastroeni (2004, p. 2) define a biossegurança como a

> [...] aplicação do conhecimento, técnicas e equipamentos, com a finalidade de prevenir a exposição do trabalhador, laboratório e ambiente a agentes potencialmente infecciosos ou biorriscos. Biossegurança define as condições sobre as quais os agentes infecciosos podem ser seguramente manipulados e contidos de forma segura.

Os riscos individuais e coletivos de acidentes de laboratório podem ser classificados em riscos químicos, físicos, biológicos, ambientais e ergonômicos.

A exposição ocupacional a riscos biológicos, ou seja, a materiais possivelmente contaminantes, é definida por Valim e Marziale (2011) como "[...] a possibilidade de contato com sangue e fluidos orgânicos no ambiente de trabalho e as formas de exposição incluem inoculação percutânea, por intermédio de agulhas ou objetos cortantes, e o contato direto com pele e/ou mucosas".

Os riscos físicos são aqueles ocasionados por situações nas quais o trabalhador está exposto a fatores, como, por exemplo, radiação, vibrações, ruídos, temperatura ambiental, iluminação e eletricidade. Todos esses fatores podem resultar em desconforto auditivo, visual e térmico, além disso, também podem ocasionar lesões oculares por radiação ultravioleta, alterações morfológicas de células sanguíneas, alterações da capacidade reprodutiva do homem e da mulher, efeitos teratogênicos, radiodermites e carginogênese.

Os riscos químicos são aqueles ocasionados durante o processo de desinfecção, esterilização, soluções medicamentosas, compostos químicos, entre outros. Esses riscos podem ocasionar queimadura de pele e mucosas, dermatites de contato, alergias respiratórias, intoxicações agudas e crônicas, alterações morfológicas de células sanguíneas, conjuntivites químicas e carcinogênese.

Os riscos ergonômicos estão relacionados com a adequação do sujeito ao seu ambiente de trabalho, mais especificamente associado à postura inadequada e/ou prolongada e a erros posturais durante o manejo de pacientes, equipamentos e materiais. A presença de móveis não adequados, ou seja, dos não reguláveis e com tamanho/altura que não favoreça um bom ambiente de trabalho, também é categorizada como um risco ergonômico.

Entretanto, a eficácia e o controle dos riscos de biossegurança estão diretamente relacionados com o conhecimento teórico do profissional sobre os riscos presentes no seu ambiente de trabalho, com a gravidade de cada fator e com a mudança comportamental necessária para que ele consiga perceber a existência desses riscos.

Fique atento

A Norma Regulamentadora nº 5 (NR) estabeleceu a obrigatoriedade da elaboração de um mapa de risco do ambiente.

As BPLs

As boas práticas de laboratórios (BPLs) determinam que todos os profissionais devem, primeiramente, reconhecer os riscos biológicos, químicos, físicos e ergonômicos com os quais têm contato dentro do ambiente de trabalho e a quais riscos estariam mais expostos. O profissional deve ser treinado por um membro superior da equipe, visando ao aprendizado referente a precauções e procedimentos de biossegurança. O planejamento prévio do trabalho que será realizado permite que o profissional execute suas atividades com mais segurança, reduzindo significativamente os riscos associados.

Tenha em mente que você, como profissional da área da saúde, pode ser exposto a agentes biológicos, tais como a Hepatite B e o tétano, doenças que são facilmente evitadas se você estiver com as suas vacinas em dia, no entanto, caso não esteja, estas podem ser aplicadas em qualquer posto de saúde se não for o caso. Além de utilizar todas as regras de biossegurança estipuladas, também cabe ao profissional manter o ambiente de trabalho limpo e arrumado, evitando o armazenamento de materiais que não sejam necessários, bem como restringir o acesso de visitantes às áreas com maior possibilidade de contaminação.

Para a realização das suas atividades, o profissional deve fazer uso dos equipamentos de proteção necessários, portanto, ele deve utilizar roupas protetoras (uniformes, aventais e jalecos), as quais devem estar disponíveis e ser utilizadas, inclusive, por visitantes.

Fique atento

É imprescindível que seja feita a retirada do jaleco ou do avental antes de sair do ambiente. Esse tipo de vestimenta é de uso exclusivo do local de trabalho e não pode ser utilizado em áreas comuns.

Ainda sobre a vestimenta, o profissional deve utilizar sapatos fechados, evitar o uso de joias ou bijuterias e não aplicar produtos cosméticos, pois eles facilitam a aderência de agentes infecciosos na pele. O uso de lentes de contato não é recomendado, porém, se for necessário, o profissional deve utilizar proteção ocular. Caso o profissional tenha cabelos longos, estes devem estar sempre presos durante o trabalho.

As luvas devem, obrigatoriamente, ser utilizadas sempre que houver manuseio de material biológico ou procedimentos que envolvam contato direto com toxinas, sangue ou materiais contaminados. Enquanto as luvas estiverem sendo usadas, não deve haver contato com o rosto ou com objetos que possam ser manipulados sem proteção, tais como maçanetas, interruptores de luz, teclados do computador, entre outros. Deve-se, sempre, realizar o descarte correto das luvas de acordo com as Normas de Biossegurança.

É extremamente importante que as mãos sejam higienizadas antes e depois da manipulação de materiais sabidamente ou com suspeita de contaminação, além disso, não se deve esquecer que as mãos devem ser lavadas corretamente após a remoção das luvas, do avental ou do jaleco e antes de sair do ambiente de trabalho.

Caso seja necessário utilizar materiais perfurocortantes, o cuidado deve ser redobrado para evitar autoinoculação acidental, por esse motivo as agulhas jamais devem ser recapadas. Todos os objetos perfurocortantes precisam ser descartados em recipiente adequado, o qual deve ser suficientemente resistente para que não seja perfurado. Deve-se evitar o transporte de materiais contaminados, exceto nos casos em que eles foram devidamente acondicionados.

A desinfecção da superfície da área de trabalho precisa ser feita antes e depois que todos os procedimentos tenham sido realizados, independentemente do tipo de material que foi manipulado. É imprescindível que a limpeza do piso seja realizada diariamente, com água e sabão, em um primeiro momento, e, depois de a superfície estar secar, com uma solução desinfetante para garantir a máxima eliminação dos microrganismos. Durante o uso de produtos químicos, as mãos não devem tocar os olhos ou a boca para evitar, com isso, possíveis irritações ou intoxicações.

Todos os produtos utilizados nos ambientes laboratoriais devem atender aos requisitos preconizados pelo Ministério da Saúde e estar dentro do prazo de validade. Caso algum produto seja diluído, ele deve ser armazenado em embalagem adequada, a qual deve estar devidamente identificada com o nome do produto, a concentração química, a data de envase, a validade e o nome do funcionário responsável pela diluição.

Não é permitido fumar, comer e/ou beber no local de trabalho, pois existe a possibilidade da presença de agentes patológicos. Ademais, as geladeiras do ambiente de trabalho jamais devem ser utilizadas para estocar comidas ou bebidas, salvo os casos que existe uma apenas para esse propósito.

Após o término das atividades, todos os materiais utilizados que não foram descartados precisam ser esterilizados. Ao sair do ambiente de trabalho, é importante verificar se tudo está em ordem. O último a deixar o local fica encarregado de desligar todos os equipamentos e verificar se todas as lâmpadas estão desligadas.

Saiba mais

As BPLs são aplicadas para garantir a efetividade das atividades realizadas e, principalmente, minimizar a exposição aos riscos de biossegurança. Sendo assim, os responsáveis de cada laboratório e/ou setor devem supervisionar as atividades dos seus colaboradores e, sempre que possível, realizar treinamentos de reciclagem do conhecimento teórico e prático.

Práticas de minimização de acidentes nos ambientes laboratoriais

Visando a reduzir os riscos de perigos relacionados ao ambiente de trabalho, a Agência Nacional de Vigilância Sanitária (ANVISA) implementou várias Normas Reguladoras (NR) que podem ser aplicadas aos diferentes tipos de laboratórios.

Em 2005, o Ministério do Trabalho e Emprego (TEM), buscando minimizar os riscos ocupacionais, implementou a Norma Regulamentadora nº 32 (NR-32), a qual estabelece as diretrizes básicas para a aplicação de medidas de proteção à segurança da saúde dos trabalhadores dos serviços de saúde.

A NR-32 estabelece medidas preventivas para a segurança e a saúde do trabalhador em qualquer serviço de saúde, inclusive em escolas e serviços de pesquisa, além disso, tem como objetivo prevenir acidentes de trabalho e o consequente adoecimento, eliminando as condições de risco presentes no ambiente laboral. Essa norma também abrange a questão da obrigatoriedade da vacinação dos profissionais da saúde e determina algumas questões de vestuário, descarte de resíduos, capacitação contínua e permanente na área especifica de atuação, entre outras.

A NR-12 (2012) dispõe do uso de máquinas e equipamentos e dos requisitos mínimos para estes, bem como da sua procedência e de estar de acordo com as conformidades das diretrizes de segurança (selo do Inmetro). Já a NR-10 (2010) regulamenta os critérios básicos para a segurança em instalações e serviços de eletricidade, definido quais são os deveres dos profissionais da saúde em relação aos seus equipamentos, às suas manutenções, aos seus registros de inspeção, entre outros. Também existe a NR-06 (2006), referente ao uso de equipamentos de proteção individual (EPI), a qual estabelece que os empregadores devem fornecer, aos seus funcionários, todos os EPIs necessários para a execução das suas atividades laborais, sendo que a responsabilidade de fazer uso é do funcionário.

A NR-11 (2006) preconiza como deve ser o transporte, a movimentação, a armazenagem e o manuseio dos materiais do ambiente de trabalho, tendo como objetivo reduzir os possíveis riscos ergonômicos associados ao transporte de objetos pesados. A ANVISA recomenda que um carrinho seja utilizado para realizar o transporte de equipamentos apenas se for extremamente necessário. Deve-se evitar o transporte de equipamentos que contenham substâncias líquidas ou quentes.

A ANVISA também exige que todos os estabelecimentos possuam Alvará de Localização e Funcionamento, Alvará de Autorização Sanitária, Manual de Boas Práticas, Registro de Manutenção dos Equipamentos, Registro de Monitoramento dos Processos de Esterilização, bem como comprovantes de recolhimento de resíduos perfurocortantes. A ANVISA também preconiza que todos os produtos utilizados no ambiente laboratorial devem ter, no seu rótulo, as seguintes informações: nome do produto, marca, lote, prazo de validade, conteúdo, país de origem, fabricante/importador, composição do produto, finalidade de uso do produto, instruções em português, autorização de funcionamento da indústria na ANVISA e número de registro ou notificação no Ministério da Saúde.

O design do ambiente laboratorial é um fator imprescindível para a minimização dos riscos de biossegurança, tendo em vista que um projeto bem executado pode, por exemplo, evitar o transporte de resíduos potencialmente contaminantes pelas áreas de uso comum e, consequentemente, reduzir o número de profissionais e pacientes expostos a materiais perfurocortantes que estão sendo descartados.

O MTE é o órgão competente que estabelece e fiscaliza as normas relacionadas ao projeto do ambiente, o qual deve ser criado após a realização de uma avaliação de risco rigorosa, de acordo com o tipo de laboratório e com os procedimentos que serão realizados. Essa avaliação de risco permite que o projeto do ambiente seja planejado e elaborado com mais segurança, visando a minimizar a exposição dos profissionais e dos pacientes aos riscos presentes no local.

Durante a avaliação de risco do ambiente, alguns aspectos específicos precisam ser analisados. Primeiramente, deve-se elaborar uma planta que contemple todas as áreas que serão construídas (salas de laboratório, administração, recepção, almoxarifado, sanitários, entre outros), que deve se basear na demanda de trabalho esperada ao longo do tempo. É importante também considerar o número de profissionais e pacientes que farão uso do espaço, o qual deve ser grande o suficiente para permitir a limpeza e a organização do local junta e proporcionalmente ao volume de trabalho/análises que serão realizados.

Ao elaborar o design do ambiente, também é importante considerar a quantidade e o tamanho dos equipamentos e dos móveis que serão instalados no local, os quais devem ser posicionados de maneira que o fluxo de trabalho não seja interrompido.

A avaliação de risco do ambiente também requer vistoria de toda a rede elétrica, de água e esgoto. Todos os equipamentos de ar condicionado, ventilação e exaustão devem ser verificados para otimizar a remoção de aerossóis do ambiente. Por fim, deve-se realizar o gerenciamento e a avaliação dos resíduos de acordo com as Normas de Biossegurança e adequar o projeto às legislações federais, estaduais e municipais.

Nos laboratórios de radiologia, o principal objetivo da biossegurança é prevenir a exposição aos riscos físicos, ainda mais quando considerarmos que os efeitos deletérios das radiações ionizantes não são imediatamente perceptíveis, mas, sim, cumulativos.

Nos ambientes de diagnóstico por imagem, o uso da radiação ionizante é regulamentado pela Portaria Federal nº 453, de 02 de junho de 1998, que dispõe quais são os requisitos mínimos da estrutura física do ambiente, juntamente com os princípios básicos de biossegurança que devem ser respeitados.

A estrutura física exige, além da análise da planta baixa do ambiente pelos órgãos competentes, o levantamento radiométrico e o cálculo de blindagem do local. Os equipamentos que emitem radiações ionizantes necessitam de manutenção e inspeção rigorosa, principalmente em relação à quantidade de raios X que estão sendo emitidos e se esse valor está de acordo para o exame a que se propõe.

Os profissionais que atuam em ambientes de radiologia devem ser constantemente monitorados com dispositivos capazes de absorver a quantidade de radiação presente no local de trabalho, os quais são chamados de *dosímetros*. É importante citar que os dosímetros são de uso individual e exclusivo do local onde está cadastrado, tendo em vista que a radiação presente é diferente em cada ambiente do laboratório.

Há dois tipos de dosímetros:

- Dosímetro de corpo inteiro: devem ser utilizados na altura do tórax, sobre o avental plumbífero, pois, por ser a região corporal com maior índice de exposição, a aferição da dose é eficaz.
- Dosímetro de extremidades: utilizado pelos profissionais que realizam os exames, ao manipularem os pacientes ou realizarem exames com radiofármacos.

Os profissionais também devem utilizar os aventais de chumbo (plumbíferos). Esses aventais têm diferentes tamanhos e formatos e seu objetivo é proteger as regiões torácica e abdominal. Os aventais precisam ser utilizados nas salas de exame durante o seu processo de realização. Outro EPI importante é o protetor de tireoide, o qual é colocado na região do pescoço e visa a proteger a glândula tireoide, que é altamente sensível a radiações ionizantes. Os órgãos dos aparelhos reprodutores feminino e masculino também são muito sensíveis a radiações ionizantes, portanto, o uso de protetores de gônadas é recomendado sempre que o uso não interferir na qualidade do exame.

É importante citar todas essas NRs e exigências da ANVISA, pois a Vigilância Sanitária realiza inspeções para avaliar as condições do local de trabalho e avaliar se ele está de acordo com o que é preconizado por lei. Tendo em vista que nos ambientes laboratoriais são realizados procedimentos que exigem atenção especial à higiene pessoal, dos materiais e do ambiente de trabalho, essas inspeções são altamente rigorosas. As autoridades locais da Vigilância Sanitária, responsáveis pelas inspeções nos estabelecimentos de saúde, disponibilizam diretrizes que indicam quais procedimentos de higiene devem ser realizados e que, quando não cumpridos, resultam no fechamento do estabelecimento e na remoção do registro deste frente aos órgãos de saúde.

Por isso, é importante sempre estar atento aos procedimentos de limpeza e esterilização, à adoção de práticas seguras no geral, especialmente com relação aos materiais perfurocortantes, à higienização pessoal de todos que trabalham no estabelecimento e do ambiente e ao uso adequado de técnicas de biossegurança.

Os profissionais da saúde sempre devem almejar a proteção à saúde, fazendo uso de todas as técnicas de prevenção disponíveis. Dessa forma, essas NRs servem como base para o estabelecimento dessas técnicas de prevenção e a consequente adoção de práticas seguras e de boa conduta profissional nos serviços laboratoriais.

Link

Acesse o link a seguir para obter maiores informações sobre a proteção radiológica.

https://goo.gl/HbfMSh

Exercícios

1. O profissional da área da saúde deve estar familiarizado com seu ambiente de trabalho e com os possíveis riscos que esse local oferece para profissionais e usuários. Com base nessa afirmação, selecione a alternativa correta.
   a) A responsabilidade pela segurança é dever de cada um, sendo assim, ao cuidar da nossa segurança, já estamos colaborando para a diminuição dos riscos.
   b) Tendo o ambiente bem sinalizado, indicando os potenciais riscos, considera-se que já foi feita a nossa parte, não havendo a necessidade de se preocupar com outros aspectos relacionados à segurança em laboratório.
   c) Todo profissional da área de saúde, juntamente com toda a equipe que frequenta o ambiente, deve, diariamente, zelar pela rotina de segurança e pela orientação dos usuários do ambiente.
   d) Profissionais da área da saúde, por já terem estudado e sido capacitados intensamente, não sofrem riscos de acidentes, visto que conhecem muito bem o seu ambiente de trabalho.
   e) As capacitações e as reuniões frequentes sobre biossegurança e riscos de acidentes isentam o trabalhador de adotar medidas de precaução, visto que todos estarão cientes dos riscos.
2. Quanto aos equipamentos de proteção coletiva (EPCs) dentro

do ambiente dos laboratórios com riscos biológicos e químicos, podemos afirmar que:

a) são equipamentos menos eficientes na proteção individual, mas que protegem, de forma eficaz, todos os que frequentam o ambiente do laboratório.

b) são equipamentos que protegem eficientemente o seu usuário, entretanto, não têm grande eficácia na proteção do ambiente em que se encontra.

c) são equipamentos que visam a proteger o meio ambiente, a saúde e a integridade dos ocupantes de determinada área, diminuindo ou eliminando os riscos provocados pelo manuseio de produtos químicos (principalmente os tóxicos e inflamáveis) e de agentes microbiológicos e biológicos.

d) são equipamentos que protegem somente os profissionais do laboratório que estejam utilizando jaleco.

e) têm seu uso recomendado em laboratórios que utilizam radiações em sua rotina.

3. Conforme as Normas de Biossegurança em Laboratórios, pode-se afirmar que:

a) em algumas situações, podem ser reutilizadas agulhas e lancetas, atentando-se para o objetivo do uso delas.

b) ao extraviar um equipamento, o profissional pode recolher resíduos do chão diretamente com a mão.

c) o uso de rótulos em frascos de reagentes químicos é necessário apenas se ele contiver ácido.

d) os protocolos para tratamento e descarte de resíduos químicos e biológicos devem ser seguidos.

e) o manuseio dos reagentes químicos fora da capela se configura como um procedimento preconizado pelas Normas de Biossegurança.

4. Considerando os quesitos básicos de biossegurança em um laboratório químico, assinale a alternativa correta.

a) Somente os trabalhadores do laboratório devem ter conhecimento sobre os riscos de acidentes e contaminação no ambiente.

b) Devido à inexperiência, estagiários não devem executar práticas de biossegurança no laboratório.

c) Ao se deparar com um frasco quebrado com líquido no chão, conforme as Normas de Biossegurança, é necessário higienizar o local rapidamente, não sendo pertinente conhecer o conteúdo do frasco.

d) Em laboratórios químicos, o profissional deve evitar a execução de atividades de maneira isolada, tendo em vista que há aumento dos riscos de acidentes e contaminação sem outra pessoa.

e) Ao identificar as caixas a serem estocadas, não há local prioritário para o armazenamento de reagentes químicos.

5. O uso de capelas em laboratórios se configura como um método de segurança necessário em diversas ocasiões. Esses equipamentos, além da segurança individual, promovem proteção coletiva e do ambiente laboratorial. Quanto às capelas, é correto afirmar que:

a) são EPIs utilizados por todos os frequentadores do laboratório químico.
b) não correspondem aos equipamentos preconizados pelas Normas de Biossegurança em laboratórios.
c) são consideradas barreiras primárias que oferecem proteção à equipe laboratorial e ao ambiente quando utilizadas com as devidas técnicas microbiológicas.
d) configura-se também como local para o exercício da religiosidade no laboratório.
e) apresentam luz ultravioleta no seu interior e apenas duas aberturas para introdução das mãos.

Referências

BRASIL. Ministério da Saúde. Portaria/MS/SVS nº 453, de 01 de junho de 1998. *Diário Oficial da União*, Brasília, DF, 02 jun. 1998.

BRASIL. Ministério do Trabalho e Emprego. NR 6 – Equipamento de Proteção Individual: EPI. *Diário Oficial da União*, Brasília, DF, 06 jul. 1978. Atualizada em 2006. Disponível em: <http://www.portoitajai.com.br/cipa/legislacao/arquivos/nr_06..pdf>. Acesso em: 10 abr. 2018.

BRASIL. Ministério do Trabalho e Emprego. NR 10 – Segurança em instalações e serviços em eletricidade. *Diário Oficial da União*, Brasília, DF, 06 jul. 1978. Atualizada em 2016. Disponível em: <http://www.trabalho.gov.br/images/Documentos/SST/NR/NR-10-atualizada-2016.pdf>. Acesso em: 10 abr. 2018.

BRASIL. Ministério do Trabalho e Emprego. NR 11 – Transporte, movimentação, armazenagem e manuseio de materiais. *Diário Oficial da União*, Brasília, DF, 06 jul. 2004. Atualizada em 2016. Disponível em: <http://www.equipamentodeprotecaoindividual.com/pdf/nr-11.pdf>. Acesso em: 10 abr. 2018.

BRASIL. Ministério do Trabalho e Emprego. NR 12 – Segurança no trabalho em máquinas e equipamentos. *Diário Oficial da União*, Brasília, DF, 06 jul. 1978. Atualizada em 2018. Disponível em: <http://www.trabalho.gov.br/images//Documentos/SST/NR/NR12/NR-12.pdf>. Acesso em: 10 abr. 2018.

BRASIL. Ministério do Trabalho e Emprego. NR 32 – Segurança e saúde no trabalho em serviços de saúde. *Diário Oficial da União*, Brasília, DF, 16 nov. 2005. Atualizada em 2011. Disponível em: <http://www.trabalho.gov.br/images/Documentos/SST/NR/NR32.pdf>. Acesso em: 10 abr. 2018.

MASTROENI, M. F. *Biossegurança aplicada a laboratórios e serviços de saúde*. São Paulo: Atheneu, 2004.

VALIM, M. D.; MARZIALE, M. H. P. Avaliação da exposição ocupacional a material biológico em serviços de saúde. *Texto & Contexto Enfermagem*, v. 20, nesp., p. 138-146, 2011.

Leituras recomendadas

BRASIL. Agência Nacional de Vigilância Sanitária. Biossegurança. *Revista de Saúde Pública*, v. 39, n. 6, p. 989-991, dez. 2005.

BRASIL. Agência Nacional de Vigilância Sanitária. *Segurança do paciente em serviços de saúde*: limpeza e desinfecção de superfícies/Agência Nacional de Vigilância Sanitária. Brasília, DF: Anvisa, 2010.

BRASIL. Ministério da Ciência, Tecnologia e Inovação. *Diretrizes básicas de proteção radiológica*. Brasília, DF: CNEN, 2014. Disponível em: <http://appasp.cnen.gov.br/seguranca/normas/pdf/Nrm301.pdf>. Acesso em: 10 abr. 2018.

BRASIL. Ministério da Saúde. *Processamento de artigos e superfícies em estabelecimentos de saúde*. 2. ed. Brasília, DF: Ministério da Saúde, 1994.

BRASIL. Ministério da Saúde. Secretaria de Assistência à Saúde. Coordenação-Geral das Unidades Hospitalares Próprias do Rio de Janeiro. *Orientações gerais para a Central de Esterilização*. Brasília, DF: Ministério da Saúde, 2001. (Série A. Normas e Manuais Técnicas, 108).

BRASIL. Ministério do Trabalho e Emprego. Gabinete no Ministro. *Portaria nº 485, de 11 de novembro de 2005*. Aprova a Norma Regulamentadora nº32 (Segurança e Saúde no Trabalho em Estabelecimentos de Saúde). Brasília, DF, 2005. Disponível em: <http://www.trtsp.jus.br/geral/tribunal2/ORGAOS/MTE/Portaria/P485_05.html>. Acesso em: 10 abr. 2018.

BRASIL. Ministério do Trabalho e Emprego. NR 7 – Programa de Controle Médico de Saúde Ocupacional. *Diário Oficial da União*, Brasília, DF, 06 jul. 1978. Atualizada em 2013. Disponível em: <https://www.pncq.org.br/uploads/2016/NR_MTE/NR%207%20-%20PCMSO.pdf>. Acesso em: 10 abr. 2018.

BRASIL. Ministério do Trabalho e Emprego. NR-15 – Atividades e Operações Insalubres. *Diário Oficial da União*, Brasília, DF, 06 jul. 1978. Atualizada em 2014. Disponível em: <http://www.trabalho.gov.br/images/Documentos/SST/NR/NR15/NR-15.pdf>. Acesso em: 10 abr. 2018.

HIRATA, M. H.; MANCINI FILHO, J. *Manual de Biossegurança*. Barueri, SP: Manole, 2002.

MARINO, C. G. G. et al. Cut and puncture accidents involving health care workers exposed to biological materials. *The Brazilian Journal of Infectious Diseases*, v. 5, n. 5, p. 235-242, 2001.

Métodos de avaliação da eficácia dos processos de esterilização de materiais hospitalares e laboratoriais

Objetivos de aprendizagem

Ao final deste texto, você deve apresentar os seguintes aprendizados:

- Identificar as etapas da esterilização.
- Descrever a função dos indicadores químicos e biológicos na avaliação da eficácia de processos de esterilização de materiais hospitalares e laboratoriais.
- Elaborar um programa de monitoramento para controle de qualidade de esterilização.

Introdução

A validação da esterilização depende de um conjunto de processos de qualificação para que haja certificação de que os parâmetros avaliados estão adequados. O controle da qualidade é feito com a análise de desempenho do equipamento esterilizante, juntamente com controles físicos, químicos e biológicos, os quais têm como finalidade garantir a segurança dos profissionais e dos pacientes que entrarão em contato com o material estéril.

Neste capítulo, você vai estudar as etapas de esterilização e a função dos indicadores químicos e biológicos na avaliação da eficácia de processos de esterilização. Além disso, vai aprender a elaborar um programa de monitoramento para controle de qualidade de esterilização.

As etapas da esterilização de materiais

Atualmente, os processos de esterilização são obrigatórios nos locais de prestação de serviços de saúde. A Agência Nacional de Vigilância Sanitária (ANVISA), pela Norma Regulamentadora (RDC) nº 15, estabelece quais são os requisitos de boas práticas para o processamento de produtos para saúde, visando à segurança dos pacientes e dos profissionais envolvidos. Além disso, o nível de qualificação dos profissionais responsáveis pela esterilização, o uso de indicadores biológicos e químicos para o controle de qualidade da técnica e a padronização desta também receberam maior preocupação das entidades competentes.

Idealmente, o local no qual será realizada a esterilização dos materiais deve ser dividido em três áreas e estas devem ser separadas por barreiras físicas:

- Área suja: destinada ao recebimento e à separação dos materiais. Nesse local, é realizado o processo de limpeza, desinfecção e secagem dos artigos. Os funcionários devem, obrigatoriamente, fazer uso dos seguintes equipamentos de proteção individual (EPIs): gorro, máscara, luvas, avental longo, óculos de proteção e sapatos fechados.
- Área limpa: destinada para a separação dos artigos e a verificação da limpeza, da funcionalidade e da integridade dos materiais. Também é utilizada nos processos de empacotamento, selagem e esterilização dos instrumentos. Os profissionais devem utilizar gorro, avental, luvas de procedimento e sapatos fechados.
- Área de guarda e distribuição dos materiais esterilizados: destinado ao armazenamento dos artigos esterilizados e sua dispensação. Os profissionais devem higienizar as mãos rigorosamente e, de preferência, utilizar luvas de procedimento durante a manipulação dos materiais esterilizados.

Após o recebimento e a separação dos materiais, estes devem passar pela etapa de limpeza, que tem como objetivo remover a sujidade visível (orgânica e inorgânica), reduzindo, dessa maneira, a quantidade de microrganismos presentes no artigo. A presença de resíduos e/ou fluidos corporais pode ocasionar a formação de uma camada de matéria orgânica, conhecida como biofilme, que é de difícil remoção. O processo de limpeza realizado repetidamente de forma inadequada pode aumentar o depósito do biofilme e, consequentemente, reduzir a eficácia da esterilização. É indicado que a limpeza do material seja realizada imediatamente após seu uso, sendo, em geral, realizada com detergentes e fricção mecânica.

Inicialmente, os materiais devem ser separados em artigos cortantes e pesados, mas é importante lembrar que os perfurocortantes devem ser manuseados com muito cuidado. Posteriormente, os materiais devem ser lavados, peça por peça, com fricção delicada e enxaguados abundantemente. Deve-se utilizar panos ou compressas limpas para secar os artigos e inspecionar visualmente se o processo de lavagem foi eficaz, jamais esquecendo de higienizar as bancadas com álcool 70%.

Depois da lavagem, o material deve ser descontaminado, visando à eliminação de quase todos os microrganismos presentes na superfície dos objetos. É importante citar que a presença de matéria orgânica decorrente de falhas na lavagem do material pode interferir nesse processo. O profissional deve fazer uso dos EPIs, pois, além da exposição a resíduos biológicos, o processo requer o manuseio de produtos químicos.

Após as etapas supracitadas, o material deve ser acondicionado de acordo com a técnica de esterilização de escolha, em invólucro compatível, tanto com o processo, quanto com o material. Essa etapa tem como objetivo a manutenção da esterilidade do artigo, da vida útil, da condição para transporte e do armazenamento adequado. Há diferentes tipos de embalagens disponíveis no mercado, entretanto, recomenda-se o papel de grau cirúrgico como invólucro de escolha na esterilização de materiais. Essa embalagem apresenta inúmeras vantagens, tais como a facilidade de manuseio e visualização do material, o fechamento hermético, a alta resistência e a filtragem microbiana. Ademais, essas embalagens permitem o uso de indicadores químicos de eficácia, os quais indicam se o pacote foi, de fato, exposto ao processo de esterilização ou não.

O empacotamento do material também requer o uso de EPIs, entre eles as luvas, o avental, o gorro e os sapatos fechados. A embalagem deve conter uma etiqueta com as informações sobre a data de esterilização, o ciclo, a data de validade e quem foi o profissional responsável.

Por fim, o material está pronto para o processo de esterilização, o qual tem como objetivo a eliminação de todas as formas de microrganismos presentes nos artigos. Entre todas as técnicas atualmente disponíveis no mercado, a autoclavagem, que é o uso do calor úmido sob pressão, é a mais recomendada, pois é um processo seguro, eficaz e de fácil controle de qualidade.

Na autoclavagem, a esterilização ocorre pela termocoagulação de proteínas bacterianas, ao expô-las ao vapor por determinado tempo e temperatura, de acordo com o aparelho e com as orientações do fabricante. A autoclavagem é um processo seguro para esterilização, entretanto, se não houver controle nos parâmetros operacionais, pode acarretar em danos ao instrumental. A umidade, a alta temperatura e o oxigênio, juntos, podem provocar corrosão, microfissuras, trincas e, posteriormente, quebra.

Os equipamentos de autoclave (Figura 1) têm diferentes classificações:

- Autoclave gravitacional: o vapor é injetado, forçando a saída do ar. Apresenta uma desvantagem, pois, na fase de secagem, a capacidade para completa remoção do vapor é limitada. É mais indicada para laboratórios.
- Autoclave de alto vácuo: introduz vapor na câmara interna sob alta pressão com ambiente em vácuo. É mais seguro que o gravitacional devido à alta capacidade de sucção do ar realizada pela bomba a vácuo.

Figura 1. Equipamento de autoclave.

Fonte: Ideya/Shutterstock.com

O recomendado é que a carga, durante o ciclo, não exceda 2/3 da capacidade do cesto. Deve-se posicionar os pacotes verticalmente, o que facilita a entrada e a circulação do vapor, permitindo, dessa forma, que os materiais sejam expostos à temperatura e ao tempo previsto para esterilização.

Fique atento

Desinfecção e *descontaminação* não são sinônimos.

De forma geral, a descontaminação é o processo que tem como objetivo reduzir o número de microrganismos presentes nos materiais contaminados, os quais, posteriormente, serão encaminhados para o processo de desinfecção ou esterilização.

Lembre-se: a desinfecção remove quase todos os microrganismos, enquanto a esterilização destrói todas as formas de vida, inclusive os esporos!

Os indicadores de eficácia

Os processos de esterilização podem ser controlados pelo monitoramento mecânico e físico da autoclave e pelo monitoramento químico e biológico dos ciclos.

O monitoramento mecânico se refere ao equipamento de esterilização. Recomenda-se que todos os processos de manutenção, tanto corretivos, quanto preventivos, sejam devidamente registrados em livro específico. Quando uma manutenção corretiva do equipamento for necessária, informações, como a data da ocorrência, o profissional responsável, qual foi o problema detectado, o nome do responsável pela manutenção e a descrição do serviço realizado, devem ser registradas para fins de controle de qualidade.

A manutenção preventiva deverá ser feita uma vez por ano e a corretiva sempre que for necessária, devendo ser registrada em livro e guardada a documentação deixada pela empresa contratada.

Já o monitoramento físico é realizado com as informações obtidas durante um ciclo de esterilização, ou seja, os dados sobre o tempo, a temperatura e a pressão precisam ser devidamente anotados e verificados para garantir que o processo foi realizado corretamente.

O monitoramento químico é realizado com o uso de indicadores específicos. Os indicadores químicos são tintas termocrômicas, ou seja, alteram sua coloração conforme a mudança de temperatura. Esses indicadores geralmente estão presentes nas bordas do papel grau cirúrgico e indicam se os materiais foram devidamente processados ou não. Ao retirar o material da autoclave, o profissional deve conferir se o indicador teve sua coloração alterada.

Os indicadores químicos são divididos em diferentes categorias:

- Classe 1: tiras impregnadas com tinta termocrômicas que mudam de coloração quando expostas à temperatura.
- Classe 2: o Teste de Bowie e Dick avalia a eficácia do sistema de vácuo da autoclave. Deve ser utilizado diariamente, no primeiro ciclo e sem outra carga presente dentro do equipamento. O teste é realizado a 134 °C por 3,5 a 4 min sem secagem.
- Classe 3: indicador que monitora apenas a temperatura preestabelecida.
- Classe 4: indicador multiparamétrico, pois controla a temperatura e o tempo necessários para o processo.
- Classe 5: é considerado um indicador integrador, pois monitora a temperatura, o tempo e a qualidade do vapor. É uma tira multiparamétrica para controle de pacotes esterilizados a vapor. Sofre completa mudança de cor em 3,5 minutos, a uma temperatura de 132 a 135 °C.

Os indicadores biológicos são comercializados em tubos plásticos, com tampa permeável ao vapor e com uma fita impregnada com uma população conhecida de esporos, separada do meio nutriente (geralmente um líquido colorido) por uma ampola de vidro. Os esporos utilizados como indicadores biológicos são altamente resistentes ao calor úmido e não apresentam riscos de doença. A escolha de esporos resistentes ao vapor úmido é justificada pelo fato de que se o ciclo de esterilização foi capaz de eliminá-los, todos os outros esporos e bactérias vegetativas também serão.

É um processo relativamente simples, geralmente realizado no primeiro ciclo do dia, no qual a ampola é colocada dentro de uma embalagem de papel grau cirúrgico e, posteriormente, exposta a um ciclo de esterilização. Recomenda-se que a embalagem com o indicador biológico seja posicionada no ponto mais frio da autoclave. Ao término do ciclo, a embalagem deve ser retirada do aparelho de autoclave e, após 15 minutos, a ampola plástica deve ser apertada para que o os esporos sejam incubados no meio de cultura presente na ampola de vidro. Após um período de incubação de 3 horas, o indicador biológico deve ser comparado com o seu controle padrão, que é uma ampola idêntica, mas que não foi exposta ao processo de autoclavagem. Esse teste tem como objetivo analisar a viabilidade dos esporos presentes na ampola, tendo em vista que o meio de cultura pode mudar de cor conforme o nível de atividade microbiana e, consequentemente, alterar o pH (potencial hidrogeniônico) da solução.

A ampola teste (indicador biológico) não deve mudar de cor, tendo em vista que esse resultado demonstra que os microrganismos foram devidamente destruídos. Caso ocorra alteração na coloração do meio de cultura, este é um resultado indicativo de falha no processo de esterilização e/ou no aparelho de autoclave. A ANVISA recomenda que os indicadores biológicos sejam utilizados no mínimo uma vez por semana.

Os monitores mecânicos, físicos, químicos e biológicos devem ser utilizados de forma rotineira, a fim de determinar a eficácia do processo de esterilização ou a presença de falhas, devendo os resultados serem arquivados por 5 anos.

Saiba mais

Um produto para a saúde é considerado estéril quando a probabilidade de sobrevivência dos microrganismos que o contaminavam é menor que 1:1.000.000.

Esterilidade ou nível de segurança é a incapacidade de desenvolvimento das formas sobreviventes ao processo de esterilização durante a conservação e a utilização de um produto.

Programas de controle de qualidade da esterilização

A complexidade das tarefas realizadas pelos profissionais da saúde exige a implementação de normas, protocolos, princípios e diretrizes que organizem e estabeleçam ações e práticas, bem como a reciclagem do conhecimento técnico e científico.

Os protocolos operacionais padrão (POPs) são uma ferramenta amplamente utilizada, os quais têm como objetivo expressar, de maneira clara e concisa, o planejamento do trabalho repetitivo que deve ser realizado para atingir a meta padrão, ou seja, o padrão de qualidade. A elaboração do POP visa a padronizar e minimizar a ocorrência de desvios na execução de tarefas básicas, mantendo, assim, o funcionamento correto dos processos. Para tanto, o POP deve ser redigido pelo responsável pela técnica, de maneira coerente, para que todos os profissionais realizem o procedimento com as mesmas ações e, consequentemente, para que seja mantido o padrão de qualidade esperado. O uso de POPs aumenta a previsibilidade dos resultados, minimizando as variações decorrentes de imperícias e adaptações aleatórias.

Esse documento deve conter todas as instruções, em sequência, das operações e com qual frequência estas devem ser realizadas. Além disso, deve constar o nome do responsável pela execução da tarefa, a lista de equipamentos e materiais utilizados e a descrição de todos os procedimentos no documento. Essa descrição deve conter todos os itens críticos de cada operação, juntamente com os pontos proibidos. Após a elaboração do POP, ele deve ser aprovado, assinado, datado e revisado anualmente, ou conforme necessário, pelo responsável técnico e pelo gestor do estabelecimento.

Para elaborar um POP, inicialmente as tarefas rotineiras devem ser transcritas de acordo com a rotina específica do local. Jamais copie os procedimentos de livros ou de outros estabelecimentos, tendo em vista que o dia a dia de cada local tem peculiaridades não aplicáveis para todos os ambientes. Recomenda-se que o responsável pela execução da tarefa colabore integralmente na elaboração do protocolo e que ele realize análises críticas das informações descritas pelo menos duas vezes por ano, aumentando, assim, a aplicabilidade do POP em relação à tarefa realizada.

Os POPs, em geral, são elaborados e devem conter os itens presentes nos Quadros 1 e 2.

Quadro 1. Exemplo de uma elaboração de um POP.

NOME DA EMPRESA	POP	POP nº 009	
		Versão: 1	Pág.

TÍTULO: Teste de integrador químico: controle de qualidade da esterilização de materiais

OBJETIVO: Certificar que o material foi exposto a mudanças de temperatura pela alteração de cor da fita

LOCAL DE APLICAÇÃO: Sala de esterilização

DESCRIÇÃO DOS PROCEDIMENTOS:

- Os indicadores químicos são fitas de papel impregnadas com tinta termocrômica que mudam de cor quando expostas a temperatura elevada por certo tempo
- Deve-se realizar o teste diariamente em todas as cargas do dia
- A fita termocrômica tem listras amareladas antes de ser exposta ao processo de autoclavagem
- É preciso ligar a autoclave e colocar a embalagem dentro do equipamento
- Após, realiza-se o ciclo normal de esterilização
- Depois de finalizar o ciclo, aguardar a completa expulsão do vapor
- Retirar o teste e aguardar seu resfriamento
- Fazer a leitura do teste com a verificação da mudança de cor deste
- As listras, anteriormente amarelas, devem mudar para a cor marrom
- Caso as fitas não mudem de cor, o teste foi reprovado e o responsável deve ser comunicado imediatamente
- Não se deve utilizar a autoclave até que as medidas corretivas sejam realizadas

Quadro 2. Exemplo de uma elaboração de um POP.

	Nome	Função	Assinatura	Data
Elaborado por				
De acordo com				
Revisado por				

Histórico de Revisões

Revisado por	Data	Assinatura

Revalidação anual

Revisado por	Data	Assinatura

Link

Acesse o link a seguir e veja, passo a passo, como utilizar adequadamente um equipamento de autoclave.

https://goo.gl/HbfMSh

Exercícios

1. Os profissionais responsáveis pela guarda e pela distribuição do material estéril devem, obrigatoriamente, utilizar quais dos seguintes EPIs?
   a) Avental, luvas e gorro.
   b) Avental impermeável, luvas de borracha, máscara e sapatos fechados.
   c) Avental e sapatos fechados.
   d) Avental, sapatos fechados e luvas.
   e) Luvas de procedimento.
2. A limpeza inadequada do material e a possível formação do biofilme ocorre devido à presença de:
   a) resíduos inorgânicos.
   b) resíduos orgânicos e inorgânicos.
   c) resíduos orgânicos.
   d) excesso de detergente.
   e) acúmulo de água nas dobras e nas fenestrações dos materiais.
3. O monitoramento físico é realizado por meio da análise de quais parâmetros?
   a) Temperatura e umidade.
   b) Temperatura, umidade e velocidade de evaporação.
   c) Pressão, temperatura e tempo.
   d) Pressão, temperatura e umidade.
   e) Temperatura máxima e temperatura mínima atingidas durante o ciclo.
4. Os indicadores biológicos indicam a eficácia do processo de esterilização por meio da mudança de cor do meio de cultura. Qual a reação química/alteração físico-química que deve ocorrer para que o meio de cultura mude de cor?
   a) Oxidação do meio de cultura.
   b) Redução da viscosidade do meio.
   c) Hidrólise dos esporos.
   d) Mudança no pH do meio de cultura.
   e) Aumento da viscosidade do meio.
5. Por que o indicador químico de classe 5 é considerado um *indicador integrador*?
   a) Porque ele monitora a temperatura preestabelecida.
   b) Porque ele avalia a eficácia do sistema de vácuo da autoclave em menos de cinco minutos.
   c) Porque ele controla e avalia a temperatura e o tempo do processo.
   d) Porque ele monitora a temperatura, o tempo e a qualidade do vapor.
   e) Porque é o único indicador que muda de coloração depois da exposição à temperatura.

Referência

BRASIL. Agência Nacional de Vigilância Sanitária. *Resolução RDC Nº 15, de 15 de março de 2012.* Dispõe sobre requisitos de boas práticas para o processamento de produtos para saúde e dá outras providências. Brasília, DF, 2012. Disponível em: <http://bvsms.saude.gov.br/bvs/saudelegis/anvisa/2012/rdc0015_15_03_2012.html>. Acesso em: 09 abr. 2018.

Leituras recomendadas

ASSOCIAÇÃO PAULISTA DE EPIDEMIOLOGIA E CONTROLE DE INFECÇÃO HOSPITALAR. *Limpeza, desinfecção e esterilização de artigos em Serviços de Saúde.* São Paulo: APECIH, 2010.

BRASIL. Agência Nacional de Vigilância Sanitária. *Biossegurança.* Revista de Saúde Pública, v. 39, n. 6, p. 989-991, dez. 2005.

BRASIL. Agência Nacional de Vigilância Sanitária. *Segurança do paciente em serviços de saúde*: limpeza e desinfecção de superfícies/Agência Nacional de Vigilância Sanitária. Brasília, DF: Anvisa, 2010.

BRASIL. Ministério da Saúde. Secretaria de Assistência à Saúde. Coordenação-Geral das Unidades Hospitalares Próprias do Rio de Janeiro. *Orientações gerais para a Central de Esterilização.* Brasília, DF: Ministério da Saúde, 2001.

BRASIL. Ministério da Saúde. *Processamento de artigos e superfícies em estabelecimentos de saúde.* 2. ed. Brasília, DF: Ministério da Saúde, 1994.

GRAZIANO, K. U.; SILVA, A.; BIANCHI, E. F. F. limpeza, desinfecção e esterilização de artigos e antisepsia. In: FERNANDES, A. T. (Ed.). *Infecção hospitalar e suas interfaces nas áreas da saúde.* São Paulo, Atheneu; 2000. p. 266-308.

HIRATA M.H; MANCINI FILHO, J. *Manual de Biossegurança.* Barueri, SP: Manole, 2002.

MASTROENI, M. F. *Biossegurança aplicada a laboratórios e serviços de saúde.* São Paulo: Atheneu, 2004.

Ações para o controle de infecções

Objetivos de aprendizagem

Ao final deste texto, você deve apresentar os seguintes aprendizados:

- Identificar a importância da higienização das mãos.
- Diferenciar as técnicas empregadas na limpeza do ambiente.
- Aplicar o passo a passo do processo de higienização das mãos.

Introdução

De acordo com a Organização Mundial da Saúde (OMS), estima-se que existam cerca de 1,4 milhões de casos de infecções derivadas dos serviços de saúde, as quais, em sua grande maioria, poderiam ser evitadas com a adoção de uma técnica simples: a higienização das mãos.

Neste capítulo, você vai estudar a importância da higienização das mãos, uma ferramenta simples, mas necessária para o exercício profissional.

A higienização das mãos

Estudos epidemiológicos apontam que pacientes recentemente internados em ambientes previamente ocupados por outro indivíduo sabidamente infectado, principalmente por microrganismos multirresistentes, possuem alto risco de contaminação hospitalar. Os profissionais dos serviços de saúde são expostos constantemente a superfícies e materiais potencialmente contaminantes, assim aumentando a chance de contaminação das mãos durante a assistência de pacientes e/ou procedimentos clínicos.

A higienização das mãos é considerada o método mais importante na redução da transmissão de doenças infectocontagiosas. Em 1846, o médico húngaro Ignaz Philip Semmelweis relacionou a incidência de febre em mulheres que recentemente haviam dado à luz com os cuidados médicos que elas recebiam. Ao observar que os médicos saíam das salas de autopsia e iam diretamente para as salas de parto, sem higienizar as mãos, Semmelweis identificou que esses mesmos médicos tinham um odor desagradável nas mãos. Então, Semmelweis inferiu que a alta incidência de febre era causada por *partículas cadavéricas*, as quais eram transmitidas das salas de autopsia para a ala de obstetrícia pelas mãos de estudantes e médicos. Posteriormente, ele insistiu que todos os estudantes e os médicos higienizassem suas mãos com uma solução clorada antes e depois de qualquer procedimento. Para a surpresa de todos, no mês seguinte, a taxa de infecção e mortalidade caiu de 12,2% para apenas 1,2%, demonstrando a importância da limpeza das mãos na prevenção de doenças infectocontagiosas.

A Agência Nacional de Vigilância Sanitária (ANVISA) caracteriza a higienização das mãos como "medida individual mais simples e menos dispendiosa para prevenir a propagação de infecções relacionadas à assistência na saúde" (BRASIL, 2007, documento on-line). Nos estabelecimentos de saúde, funcionários com as mãos contaminadas são o principal meio de disseminação de microrganismos. A transmissão de microrganismos pode ocorrer de maneira direta, por intermédio do contato com o paciente e com seus fluidos corporais, ou de maneira indireta pelo contato com superfícies e objetos contaminados. Mesmo que o ambiente aparente estar limpo a olho nu, vários microrganismos podem estar presentes, os quais podem ser potencialmente patogênicos, independentemente da quantidade de material contaminado. A adesão de técnicas de Biossegurança e a realização de procedimentos seguros e adequados é fundamental para a manutenção da saúde dos pacientes e dos profissionais.

A higienização das mãos tem duas finalidades: (1) remoção de sujeira, suor, oleosidade, pelos, células descamativas e microbiota da pele, interrompendo a transmissão de infecções relacionadas ao contato direto; (2) prevenção e redução das infecções causadas pelas transmissões cruzadas. Recomenda-se que todos os profissionais da saúde que mantêm contato direto ou indireto com pacientes, manipulam medicamentos, alimentos ou materiais estéreis ou contaminados higienizem as mãos regularmente.

Os sabonetes comuns (barra, líquidos ou em espuma) favorecem a remoção da sujeira e da microbiota transitória. Porém, o uso de sabonete comum só é eficaz quando associado ao uso correto da técnica de higienização das mãos e da fricção mecânica durante a lavagem. Esse tipo de higienização é suficiente para o contato direto em geral e para a maioria das atividades práticas laboratoriais ou ambulatoriais. A ANVISA recomenda que, nos serviços de saúde, seja utilizado o sabonete líquido (com refil), devido ao menor risco de contaminação do produto. Alguns estudos realizados demonstraram que os sabonetes em barra têm grandes concentrações de bactérias, devido ao uso coletivo, e que o suporte para o refil, quando não manipulado corretamente durante a troca do produto, pode ser facilmente contaminado.

Os produtos antissépticos utilizados na higienização das mãos não devem apenas ter ação antimicrobiana, mas também ação residual ou prolongada. Os álcoois etanol, isopropanol e n-propanol são comumente utilizados como produtos para a higienização das mãos. Desses três, o etanol é o produto mais utilizado e reconhecido como agente antimicrobiano há mais de um século. O modo de ação desses produtos consiste na desnaturação (alteração da conformação) e na coagulação de proteínas. Esses produtos também ocasionam uma quebra da integridade da membrana celular, levando à ruptura desta.

Os álcoois têm ação rápida e eficaz contra a atividade bacteriana e fungicida. Para aumentar a eficácia do produto, as soluções alcoólicas devem ter entre 60 e 80% de concentração, tendo em vista que quanto maior a quantidade de água presente, menor a capacidade do produto de interferir na integridade da membrana celular bacteriana.

Os produtos alcoólicos são mais eficazes na higienização das mãos de profissionais da saúde quando comparados aos sabonetes comuns, apesar disso, eles não eliminam a necessidade e a importância da lavagem das mãos antes e depois de qualquer procedimento laboratorial e/ou ambulatorial, tendo em vista que os álcoois não têm ação contra todos os tipos de bactérias, vírus e, principalmente, esporos provenientes de fungos.

A ciclodextrina é um produto antisséptico utilizado há, aproximadamente, 70 anos e sua atividade antimicrobiana, tais como os álcoois, também é atribuída à ruptura da membrana plasmática de consequente coagulação de proteínas. Entretanto, apesar de a ciclodextrina ter ação residual mais forte (de aproximadamente 6 horas), a sua ação imediata é mais lenta quando comparada com produtos à base de álcoois. Porém, é importante citar que a ciclodextrina, devido ao seu efeito residual prolongado, é classificada como o melhor antisséptico disponível no mercado. Ela apresenta alta eficácia contra bactérias Gram-positivas e fungos, no entanto, não tem ação contra esporos fúngicos.

O iodo, propriamente dito, é utilizado como antisséptico desde 1821, porém, como o composto ocasiona irritações e manchas cutâneas, em 1960, ele foi substituído pela polivinilpirrolidona iodo (PVIP). A PVIP é um polímero carreador que, quando associado a moléculas de iodo, aumenta sua solubilidade, reduzindo o ressecamento cutâneo. As soluções de PVIP geralmente têm 10% de PVIP, contendo 1% de iodo disponível. A ação antimicrobiana dessa solução se baseia no fato de que o iodo atravessa facilmente a parede celular, inativando, dessa maneira, as vias de formação de aminoácidos e ácidos graxos e a consequente síntese de novas proteínas celulares. A PVIP tem ampla atividade contra as bactérias Gram-positivas e negativas, os fungos e alguns vírus (exceto enterovírus) e tem baixa ação contra esporos devido à baixa concentração de iodo presente nas soluções comumente utilizadas.

Até o presente momento, ainda não existe um consenso sobre qual é o melhor produto para a higienização das mãos. Então, ao decidir pela escolha de qual produto você utilizará, sempre considere a indicação, a eficácia, a técnica utilizada e os recursos disponíveis. Entretanto, grande parte dos manuais de higienização das mãos recomenda a lavagem simples, seguida do uso de solução alcoólica, como o método mais eficaz.

Fique atento

O uso de luvas não substitui a necessidade da higienização das mãos, portanto, higienize suas mãos antes e depois de usar as luvas de procedimento.

Limpeza do ambiente

A higiene do ambiente é considerada, pela ANVISA, como um dos critérios mínimos para o funcionamento e a qualidade oferecida pelos serviços de saúde. O ambiente de trabalho é um ambiente coletivo, onde várias pessoas, com hábitos e costumes diferentes, convivem, portanto, é necessário adotar procedimentos de higienização, visando à redução dos riscos associados aos serviços da saúde (Quadro 1).

Quadro 1. Usos, vantagens e desvantagens de produtos para limpeza do ambiente.

Produto	Uso	Vantagens	Desvantagens
Detergente neutro	Limpeza de tecidos e superfícies	▪ Efetivo ▪ Remove a sujidade hidrossolúvel	▪ Pode formar biofilme bacteriano
Álcool	Superfícies e equipamentos	▪ Atóxico ▪ Baixo custo ▪ Ação rápida ▪ Alta eficácia	▪ Rápida evaporação ▪ Inflamável ▪ Pode ressecar a pele a equipamentos emborrachados
Compostos clorados inorgânicos (hipoclorito de sódio)	Desinfecção de superfícies fixas	▪ Baixo custo ▪ Ação rápida ▪ Alta eficácia	▪ Corrosivo ▪ Irritante para a pele e as mucosas
Quaternário de amônia	Pisos, paredes e mobílias	▪ Não corrosivo ▪ Atóxico ▪ Pouco irritante	▪ Não pode ser utilizado para desinfetar instrumentos
Peróxido de hidrogênio	Superfícies e alguns equipamentos nos quais o álcool não pode ser utilizado	▪ Baixa toxicidade ▪ Leve odor ▪ Fácil manuseio	▪ Contraindicado em instrumentos de cobre, latão e alumínio
Ácido peracético	Superfícies fixas	▪ Amplo espectro ▪ Baixa toxicidade	▪ Corrosivo para metais ▪ Irritante para os olhos e trato respiratório

Várias soluções químicas podem ser utilizadas para a limpeza ou a desinfecção do ambiente (Quadro 1). Os detergentes são soluções sintéticas que reduzem a tensão superficial, atuando como um agente diluente que é capaz de alterar a membrana celular dos microrganismos. As soluções desinfetantes são classificadas como agentes químicos germicidas, ou seja, são capazes de eliminar total ou parcialmente os microrganismos presentes no ambiente. É importante lembrar que as soluções desinfectantes têm eficácia máxima quando ficam em contato direto com a superfície durante um período de 10 a 30 minutos. É sempre importante relembrar que essas soluções não podem ser chamadas de esterilizantes, pois não são capazes de eliminar os esporos e também não são efetivas contra algumas espécies de vírus.

A realização da limpeza do ambiente, desde bancadas até mesmo o chão, deve ser realizada seguindo os princípios simples preconizados pelas Normas de Biossegurança. É importante sempre realizar a limpeza no sentido da área mais limpa em direção à mais suja ou da área menos contaminada para a mais contaminada, sempre de cima para baixo, no mesmo sentido e mesma direção, ou seja, se você começar pelo lado esquerdo da área, passe o pano com o produto de trás para frente e refaça o mesmo movimento na área adjacente àquela que foi higienizada. Jamais utilize movimentos de vai e vem ou circulares durante a higienização das bancas, pois esses movimentos espalham sujidade.

Os processos de limpeza de superfícies em serviços de saúde envolvem a limpeza concorrente (diária) e a limpeza terminal. A limpeza terminal é, principalmente, utilizada em ambientes hospitalares e Unidades de Pronto Atendimento (UPAs), pois é realizada com máquinas de lavar piso e com produtos químicos mais fortes. O serviço de saúde que mais faz uso desse tipo de limpeza são os hospitais e as UPAs.

A limpeza concorrente é aquela que deve ser realizada diariamente, com a finalidade de limpar e organizar o ambiente de trabalho, repor os insumos de consumo diário e separar e organizar os materiais que serão processados para a esterilização. A limpeza concorrente deve ser realizada em todas as superfícies horizontais de móveis e equipamentos, portas, maçanetas, piso e instalações sanitárias.

A limpeza dos pisos deve ser realizada diariamente e sempre que necessário, varrendo, primeiramente, os resíduos existentes. Utilize um pano embebido em água e sabão e sempre faça uso de dois baldes com água: um contendo água limpa e o produto e o outro com água apenas para o enxague do pano, removendo, dessa forma, o excesso de sujidade. Posteriormente, o produto desinfetante, geralmente hipoclorito, deve ser aplicado em toda a superfície do piso, fazendo uso de um pano limpo.

As bancadas devem ser higienizadas várias vezes ao dia, ao iniciar o turno de trabalho, entre um paciente e outro e no final do dia. A limpeza profunda das bancas também é feita com o uso de água e sabão, seguido pela aplicação de produto desinfetante, tal como uma solução alcoólica 70% ou hipoclorito de sódio 1%. A maca e a mesa auxiliar utilizadas durante determinados procedimentos também devem ser devidamente desinfetadas, no início do turno de trabalho, entre um paciente e outro e no fim do dia. Essa desinfecção pode ser realizada com a aplicação de solução alcoólica 70%, utilizando compressa estéril ou gaze, sempre do local mais contaminado para o menos contaminado.

Por fim, para contextualizar todas as informações abordadas nesse capítulo, recomenda-se que todo estabelecimento elabore e deixe disponível para todos os funcionários um Manual de Rotinas e Procedimentos. Dessa forma, todos os procedimentos de limpeza, esterilização e outras recomendações estarão padronizados e descritos passo a passo, melhorando a qualidade do serviço prestado e reduzindo os riscos de Biossegurança associados aos procedimentos estéticos.

Saiba mais

Vários profissionais da saúde se queixam dos efeitos colaterais dos produtos utilizados para a higienização das mãos, como o ressecamento cutâneo ou até mesmo a dermatite de contato crônica resultante da exposição constante a essas formulações. Portanto, sempre tente fazer uso de produtos mais brandos e, caso você comece a notar grande ressecamento das mãos, utilize cremes hidrantes para reduzir o desconforto cutâneo.

As diferentes técnicas de higienização das mãos

Para a correta higienização das mãos, a escolha do produto utilizado deve se basear no local de trabalho e no procedimento que será realizado. O uso de água e sabão é indicado quando as mãos estiverem visivelmente sujas, ao iniciar o trabalho, após ir ao banheiro, antes e depois das refeições, antes de preparar alimentos, antes da manipulação de medicações e também antes de fazer uso de soluções alcoólicas.

O uso de preparações alcoólicas é indicado quando as mãos não estiverem visivelmente sujas. O uso de solução alcoólica antes do contato com o paciente tem como objetivo evitar a transmissão de microrganismos presentes na pele do profissional e é recomendado antes da realização de exames físicos e até mesmo antes de cumprimentar o paciente. Após o contato com o paciente, deve-se higienizar novamente as mãos com álcool, visando à proteção do profissional e a não transmissão dos microrganismos do paciente para superfícies e objetos próximos ao paciente.

Caso você entre em contato com fluidos corporais do paciente, recomenda-se que seja realizada a higienização das mãos com água e sabão e, posteriormente, que você utilize soluções alcoólicas, reduzindo, dessa forma, o risco de transmissão. Anteriormente, estudamos que a microbiota tem diferentes padrões de distribuição na nossa pele, portanto, é importante que, durante o cuidado do paciente, você troque de luvas e higienize suas mãos ao mudar de uma região contaminada para outra, esteja ela visivelmente contaminada ou não.

Os detergentes que associam antissépticos são indicados para a realização da higienização antisséptica das mãos e da degermação da pele (aumento da fricção mecânica pelo uso de escovas específicas para esse método). A higienização antisséptica é recomendada quando o paciente apresentar alguma infecção por microrganismos multirresistentes ou surtos de infecções hospitalares. A degermação da pele é realizada no pré-operatório, antes de qualquer procedimento cirúrgico ou procedimento invasivo, tais como punções, drenagens de cavidades, pequenas suturas, entre outros. Os produtos antissépticos têm efeito prolongado, portanto, são raramente são utilizados nos procedimentos clínicos diários, sendo reservados para a execução de procedimentos mais invasivos e/ou cirúrgicos.

A higienização das mãos é um método individual simples e barato para a prevenção de doenças infectocontagiosas em ambientes laboratoriais. Esse processo tem como finalidade a remoção da sujeira, do suor, da oleosidade, dos pelos, das células mortas e da microbiota da pele, cessando, assim, a transmissão de possíveis patógenos pelo contato direto ou indireto. Apesar de todas as informações disponíveis na literatura que demonstram a eficácia da higienização das mãos, ainda há enorme resistência dos profissionais da saúde em adotar essa técnica como um método primordial para a redução de transmissões de infecções.

A disponibilidade dos insumos necessários para a realização do procedimento é crucial para aumentar a adesão dos profissionais. Como insumos, podemos citar a pia de fácil acesso, os dispensadores de sabonetes ou antissépticos, o papel toalha, a lixeira para descarte e por último, mas não menos importante, a água.

A eficácia da higienização das mãos depende da duração e da técnica utilizada, então jamais se esqueça de realizar todos os passos que serão descritos a seguir. Se a técnica não for realizada passo a passo, seja por esquecimento ou pressa, ela se torna inadequada e os principais erros durante a higienização das mãos são relacionados com a falta de uso de sabonete e a fricção incorreta das áreas que devem ser limpas.

Antes de iniciar a técnica de higienização das mãos, você deve remover anéis, pulseiras e relógio, tendo em vista que esses objetos são reservatórios de microrganismos. A duração total do procedimento é de, aproximadamente, 60 segundos.

Vamos agora estudar, passo a passo, como é a técnica de higienização das mãos:

1. Sem encostar na pia, abra a torneira e molhe suas mãos;
2. Aplique sobre a palma da mão uma quantidade suficiente de sabonete (preferencialmente líquido) para cobrir todas as superfícies das mãos;
3. Ensaboe as palmas das mãos, friccionando-as entre si;
4. Esfregue a palma da mão direita contra o dorso da mão esquerda, entrelaçando os dedos, e vice-versa;
5. Entrelace os dedos e friccione os espaços interdigitais;
6. Esfregue o dorso dos dedos de uma mão com a palma da mão oposta, segurando os dedos, com movimento de vai e vem e vice-versa;
7. Esfregue o polegar direito com o auxílio da palma da mão esquerda com movimentos circulares e repita o mesmo procedimento com o polegar esquerdo;
8. Friccione as pontas dos dedos e as unhas da mão esquerda na palma da mão direita, fechada em formato de concha, e faça movimentos circulares, após, repita o mesmo procedimento com as pontas dos dedos e as unhas da mão direita;
9. Esfregue os punhos, utilizando movimentos circulares;
10. Enxague as mãos, removendo o excesso de sabonete, mas tome cuidado para que as mãos ensaboadas não entrem em contato com a torneira, para tanto, tente ativar a torneira com o cotovelo; caso a torneira necessite de contato direto para o fechamento, utilize papel tolha para fechar água;
11. Seque as mãos com papel toalha descartável.

Ao utilizar soluções alcoólicas, o passo a passo é praticamente igual, exceto a última etapa, visto que você deve continuar friccionando suas mãos até elas secarem, em vez de fazer uso de papel toalha. A degermação da pele é um procedimento mais intenso, com duração de, aproximadamente, 3 a 5 minutos e a higienização é realizada nas mãos, nos antebraços e nos cotovelos. O produto antisséptico deve ser espalhado das mãos até os cotovelos e, fazendo uso de uma escova específica para essa técnica, utilize as cerdas para limpar sob as unhas e, posteriormente, friccione a escova nas mãos, nos espaços interdigitais e no antebraço, por, no mínimo, 3 a 5 minutos, sempre com as mãos elevadas acima do cotovelo.

Para realizar o enxague do produto, deixe a água corrente cair no sentido das mãos para os cotovelos e não utilize as mãos para fechar a torneira. Nesse procedimento, você deve secar suas mãos em tolhas ou compressas estéreis, com movimentos de compressão, começando pelas mãos e seguindo pelo antebraço até os cotovelos.

Além de todos os itens citados, ainda há algumas precauções e recomendações que você deve seguir para garantir que sua técnica de higienização das mãos seja realizada da maneira mais adequada possível. Recomenda-se que você sempre mantenha as unhas curtas e naturais, ou seja, não utilize unhas postiças e evite o uso de esmaltes. Além da remoção de anéis, pulseiras e relógio durante a higienização das mãos, recomenda-se que o profissional não utilize joias durante o contato direto com o paciente. Devido à grande exposição a sabões e a soluções alcoólicas e antissépticas, faça uso de creme hidratante diariamente para evitar o ressecamento da pele.

Link

Acesse o link a seguir e veja, passo a passo, a realização da técnica de higienização das mãos, facilitando, dessa forma, a consolidação do protocolo que deve ser utilizado.

https://goo.gl/R8q3wW

Exercícios

1. A higienização das mãos é considerada a medida mais simples e eficaz para o controle de infecções nos serviços de saúde, principalmente daquelas decorrentes de transmissão devido ao contato direto entre o profissional e o paciente. Qual das alternativas abaixo NÃO apresenta indicação correta de higienização das mãos?

a) As mãos devem ser higienizadas apenas com solução alcoólica.

b) As mãos devem ser higienizadas com água e sabão quando estiverem visivelmente sujas e após utilizar o banheiro.

c) As mãos devem ser higienizadas com preparação alcoólica antes e depois do contato com o paciente.

d) As mãos devem ser higienizadas antes e depois de colocar as luvas.

e) Durante o processo de higienização, se as mãos entrarem em contato com a pia, o procedimento deve ser reiniciado.

2. Para que a higienização das mãos com água e sabão seja realizada de maneira adequada, por quantos segundos ela deverá ser realizada?

a) 5 a 20 segundos.

b) 20 a 30 segundos.

c) 30 a 40 segundos.

d) 40 a 50 segundos.

e) 50 a 60 segundos.

3. Qual dos fatores abaixo afeta a eficácia da higienização das mãos?

a) O modelo de pias e torneiras.

b) Realizar a técnica demoradamente.

c) Ter um pequeno arranhão na mão.

d) Secar as mãos em uma tolha de uso comum.

e) Utilizar papel toalha para fechar a torneira.

4. Após o contato direto com algum fluido corporal do paciente, deve-se:

a) lavar o local exposto com soro fisiológico.

b) lavar o local exposto com água e sabão.

c) degermar o local exposto.

d) limpar o local exposto com solução química forte.

e) lavar o local exposto com água e sabão, secar bem e então higienizar com solução alcoólica 70%.

5. Em relação aos diferentes tipos de microbiota, qual das opções abaixo está correta?

a) A microbiota residente nos confere proteção contra microrganismos externos e a sua distribuição varia de acordo com a região corpórea.

b) A microbiota transitória é regularmente encontrada na nossa pele.

c) A microbiota residente é facilmente removida com a higienização das mãos.

d) A microbiota residente nos confere proteção contra microrganismos externos e não é perturbada pela microbiota transitória.

e) A microbiota transitória nos confere proteção contra microrganismos externos e a sua distribuição varia de acordo com a região corpórea.

Referência

BRASIL. Agência Nacional de Vigilância Sanitária. *Higienização das mãos em serviços de saúde*. Brasília, DF: ANVISA, 2007.

Leituras recomendadas

BOYCE, J. M. et al. Guideline for Hand Hygiene in Health-Care Settings: recommendations of the Healthcare Infection Control Practices Advisory Committee and the HICPAC/SHEA/APIC/IDSA Hand Hygiene Task Force. *MMWR*, v. 51, n. RR-16, p. 1-45, out. 2002.

BRASIL. Agência Nacional de Vigilância Sanitária. *Assistência segura*: uma reflexão teórica aplicada à prática. Brasília, DF: ANVISA, 2013. (Série Segurança do Paciente e Qualidade em Serviços de Saúde).

MESIANO, E. et al. Produtos Santeantes na Assistência à Saúde. ANVISA, 2015.

WORLD HEALTH ORGANIZATION. *Hand hygiene*: why, how and when. 2009. Disponível em: <http://www.who.int/gpsc/5may/Hand_Hygiene_Why_How_and_When_Brochure.pdf>. Acesso em: 01 abr. 2018.

Bactérias

Objetivos de aprendizagem

Ao final deste texto, você deve apresentar os seguintes aprendizados:

- Diferenciar uma célula procariota de uma célula eucariota.
- Identificar as estruturas que são encontradas nas células das bactérias.
- Reconhecer a importância das bactérias para a vida na Terra.

Introdução

Muito se sabe sobre as bactérias ocasionando várias doenças, como salmonelose, difteria, meningite, botulismo, leptospirose, tétano, tuberculose, entre outras, no entanto, as bactérias têm papel primordial na sobrevivência humana e no ecossistema, desde o seu processo de fermentação, essencial na compostagem e no ciclo do oxigênio, até a produção de medicamentos, gerando vacinas e antibióticos.

Para um melhor entendimento sobre a importância das bactérias, primeiramente vamos compreender como esses microrganismos se diferenciam de células com estruturas mais complexas, como as que vivem no nosso organismo. Neste capítulo, você vai estudar a estrutura bacteriana e a importância das bactérias para a vida na Terra. Ademais, as funções das principais organelas, como o complexo de Golgi, o retículo endoplasmático e as mitocôndrias também serão explicitadas neste texto.

Diferenças entre uma célula procariota uma célula eucariota

Muitas vezes as bactérias são vistas como vilãs, mas será mesmo que esses microrganismos apenas trazem malefícios ao homem e ao ambiente? Para melhor esclarecer isso, primeiramente precisamos compreender como as bactérias se diferenciam das células que têm estrutura mais complexa, como as que vivem no nosso organismo. Por isso, é importante conhecer as diferenças importantes na parede celular, bem como na organização do material genético entre procariotos e eucariotos.

Procariotos

Os procariotos são seres unicelulares pequenos (0,2-2μm de diâmetro) e estruturalmente mais simples quando comparados com os eucariotos. Em sua maioria são haploides e possuem apenas um cromossomo circular que não é envolto por uma membrana. São células procariontes as bactérias e as cianobactérias – também conhecidas como algas azuis. É importante salientar que todas as bactérias são procariotos.

Apenas a parede celular de procariotos tem como base os peptidoglicanos. Essa característica é fundamental do ponto de vista clínico, pois os antibióticos, como as penicilinas e as cefalosporinas, agem diretamente sobre esse grupo que é formado por açúcares e aminoácidos. Além disso, células procariotas não possuem carboidratos e poucas vezes contemplam esteróis em sua estrutura, como no caso do micoplasma.

Por não terem organelas envoltas por membranas, as enzimas dos procariotos estão localizadas no líquido citoplasmático e esses microrganismos fazem a transferência de fragmentos de DNA pela conjugação. Vale ressaltar que as células procariotas se multiplicam por fissão binária (assexuada), duplicando seu DNA. Essa divisão necessita de menos estruturas e processos para ocorrer quando comparada à divisão mitótica em eucariotos. Dessa maneira, o centrossomo não está presente em células procarióticas. Ao contrário dos eucariotos, os procariotos têm um único cromossomo circular e não possuem retículo endoplasmático. Além disso, os flagelos dos procariotos apresentam dois blocos de proteína, sendo estruturas mais simples que as das células eucarióticas.

Os ribossomos são responsáveis pela síntese de proteínas e estão situados no citoplasma das células procariotas e eucariotas. Os ribossomos estão em número extenso nos procariotos e dão um aspecto granular ao citoplasma. Os ribossomos procarióticos são chamados de 70S, sendo subdivididos nas subunidades 30S e 50S. De forma interessante, as proteínas e o RNA ribossômico das bactérias, por serem diferentes dos ribossomos dos eucariotos, são os principais alvos dos antimicrobianos. A estreptomicina e a gentamicina atuam sobre a subunidade 30S, enquanto outros antibióticos, como a eritromicina e o cloranfenicol, ligam-se à subunidade 50S, todos interferindo na síntese de proteínas. Outra característica importante dos procariotos é que a transcrição do DNA em RNA e posterior síntese de proteínas (tradução), que ocorre ao mesmo tempo.

Na célula bacteriana, há o mesossoma, uma membrana citoplasmática invaginada que age como âncora para ligar e separar cromossomos sintetizados durante a divisão celular. Os mesossomos possuem grande importância na resistência bacteriana, pois são penicilinases (quebram as penicilinas).

As bactérias não possuem vacúolos verdadeiros, como os eucariotos, mas apresentam os chamados vacúolos de gás, que são cavidades ocas recobertas por proteína e que são responsáveis pela flutuação de procariotos aquáticos, como as cianobactérias. Ao contrário das células vegetais, os procariotos não possuem cloroplastos.

Eucariotos

Os organismos eucariotos são multicelulares e suas células são maiores se comparadas às células procariotas (Figura 1). Células eucariotas possuem um diâmetro que pode variar de 10 a 100μm, têm uma fase diploide e possuem um núcleo delimitado por membrana. Os eucariotos se diferenciam, principalmente, pela presença de organelas internas revestidas por membranas, como mitocôndrias, lisossomos, complexo de Golgi, assim como cloroplastos. São células eucariontes as unidades encontradas nos animais, nas plantas, nos fungos, nas algas e nos protozoários.

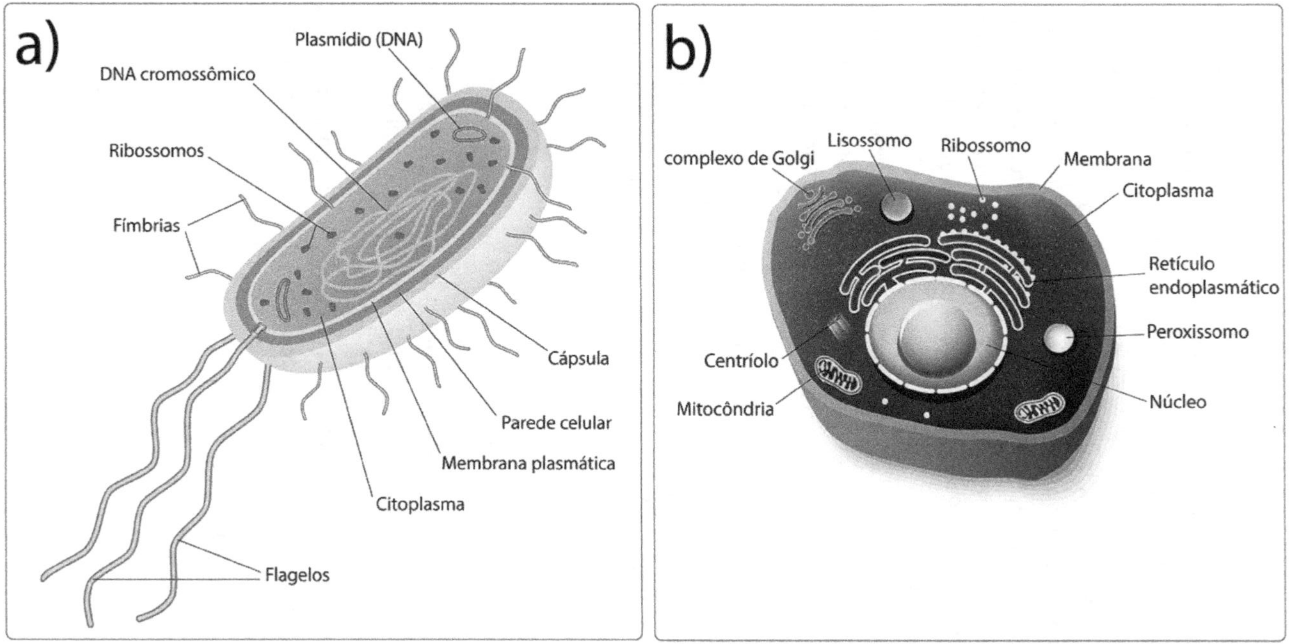

Figura 1. Diferenças na estrutura de (a) procariotos e (b) eucariotos (B).

Fonte: Alila Medical Media/Shutterstock.com.

Diferentes eucariotos podem utilizar diferentes organelas para uma mesma função, como ocorre no caso do protozoário *Tetrahymena* e da alga *Euglena*, que se movimentam por intermédio dos cílios e dos flagelos, respectivamente. A estrutura dos flagelos dos eucariotos é mais complexa do que a dos procariotos, pois consiste em microtúbulos diversos compostos por tubulina. Os flagelos nos eucariotos se movem de maneira ondulante, enquanto nos procariotos esse movimento é feito por rotação.

As paredes celulares dos eucariotos são ausentes ou mais simples quimicamente quando comparadas às dos procariotos. Quando presente, no caso de algas, fungos e plantas, a parede celular é revestida por celulose, no entanto, quando ausente, a membrana plasmática é a responsável pelo revestimento externo das células. Esse é o caso das células eucarióticas animais, cuja membrana plasmática é coberta por uma camada de carboidratos: o glicocálice. O glicocálice se ancora à membrana plasmática por meio da ligação de alguns de seus carboidratos com proteínas e lipídios da membrana plasmática. Além de ser revestida por carboidratos, a membrana plasmática de eucariotos também tem esteróis.

O citoplasma de células eucarióticas é mais complexo que o das células procarióticas, pois contém o citoesqueleto, formado pelos microfilamentos e filamentos intermediários (bastões) e pelos microtúbulos (cilindros). Vale ressaltar que enzimas importantes dos eucariotos estão em suas organelas. Além disso, a recombinação sexuada ocorre por meio da meiose em eucariotos.

Link

Ficou curioso para saber como cada estrutura celular se dispõe dentro dos procariotos e dos eucariotos? Tais informações podem ser acessadas no link abaixo ou código ao lado, que foi desenvolvido com recursos gráficos para esse fim:

https://goo.gl/AwAKVy

Os eucariotos têm vários cromossomos lineares. O material genético dos eucariotos está contido no núcleo em múltiplos cromossomos, cujo número varia de espécie para espécie. O DNA cromossomal (cromatina) é organizado e compactado por proteínas denominadas histonas, formando os nucleossomos. O núcleo é oval ou esférico e envolto por uma membrana dupla, o envelope nuclear, onde estão localizados os nucléolos.

Os ribossomos das células eucarióticas diferem dos procariotas por serem maiores em tamanho e mais densos, bem como no número de moléculas de RNA ribossômico e de proteínas. Os ribossomos dos eucariotos são denominados de 80S. Uma exceção clara são os ribossomos 70S, que podem ser encontrados nos cloroplastos e nas mitocôndrias de eucariotos.

O retículo endoplasmático (RE) dos eucariotos (plantas e animais) está localizado no citoplasma e contém cisternas. O RE é dividido em rugoso (RER) e liso (REL). O complexo de Golgi é uma organela presente nos eucariotos que possui cisternas e recebe as proteínas sintetizadas no RER.

O centrossomo é constituído pela área pericentriolar e pelos centríolos. Os peroxissomos, assim como o centrossomo, são organelas encontradas apenas nos eucariotos.

Os vacúolos, que estão presentes em células vegetais (eucariotos), são revestidos por uma membrana denominada de tonoplasto.

As mitocôndrias estão presentes apenas nos eucariotos e possuem duas membranas: uma externa lisa e uma interna com pregas, conhecidas como cristas. No centro dessa organela está a matriz, uma substância semifluida. Os cloroplastos são organelas exclusivas de algas e plantas (eucariontes) e são constituídos por clorofila e enzimas utilizadas na fotossíntese. Entre suas características, está o fato de serem autorreplicáveis e, assim como as mitocôndrias, possuírem DNA, ribossomos 70S e enzimas.

Estruturas encontradas nas células das bactérias

As bactérias possuem 3 formas básicas:

1. Coco esférico.
2. Bacilo em forma de bastão.
3. Espiral.

Os cocos podem permanecer em pares (diplococos), em forma de cadeia (estreptococos), em grupos de quatro (tétrades), em forma de cubo com 8 bactérias (sarcinas), ou em cachos, ou em lâminas amplas (estafilococos). Os bacilos se dividem em: isolados, em pares (diplobacilos), ou em cadeia (estreptobacilos). Quando são muito parecidos com os cocos são chamados de cocobacilos. As bactérias espirais se dividem em: as que parecem uma vírgula (vibriões), as que se parecem com um saca-rolhas em forma helicoidal com corpo rígido (espirilos) e nas com forma helicoidal e flexíveis (espiroquetas). A maioria das bactérias tem uma única forma (monomórficas), mas há exceções, como o *rhizobium* e *corynebacterium*, que podem ter muitas formas (pleomórficas).

Saiba mais

Anton van Leeuwenhoek foi o primeiro cientista a observar microrganismos vivos muito pequenos para serem vistos a olho nu, os quais são conhecidos hoje como *bactérias* e *protozoários*. Leeuwenhoek desenhou o formato e a trajetória das bactérias e essas observações foram feitas com seu microscópio próximo a uma fonte de luz (ampliação de cerca de 300 vezes).

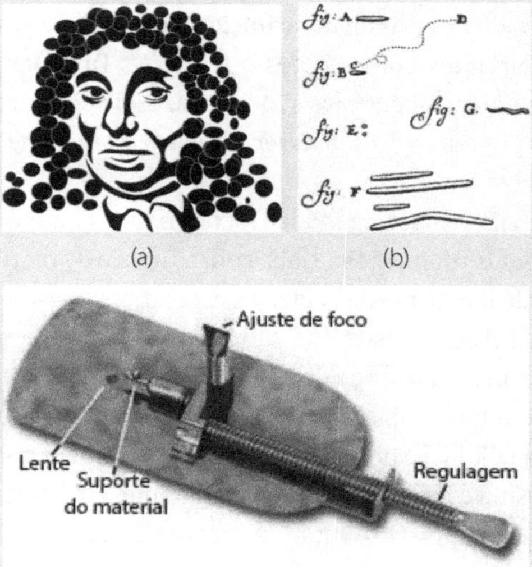

(a) (b)

(c)

Figura 2. (a) Anton van Leeuwenhoek; (b) Ilustração prévia de bactérias de placas dentárias por Antoni van Leeuwenhoek, 1683/1684; (c) Microscópio de Antoni van Leeuwenhoek.

Fonte: (a) Nazar Krovitcky/Shutterstock.com; (b) Representação (1998); (c) Cristina (2010).

Externamente à parece celular das bactérias, encontramos o glicocálice, os flagelos, os filamentos axiais, as fímbrias e os pili. Os flagelos são responsáveis pela motricidade bacteriana e são divididos em filamento (contendo flagelina), alça e corpo basal. As bactérias têm 4 arranjos flagelares: monotríquio (apenas um flagelo polar), anfitríquio (um tufo de flagelos em cada extremidade), lofotríquio (dois ou mais flagelos em apenas umas das extremidades) e peritríquio (flagelos em toda a célula). A movimentação das bactérias serve para levá-las para longe ou perto de estímulos adversos ou favoráveis, respectivamente. Esses estímulos podem ser químicos, a chamada quimiotaxia, ou por intermédio de luz, a chamada fototaxia. O antígeno H é uma proteína flagelar que é utilizada para diferenciar as variações dentro de uma espécie específica de bactérias gram-negativas (sorovares).

O antígeno O é uma proteína somática, e esse antígeno apresenta muitas variações, além de ser altamente imunogênico, pois produz uma resposta exacerbada de anticorpos. Por causa da grande variabilidade dos antígenos O, anticorpos que servem para proteger de um tipo de antígeno podem não realizar essa função para outro tipo. Dessa maneira, esses antígenos têm importância clínica, pois permitem identificar os sorovares associados às infecções graves, como a infecção produzida pela *escherichia coli* O157:H7, identificada assim em decorrência dos antígenos presentes na sua estrutura.

As fímbrias e os *pili* possuem a função de fixação e se diferenciam dos flagelos por serem mais curtos, retos e finos. As fímbrias variam bastante em número e sem elas as bactérias são incapazes de colonizar as membranas mucosas, como, por exemplo, a *neisseria gonorrhoeae*, que é a causadora da doença gonorreia.

Os *pili* trocam informação genética (denominados também de *pili* sexuais) pelos canalículos. Os filamentos axiais, com a função de motilidade, são estruturas exclusivas de um grupo de bactérias específico: as espiroquetas. Agentes importantes dessa classe de bactérias são a *borrelia burgdorferi* e o *treponema pallidum*, causadores da doença de Lyme e da sífilis, respectivamente.

O glicocálice é uma substância produzida e secretada pelos procariotos que circundam a célula e é composto por polissacarídeo, polipeptídeo ou por ambos. Essa cápsula está presente, principalmente, em bactérias patogênicas, como o *bacillus anthracis*, produtor da cápsula de ácido D-glutâmico. Outro exemplo é a bactéria *streptococcus pneumoniae*, que sintetiza uma cápsula de polissacarídeo e causa a pneumonia. Tem a finalidade de proteger contra a fagocitose, sendo uma estrutura importante para a sobrevivência no hospedeiro. O glicocálice é um fator de virulência importante, pois somente com a sua presença a doença é ocasionada.

Os procariotos sintetizam substâncias e estruturas únicas às bactérias, como a parede celular bacteriana – estrutura rígida que dá forma à célula. Essa estrutura circunda a membrana citoplasmática e tem a função de prevenir a ruptura das células bacterianas devido à pressão da água. É possível diferenciar os tipos de células pela composição química da parede celular.

As bactérias se subdividem em gram-positivas e gram-negativas e têm estruturas internas semelhantes, mas estruturas externas distintas. As bactérias gram-positivas têm uma parede celular grossa e com múltiplas camadas, consistindo, principalmente, de peptidoglicanos, podendo também apresentar compostos, como os ácidos teicoicos (lipoteicoico e teicoico da parede), além de polissacarídeos C. A penicilina, por exemplo, é um antibiótico que atua sobre a ligação final das filas de peptidoglicanas, ocasionando a lise celular. Nas bactérias gram-negativas, a parede celular é composta por uma camada externa à membrana celular e uma fina camada de peptidoglicano, imediatamente externa a esta. Devido a essa composição, as paredes celulares das gram-negativas são mais facilmente rompidas por força mecânica. Os ácidos teicoico e lipoteicoico estão ausentes.

Externamente à camada de peptidoglicano, há a membrana externa, que funciona como uma barreira de permeabilidade para moléculas grandes e hidrofóbicas e constituída de lipoproteínas e fosfolipídios. Além disso, nessa membrana, encontra-se o lipopolissacarídeo (LPS). A porção polissacarídica do LPS é um poderoso estimulador das respostas naturais e imunes, sendo útil para diferenciar as espécies de gram-negativas. A porção lipídica do LPS é também chamada de endotoxina, provoca febre e pode causar choque séptico. A membrana externa é importante na fuga da fagocitose (processo pelo qual as células fagocitárias do hospedeiro, como os macrófagos, englobam e digerem as bactérias, além de partículas sólidas) e de ações do sistema imunológico, além de ser uma barreira para lisozima, detergentes, corantes e antibióticos. Essa estrutura ainda tem as chamadas porinas, que permitem a passagem de nutrientes para dentro da célula, como os nucleotídeos, os peptídeos, os aminoácidos, os dissacarídeos, a vitamina B_{12} e o ferro (Figura 2).

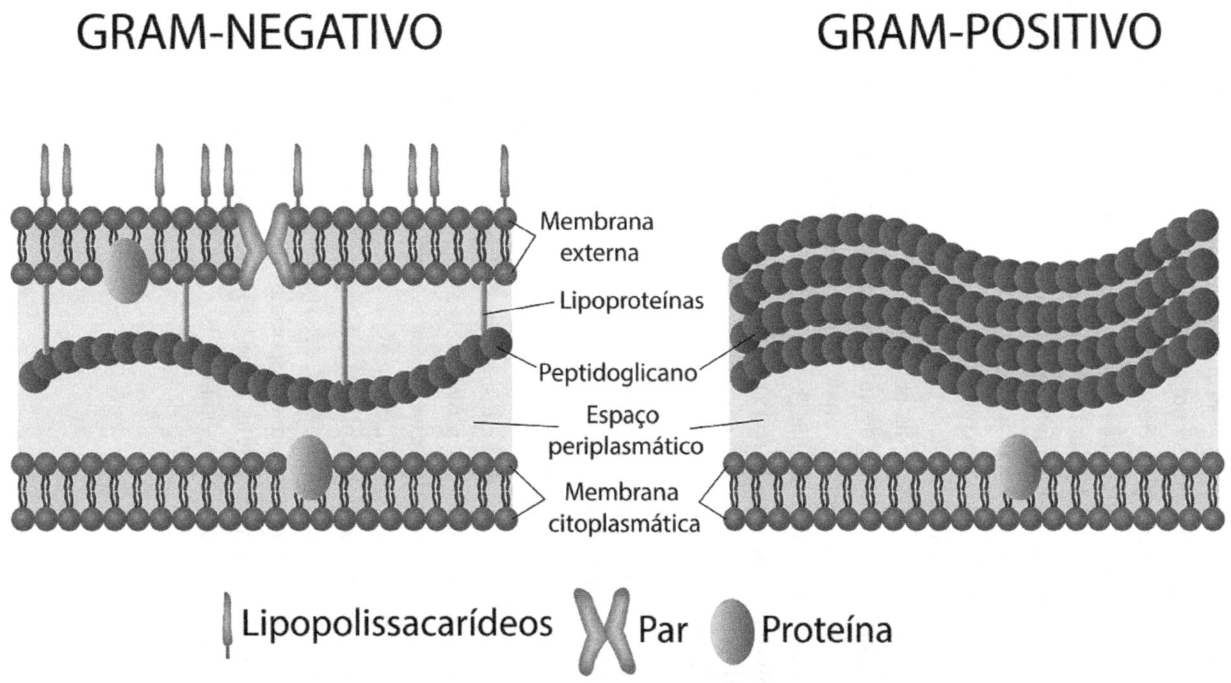

Figura 3. Diferenças na estrutura da parede celular de bactérias gram-negativas e gram-positivas.

Fonte: Designua/Shutterstock.com.

Fique atento

Pela coloração de Gram, podemos diferenciar as bactérias gram-positivas das gram-negativas. A técnica se baseia nas diferenças das paredes celulares dos dois tipos de bactérias e como essas estruturas reagem com os reagentes de violeta de cristal, iodo, álcool e safranina.

Todas as bactérias são procariotos e o seu DNA, como já descrito, está organizado como uma única molécula de DNA de fita dupla e não possui histonas. O cromossomo bacteriano, na maioria das bactérias, é circular. A exemplo da *escherichia coli*, caso a sua molécula de DNA fosse estirada, teria o tamanho de 1000 vezes o comprimento da célula, ou seja, é extremamente longo. Então você pode se perguntar, como uma molécula tão longa está contida em um espaço tão pequeno? A explicação para isso é que o DNA bacteriano está enovelado firmemente no nucleoide. Ao contrário dos eucariotos, este não possui uma membrana que o envolva. O número de nucleoides (número de cromossomos) pode ser aumentado ou diminuído, pois depende da taxa de crescimento da bactéria. Portanto, às vezes, as bactérias podem ser multinucleadas.

Também podem estar presentes na célula bacteriana os DNAs extracromossômicos, grandes ou pequenos, e circulares, os chamados plasmídeos. Os plasmídeos não participam da replicação no DNA cromossômico, são autorreplicáveis e por isso, em condições normais, são dispensáveis para a sobrevivência da célula. Contudo, em circunstâncias ambientais especiais, a bactéria pode conter 2 ou 3 plasmídeos, que carregam genes de resistência, de produção de enzimas e de patogenicidade, o que pode ser uma vantagem para o microrganismo. Os plasmídeos podem ser transferidos de uma bactéria para outra. Além disso, outra informação importante é que o material genético dos plasmídeos é utilizado na biotecnologia para a manipulação genética.

O citoplasma da bactéria é constituído de água, proteínas, açúcares, lipídios, íons inorgânicos e compostos de baixo peso molecular, além de uma área nuclear, como os ribossomos e as inclusões.

No citoplasma, localizamos grânulos de inclusão, que armazenam nutrientes e estão especialmente presentes em bactérias que vivem em ambientes hostis, não sendo essenciais para a sobrevivência do microrganismo. As inclusões auxiliam na identificação de diferentes espécies de bactérias (Quadro 1).

Quadro 1. Identificação de diferentes espécies de bactérias.

Inclusões	Reserva	Bactérias
Grânulos metacromáticos	Volutina e reserva de fosfato inorgânico	*Corynebacterium diphtheriae*
Inclusões lipídicas	Ácido poli-β–hidroxibutírico	*Mycobacterium, bacillus, azotobacter, spirillum*, outras
Grânulos de enxofre	Enxofre	*Thiobacillus*
Carboxissomos	Enzima ribulose 1,5-difosfato carboxilase	Nitrificantes, cianobactérias e tiobacilos
Vacúolos de gás	Cavidades ocas	Cianobactérias, fotossintéticas anoxigênicas e halobactérias
Magnetossomos	Óxido de ferro	*Aquaspirillum magnetotacticum*

Em condições de falta de nutrientes, bactérias gram-positivas, como o *Clostridium* (causador de botulismo, intoxicação alimentar, tétano e gangrena) e *Bacillus* (causador de intoxicação alimentar), desenvolvem endósporos dentro da sua membrana celular, aumentando sua resistência ao calor ou ao frio, por exemplo. Além da resistência a temperaturas extremas, os endósporos podem sobreviver à radiação, a agentes tóxicos e à falta de água. Bactérias como o *Clostridium* se mantêm como célula dormente, diminuindo assim seu metabolismo, podendo permanecer nesse estado por anos. A esporulação dentro de uma célula vegetativa pode levar horas e começa com uma invaginação da membrana plasmática, separando uma pequena porção de citoplasma e um cromossomo bacteriano recém-replicado (septo do esporo). Essa estrutura totalmente fechada dentro da célula original é o pré-esporo.

Posteriormente, uma espessa capa de proteína é formada e esta é a responsável pela resistência a diferentes agentes químicos. Para a liberação do endósporo, ocorre a lise da parede celular da célula vegetativa. Em condições ambientais favoráveis, por meio do processo de germinação, um endósporo pode voltar ao estado vegetativo, iniciando novamente o seu metabolismo. A esporulação não é um tipo de reprodução, pois o endósporo permanece apenas como uma célula única após a germinação.

É importante lembrar que os endósporos dão origem aos esporos livres, que têm material genético da célula-mãe e são as formas vivas mais resistentes já conhecidas. Com essas informações, você consegue imaginar o tamanho do problema para eliminar essas formas bacterianas no âmbito da indústria alimentícia, pois elas são altamente resistentes aos processos de ressecamento, congelamento, radiação e aquecimento (tais como a esterilização), que normalmente extinguem bactérias no seu estado vegetativo.

Saiba mais

As organelas revestidas por membranas são estruturas características de eucariotos. Uma informação importante é que nem todas as organelas podem ser encontradas em todas as células. Abaixo são citadas as funções de importantes estruturas e organelas:

- Os flagelos e os cílios são importantes para a locomoção e para a movimentação de substâncias ao longo da superfície da célula.
- Os nucléolos são responsáveis pela síntese do RNA cromossômico.
- Os ribossomos são responsáveis pela síntese proteica nos procariotos e nos eucariotos.
- O citoesqueleto tem a função de suporte e auxílio no transporte de substâncias pela célula.
- No RER estão dispostos os ribossomos, e a proteína sintetizada por eles é processada e selecionada nas cisternas. O REL produz fosfolipídios (como o RER), gorduras e esteróis. Ademais, dependendo da sua localização, o REL possui funções específicas, como nas células hepáticas, nas quais as enzimas do REL inativam compostos como o álcool.
- No complexo de Golgi, as proteínas vindas do RER são processadas e sofrem a ação de enzimas que as transformam em glicoproteínas, glicolipídios e lipoproteínas. Algumas proteínas processadas podem ser liberadas por vesículas por exocitose ou incorporadas à membrana plasmática, ou ainda armazenadas nos lisossomos.
- Os lisossomos têm vários tipos distintos de enzimas digestivas que degradam vários tipos celulares, inclusive bactérias.
- A área pericentriolar do centrossomo tem papel primordial na divisão celular e na formação de microtúbulos dos centríolos.
- Os peroxissomos têm enzimas capazes de oxidar moléculas de aminoácidos e ácidos graxos, além de substâncias tóxicas, como o álcool. As oxidações geram peróxido de hidrogênio e esse subproduto tóxico é decomposto pela catalase, enzima também presente nessas organelas.
- Os vacúolos dos eucariotos estão no citoplasma e têm a função de armazenamento de carboidratos, proteínas, ácidos orgânicos e íons inorgânicos. Para não lesar o citoplasma, várias células de plantas têm vacúolos que armazenam subprodutos

tóxicos. Ainda, há vacúolos responsáveis por captar água para as plantas e trazer alimentos para dentro da célula por meio de endocitose.

- O principal papel das mitocôndrias é a respiração celular pela produção de ATP. Estas são capazes de se autorreplicar e de se reproduzir, possuindo ribossomos 70S e algum DNA próprio.

A importância das bactérias para a vida na Terra

As bactérias estão presentes em todos os lugares, como no solo, na água, assim como em nossos lares e dentro do nosso organismo. Esse fator determina a ubiquidade das bactérias. Já no corpo humano, as bactérias podem ser benéficas ou maléficas (RON et al., 2016). Dessa maneira, para compreender o papel essencial das bactérias no nosso organismo, você precisa se dar conta que as bactérias representam mais de 20% da nossa massa corporal (SENDER; FUCHS; MILO, 2016), sendo assim, chegamos à conclusão de que nosso corpo precisa dessa simbiose para a sobrevivência.

As bactérias já são utilizadas na nossa alimentação desde os tempos remotos para a produção de iogurte, queijos e coalhadas, pois é pelo processo de fermentação do leite que esses produtos são produzidos. Portanto, primeiramente, é interessante você entender o que é a fermentação.

Fermentação é um processo químico pelo qual algumas bactérias obtêm energia. Várias indústrias utilizam a fermentação para a produção de diversos produtos alimentícios, como o vinagre e o molho de soja, e químicos, como a acetona e o isopropanol. Algumas bactérias que são utilizadas na indústria são: *Escherichia coli*, *Acetobacter*, *Lactobacillus*, *Streptococcus*, *Clostridium* e *Propionibacterium*.

A fermentação ocorre a partir da quebra da glicose (glicólise) em ácido pirúvico ou derivados. O ácido pirúvico é eliminado pela sua quebra total no processo da respiração ou é convertido em um produto orgânico da fermentação. Posteriormente, de uma maneira sucinta, as coenzimas reduzidas da glicólise doam seus elétrons e íons de hidrogênio ao ácido pirúvico, formando assim os produtos finais da fermentação. Os dois processos de fermentação mais importantes são a fermentação ácido lática e a fermentação alcoólica.

Os seres humanos são colonizados por trilhões de micróbios, com um metagenoma (genomas microbianos coletivos contidos em uma determinada amostra ambiental em um determinado ambiente) microbiano estimado em um número, pelo menos, 100 vezes maior quando comparado com o das células humanas. Além disso, os micróbios têm uma capacidade metabólica e enzimática maior quando comparada à dos humanos (FLINT et al., 2012; MAUKONEN; SAARELA, 2015). Os filos que predominam na microbiota intestinal são: *Bacteroidetes*, *Firmicutes*, actinobactéria, proteobactérias, *Verrucomicrobia*, fusobactéria e um número limitado de *Archaea* (SHORTT et al., 2017).

Fique atento

Os procariotos apresentam dois domínios: o *Bacteria* e o *Archaea*. O domínio *Archaea* é composto pelas arquibactérias. Esse domínio se diferencia do domínio *Bacteria*, pois, caso possua parede celular, esta não é constituída por peptidoglicano. Além disso, uma característica importante dos procariotos do domínio *Archaea* é que estes geralmente vivem em ambientes extremos e necessitam de condições especiais para a sua sobrevivência.

Assim, sabe-se que as bactérias têm papel essencial no nosso organismo, pois a microbiota intestinal auxilia na digestão dos alimentos, além de competir com microrganismos patogênicos indesejados que têm potencial de desenvolver alguma doença. Por essa razão, a flora intestinal deve ser equilibrada com a adição, à nossa dieta, de alimentos probióticos à base de microrganismos vivos, que irão ajudar na absorção dos alimentos (STÜRMER et al., 2012). Entre os gêneros mais utilizados na produção de probióticos estão os *Lactobacillus* e o *Bifidobacterium*. Além dos benefícios para o nosso intestino, essas bactérias também estimulam o sistema imune e regulam a produção de diferentes vitaminas. Algumas pesquisas têm sugerido que vários problemas de saúde física e mental estão ligados a uma flora intestinal em desequilíbrio (ZHANG et al., 2015).

- Imunidade baixa
  - alergia
  - câncer
  - envelhecimento precoce

- Metabolismo lento e má digestão
  - alergia
  - obesidade
  - envelhecimento precoce
- Deficiência de vitamina B
  - pele enrugada e áspera
  - alergia
  - fadiga
  - baixo nível de energia
- Movimento intestinal lento
  - constipação
  - inchaço
  - pólipos
  - câncer de cólon
- Desequilíbrio hormonal
  - câncer (câncer de mama)
  - artrite reumatoide
  - pele áspera
  - envelhecimento precoce
- Trato intestinal contaminado com toxinas
  - problemas no fígado
  - artérias entupidas
  - diabetes
  - alergia
  - acne, pele áspera e sem brilho
  - ansiedade
  - infecções do trato urinário

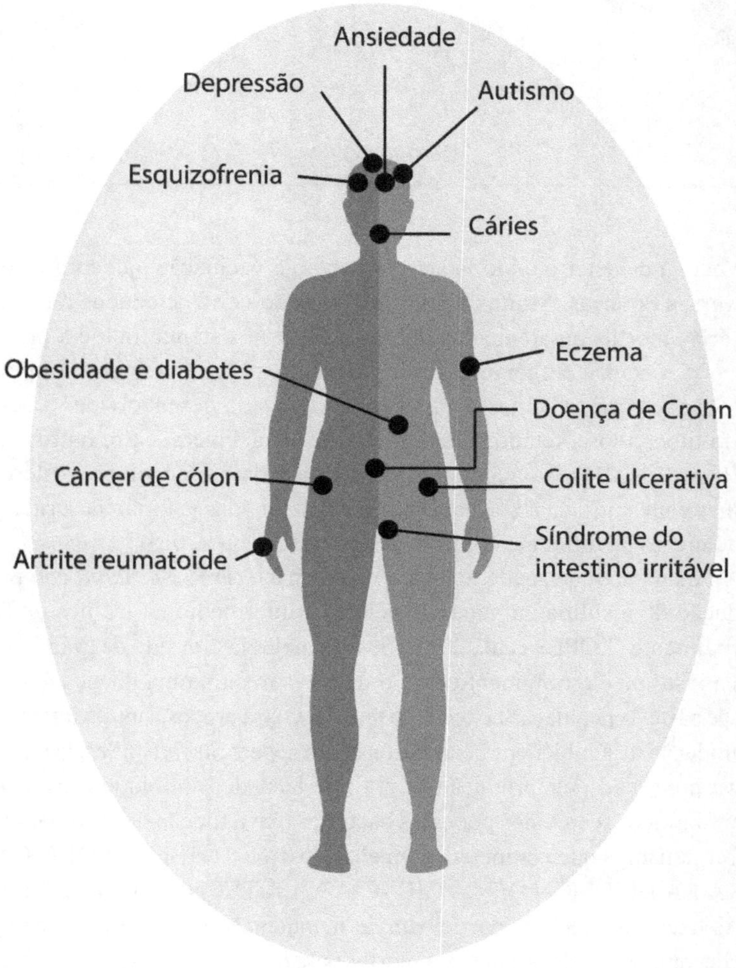

Figura 4. As condições de saúde física e mental associadas com uma flora intestinal em desequilíbrio.

Fonte: Ramona Kaulitzki/Shutterstock.com, adaptada de Biogenics 16 (2018).

Link

Para saber mais sobre a importância das bactérias na saúde humana, acesse o *link*.

https://goo.gl/9viNjA

Você já deve ter ouvido falar sobre como a vacinação ajuda no combate a diversas doenças. Muitas dessas vacinas são confeccionadas a partir de bactérias mortas ou atenuadas que estimulam o sistema imune a produzir anticorpos contra o agente e, posteriormente, previnem contra a infecção bacteriana. Várias vacinas com bactérias têm sido desenvolvidas, como as contra tuberculose, tétano, meningite bacteriana, cólera, entre outros males (ZHU et al., 2018). No campo da medicina e da biotecnologia, diferentes vacinas com a utilização de bactérias vivas atenuadas já foram descritas para o tratamento de diferentes tipos de câncer (HU et al., 2015).

Ainda na área da saúde, temos o uso da bactéria *Escherichia coli* para a produção de insulina humana artificial por intermédio da técnica de DNA recombinante (LOPES et al., 2012). Essa tecnologia tem sido de grande valia, pois a insulina é o tratamento para o diabetes melito, uma doença que afeta grande parte da população ao redor do mundo. Outra proposta muito interessante é a produção de antibióticos pelas bactérias do gênero *Streptomyces*, já que estas são responsáveis pela produção de mais de 80% dos antibióticos existentes. Os antibióticos secretados por essas bactérias têm a função de eliminar outros microrganismos que competem com elas (AGENCIA IBEROAMERICANA PARA LA DIFUSIÓN DE LA CIÊNCIA Y LA TECNOLOGÍA, 2011).

As bactérias também participam da manutenção do equilíbrio ecológico pela decomposição de organismos mortos para posterior liberação de nutrientes para a natureza. As bactérias fazem parte da classe dos decompositores heterotróficos e liberam para, o ambiente, elementos químicos que estavam presentes nos restos dos seres vivos. Vocês conseguem imaginar o que aconteceria caso a decomposição não ocorresse? Uma grande quantidade de restos de animais, de plantas e de outros seres estaria espalhada pelo ecossistema. Além disso, os nutrientes não poderiam ser reaproveitados por outros seres, levando estes à morte. As bactérias são igualmente fundamentais no processo de compostagem, com a transformação da matéria orgânica do lixo em adubo orgânico.

A decomposição é uma das etapas do ciclo do nitrogênio. O ciclo inicia com a conversão do nitrogênio da atmosfera (N_2) em amônia (NH_3) ou em íons amônio (NH_4^+) pelas bactérias do gênero *Rhizobium* pelo processo de fixação biológica. O N_2 também pode ser oxidado pelo processo de nitrificação. Nessa etapa, as bactérias nitrificantes *Nitrosomonas* e *Nitrobacter* convertem a amônia em nitrito (NO_2^-) e os íons nitrito em nitrato (NO_3^-), respectivamente. Esses compostos inorgânicos são absorvidos do solo e convertidos em compostos orgânicos pelas plantas. Já os animais obtêm os compostos por meio da alimentação e os liberam nas excretas. Na etapa da decomposição, as bactérias convertem os compostos orgânicos em nitrato, amônia ou nitrogênio, que são capazes de retornar à atmosfera (Figura 5) (TAIZ et al., 2017).

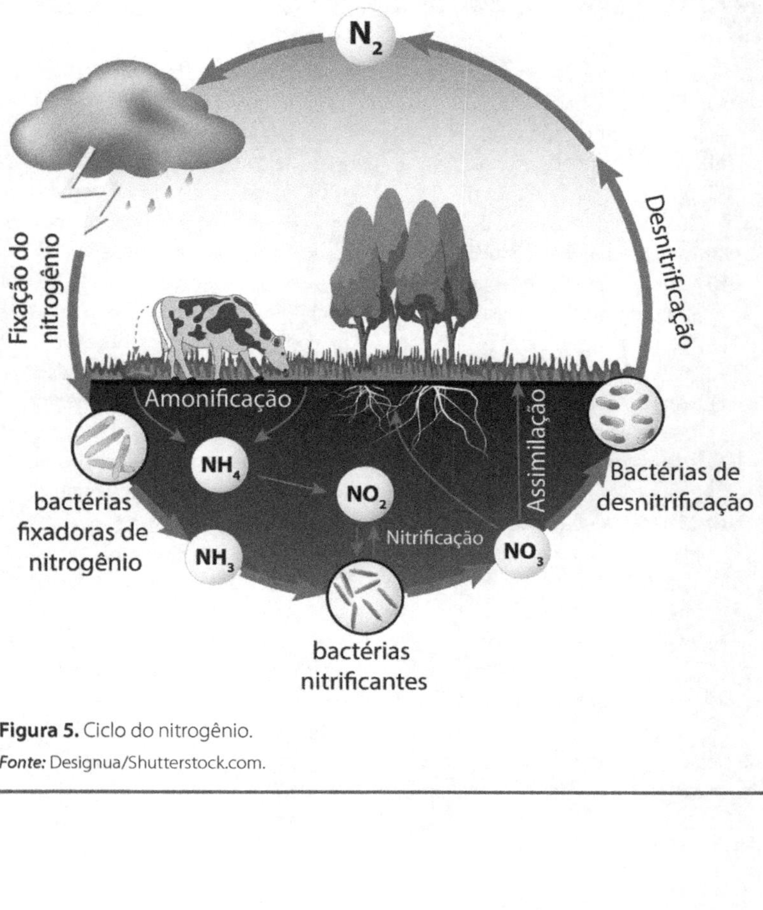

Figura 5. Ciclo do nitrogênio.

Fonte: Designua/Shutterstock.com.

Saiba mais

Você sabia que as bactérias são capazes de fazer fotossíntese? As bactérias fotossintéticas extraem energia da luz. Outras bactérias extraem energia por um processo denominado quimiossíntese. No processo de quimiossíntese, as bactérias obtêm energia de compostos inorgânicos (sulfeto, hidrogênio e ferro reduzido) por meio de sua oxidação. A quimiossíntese permite que as bactérias sobrevivam em locais sem luz e sem compostos orgânicos.

Os processos quimiossintéticos estão intimamente correlacionados com a decomposição e com o ciclo do nitrogênio, enquanto as cianobactérias fazem a chamada fotossíntese sem produção de oxigênio.

Exercícios

1. Qual das afirmativas a seguir contempla as características exclusivas de procariotos?

a) Material genético envolto por membrana, células, na sua maioria, haploides e material genético circular.

b) Material genético envolto por membrana, células, na sua maioria, diploides e material genético circular.

c) Material genético desprovido de membrana, células, na sua maioria, haploides e material genético circular.

d) Material genético desprovido de membrana, células, na sua maioria, diploides e material genético linear.

e) Material genético desprovido de membrana, células, na sua maioria, haploides e material genético linear.

2. Selecione a alternativa que contém as características dos endósporos.

a) Célula em estado vegetativo, aumento do metabolismo, não sobrevivem ao processo de autoclavagem.

b) Célula em estado vegetativo, diminuição do metabolismo, sobrevivem ao processo de autoclavagem.

c) Célula em repouso, diminuição do metabolismo, sobrevivem ao processo de esterilização.

d) Célula em repouso, aumento do metabolismo, não sobrevivem à esterilização.

e) Célula em repouso, diminuição do metabolismo, não sobrevivem à esterilização.

3. A parede celular das bactérias gram-positivas é constituída por:

a) parede celular fina, presença de ácidos teicoico e lipoteicoico e rica em peptidoglicanos.

b) parede celular rígida e mais forte, ausência de ácidos teicoico e lipoteicoico e pobre em peptidoglicanos.

c) parede celular fina, ausência de ácidos teicoico e lipoteicoico e pobre em peptidoglicanos.
d) parede celular rígida e mais forte, presença de ácidos teicoico e lipoteicoico e rica em peptidoglicanos.
e) parede celular rígida e mais forte, ausência de ácidos teicoico e lipoteicoico e rica em peptidoglicanos.

4. Das opções abaixo, selecione a alternativa que apresenta apenas as organelas envolvidas na geração de substâncias necessárias para a célula.
a) Lisossomo, vacúolo e ribossomo.
b) Ribossomo, RER e REL.
c) Vacúolo, RER e REL.
d) REL, vacúolo e ribossomo.
e) Vacúolo, lisossomo e RER.

5. Selecione a alternativa que apresenta as características das bactérias.
a) A reprodução da bactéria é sexuada, por divisão binária.
b) O plasmídeo contém apenas genes essenciais para a vida da bactéria.
c) Conjugação é o processo pelo qual a célula troca seu material genético.
d) O endósporo é uma estrutura com função de reserva de nutrientes.
e) Seu DNA está associado às histonas.

Referências

AGENCIA IBEROAMERICANA PARA LA DIFUSIÓN DE LA CIÊNCIA Y LA TECNOLOGIA. *Novos avanços no conhecimento de bactérias produtoras de antibióticos*. 2011. Disponível em: <http://www.dicyt.com/noticia/novos-avancos-no-conhecimento-de-bacterias--produtoras-de-antibioticos>. Acesso em: 06 fev. 2018.

BIOGENICS 16. *Importance of good bacteria*. 2018. Disponível em: <https://biogenics16.com/en/importance-good-bacteria/>. Acesso em: 06 fev. 2018.

CRISTINA, L. *História do microscópio*. 08 set. 2010. Disponível em: <http://bioinvisivel.blogspot.com.br/2010/09/historia-do-microscopio.html>. Acesso em: 08 mar. 2018.

FLINT, H. J. et al. The role of the gut microbiota in nutrition and health. *Nature Reviews Gastroenterology & Hepatology*, London, v. 9, n. 10, p. 577-589, set. 2012.

HU, Q. et al. Engineering nanoparticle-coated bacteria as oral DNA vaccines for cancer immunotherapy. *Nano Letters*, Washington, DC, v. 15, n. 4, p. 2732-2739, 8 abr. 2015. Epub. doi: 10.1021/acs.nanolett.5b00570.

LOPES, D. S. A. et al. A produção de insulina artificial através da tecnologia do DNA recombinante para o tratamento de diabetes mellitus. *Revista da Universidade Vale do Rio Verde*, Três Corações, v. 10, n. 1, p. 234-245, 2012. doi: http://dx.doi.org/10.5892/ruvrv.2012.101.234245.

MAUKONEN, J.; SAARELA, M. Human gut microbiota: does diet matter? *The Proceedings of the Nutrition Society*, London, v. 74, p. 23-36, 2015.

REPRESENTAÇÃO visual de estruturas biológicas em materiais de ensino. *História, Ciências, Saúde-Manguinhos*, Rio de Janeiro, v. 5, n. 2, jul./out. 1998. Disponível em: <http://www.scielo.br/scielo.php?script=sci_arttext&pid=S0104-59701998000200007>. Acesso em: 08 mar. 2018.

SENDER, R.; FUCHS, S.; MILO, R. Revised estimates for the number of human and bacteria cells in the body. *PLoS Biology*, San Francisco, v. 14, n. 8, e1002533, ago. 2016. doi: 10.1371/journal.pbio.1002533

SHORTT, C. et al. Systematic review of the effects of the intestinal microbiota on selected nutrients and non-nutrients. *European Journal of Nutrition*, New York, v. 57, n. 1, p. 25-49, 30 out. 2017. Epub. doi: 10.1007/s00394-017-1546-4.

STÜRMER, E. S. et al. A importância dos probióticos na microbiota intestinal humana. *Revista Brasileira de Nutrição Clínica*, Porto Alegre, v. 27, n. 4, p. 264-272, 2012.

TAIZ, L. et al. *Fisiologia e desenvolvimento vegetal*. 6. ed. Porto Alegre: Artmed, 2017.

ZHANG, Y.-J. et al. Impacts of gut bacteria on human health and diseases. International Journal of Molecular Sciences, Basel, v. 16, n. 4, p. 7493-7519, 2015. doi: 10.3390/ijms16047493.

ZHU, B. et al. Tuberculosis vaccines: opportunities and challenges. *Respirology*, New York, 17 jan. 2018. Epub. doi: 10.1111/resp.13245.

Leituras recomendadas

BROOKS, G. F. et al. *Microbiologia médica de* Jawetz, *Melnick & Adelberg*. 26. ed. Porto Alegre: AMGH, 2014. (Lange).

KHAN, S. *Bactérias:* estrutura procarionte. [2014?]. Disponível em: <https://pt.khanacademy.org/science/biology/bacteria-archaea/prokaryote-structure/v/bacteria>. Acesso em: 06 fev. 2018.

PAIXÃO, L. A. da; CASTRO, F. F. dos S. A colonização da microbiota intestinal e sua influência na saúde do hospedeiro. *Universitas*: Ciências da Saúde, Brasília, DF, v. 14, n. 1, p. 85-96, 2016. doi: 10.5102/ucs.v14i1.3629.

PASSOS, M. do C. F.; MORAES FILHO, J. P. Intestinal microbiota in digestive diseases. *Arquivos de Gastroenterologia*, São Paulo, v. 54, n. 3, p. 255-262, jul./set. 2017. doi: dx.doi.org/10.1590/S0004-2803.201700000-31.

TORTORA, G. J.; FUNKE, B. R.; CASE, C. L. *Microbiologia*. 8. ed. Porto Alegre: Artmed, 2016.

TORTORA, G. J.; FUNKE, B. R.; CASE, C. L. *Microbiologia*. 12. ed. Porto Alegre: Artmed, 2017.

Doenças resistentes a antibióticos transmitidas por bactérias

Objetivos de aprendizagem

Ao final deste texto, você deve apresentar os seguintes aprendizados:

- Identificar as doenças causadas por bactérias resistentes a muitos antibióticos, em especial por Staphylococcus aureus, Pseudomonas aeruginosa e Klebsiella.
- Sintetizar as principais manifestações desses microrganismos no ser humano.
- Reconhecer o processo de resistência microbiana aos antibióticos.

Introdução

O desenvolvimento de novos antibióticos tem sido um desafio, pois muitas bactérias têm adquirido resistência, resultando em elevados índices de mortalidade. Alguns fatores têm contribuído para o surgimento de bactérias resistentes a muitos antibióticos, tais como o inadequado controle de infecções hospitalares.

Esse fato é importante para o desenvolvimento da resistência bacteriana, mas não somente, pois fatores como a prescrição desnecessária ou inadequada de antibióticos pelos médicos e o uso indiscriminado pelos pacientes estão relacionados à diminuição da susceptibilidade das bactérias aos antibióticos. Também vale ressaltar que o uso desses medicamentos na lavoura e na ração de animais também tem um importante papel na resistência microbiana.

Bactérias multirresistentes, como Staphylococcus aureus, Pseudomonas aeruginosa e Klebsiella, são de importância clínica, pois causam infecções nosocomiais, com uma ampla variedade de sinais e sintomas, desde infecções na pele, até doenças mais sérias, como meningite, pneumonia e endocardite.

Neste capítulo, serão abordadas as doenças e as manifestações clínicas das infecções causadas pelas bactérias multirresistentes, bem como os mecanismos de desenvolvimento de resistência dos microrganismos aos antibióticos. Esses mecanismos de resistência bacteriana são limitados, bem como o número de alvos nos quais os antibióticos têm sua ação.

Doenças causadas por bactérias multirresistentes a antibióticos

Muitas são as doenças causadas por bactérias resistentes aos antibióticos. Neste capítulo, iremos tratar de doenças causadas por Staphylococcus aureus, Pseudomonas aeruginosa e Klebsiella.

Staphylococcus aureus

O Staphylococcus aureus é uma bactéria que faz parte da microbiota comensal (30% da população são colonizados por esse microrganismo). Contudo, este é o agente mais patogênico entre os estafilococos (HOLLAND; FOWLER, 2018), por isso, é de grande interesse clínico, uma vez que é o causador de várias doenças, tais como:

- Bacteremia;
- Endocardite;
- Infecção pulmonar e pneumonia (seguida de pneumonia viral);
- Síndrome da pele escaldada;
- Síndrome do choque tóxico;
- Intoxicação alimentar;
- Osteomielite;
- Abscesso esplênico;
- Artrite séptica ou bursite;
- Fasciite;
- Piomiosite;
- Mastite.

Os estafilococos são bactérias esféricas, gram-positivas e que têm a forma de cachos de uva. As amostras de S. aureus patogênicos são, na maioria da vezes, coagulase-positivas. Esse é um dado importante, pois bactérias produtoras de coagulase também produzem toxinas que causam danos sérios ao hospedeiro (TORTORA; FUNKE; CASE, 2017).

A taxa de mortalidade é de 20 a 40% e está mais associada a infecções causadas por *S. aureus* resistente à meticilina (MRSA, do inglês *Methicillin-resistant Staphylococcus aureus*) do que por S. aureus susceptível à meticilina (MSSA, do inglês *Methicillin-susceptible Staphylococcus aureus*). O MRSA é a forma mais perigosa do S. aureus. Primeiramente, MRSA foi encontrado em indivíduos hospitalizados (MRSA adquirida no hospital) e mais tarde em pessoas na comunidade (MRSA adquirida na comunidade). A colonização com MRSA pode ocorrer pelo contato com a pele de outras pessoas com MRSA ou pelo contato com superfícies contaminadas. A infecção somente irá acontecer caso o microrganismo colonizador consiga entrar na pele por uma lesão existente ou por uma ferida, por exemplo (HARRIS, 2018).

A prevenção de MRSA nos hospitais deve ser feita pela lavagem das mãos, tanto de pacientes, quanto de profissionais da saúde. Os profissionais também podem realizar desinfecção com álcool para prevenir a transmissão de contato. Os pacientes que são colonizados ou que estão infectados com MRSA precisam de atenção e cuidados especiais por parte da equipe de saúde, como o uso de luvas e jalecos por esses profissionais (HARRIS, 2018).

A prevenção de MRSA na comunidade deve ser feita também pela lavagem de mãos, com água e sabonete. Caso não haja água, uma ótima opção é a desinfecção com álcool. Feridas devem ser mantidas limpas, secas e com bandagem. Outras pessoas não devem ter contato com essas feridas, nem dividir itens pessoais, como toalhas, tesouras ou roupas, entre outros. Atletas com infecções na pele não devem competir (HARRIS, 2018).

Nas infecções com MRSA, o tratamento é, frequentemente, ineficaz, e a fonte de infecção são as infecções relacionadas ao uso de cateter, a frequentes infecções de tecidos moles e pele, a infecções pleuropulmonares e à endocardite. O tratamento empírico é realizado com terapia antimicrobiana contra MRSA, com vancomicina ou daptomicina. Essa terapia deve continuar até que a bactéria se torne susceptível à meticilina, assim que isso ocorrer, o tratamento deve continuar com um agente β-lactâmico (p. ex., nafcilina, oxacilina ou flucloxacilina). A resistência adquirida por MRSA é mediada pela alteração de proteínas ligadoras de penicilina (HARRIS, 2018).

Pseudomonas aeruginosa

Pseudomonas aeruginosa é um patógeno oportunista e ataca, principalmente, indivíduos com mecanismos de defesa defeituosos (mecanismos imunológicos, fagocíticos ou físicos). Por essa razão, é oportunista em pacientes com fibrose cística pulmonar de origem genética (causando falha respiratória e até mesmo morte) e em pacientes com queimaduras de segundo e terceiro graus, bem como os imunocomprometidos. Devido à sua capacidade de produção de biofilmes, a P. aeruginosa causa infecções nosocomiais relacionadas a cateteres ou a aparelhos médicos, contribuindo, assim, com a elevada taxa de mortalidade em infecções adquiridas no hospital (KANJ; SEXTON, 2018).

A Pseudomonas aeruginosa é um bacilo gram-negativo aeróbio não fermentativo que está presente em ambientes úmidos. Nas placas de cultura, a P. aeruginosa se apresenta com odor de uva e pigmento verde e é oxidase positiva. A infecção adquirida na comunidade é associada a saunas e a soluções de lente de contato (TORTORA; FUNKE; CASE, 2017).

As principais doenças oriundas da infecção por P. aeruginosa são:

- Bacteremia em pacientes neutropênicos;
- Infecções respiratórias agudas ou crônicas adquiridas em hospitais ou na comunidade;
- Pneumonia associada à ventilação mecânica;
- Infecções nos olhos ou nos pulmões (devido a toxinas liberadas pelo patógeno);
- Sepse e choque séptico (devido à endotoxina);
- Necrose tecidual (devido à exotoxina A);
- Foliculite;
- Endocardite;
- Osteomielite causada por ferida de punção;
- Peritonite.

Essa bactéria é resistente a vários antibióticos e está associada a infecções adquiridas no hospital com uma alta taxa de mortalidade. A resistência também pode ser adquirida ainda durante a terapia do paciente e isso gera altos custos. Outro fator importante é que o uso prévio de carbapenêmicos é um fator de risco para a resistência a esse fármaco. Apenas poucos antimicrobianos têm atividade contra o patógeno, todavia, estes ainda não adquiriram algum mecanismo de resistência.

Entre as classes, temos: penicilinas, cefalosporinas, combinações de inibidores cefalosporina-β-lactamase, monobactama, fluoroquinolonas, aminoglicosídeos e polimixinas. Sendo que as polimixinas (colistina e polimixina B) são utilizadas nos casos de infecções nosocomiais pan-resistentes. Contudo, essa classe é tóxica, com altos índices de nefrotoxicidade, no entanto, em menores percentagens, pode ocorrer neurotoxicidade e reações de hipersensibilidade, como prurido, erupção cutânea, urticária e febre. Em pacientes com queimadura, o agente antimicrobiano sulfadiazina de prata é eficaz (KANJ; SEXTON, 2018).

A resistência adquirida pela P. aeruginosa é mediada por diferentes mecanismos de resistência:

- Presença de β-lactamases de espectro ampliado (ESBL);
- Presença de bombas de efluxo;
- Redução da permeabilidade,
- Degradação de enzimas.

Klebsiella pneumoniae

A Klebsiella pneumoniae faz parte da flora normal do intestino e da boca do homem, além de habitar a água e o solo. As infecções são adquiridas, principalmente, nos hospitais. A colonização por K. pneumoniae de pacientes hospitalizados está associada à utilização de antibióticos. Um aumento nas infecções por esse patógeno é observado em indivíduos com a defesa comprometida (falha renal, diabetes melito, tratamento com glicocorticoides e alcoolismo). A bactéria tem sido encontrada também em amostras de fezes e na nasofaringe de populações específicas (TORTORA; FUNKE; CASE, 2017; YU; CHUANG, 2018). A K. pneumoniae é um bacilo gram-negativo que tem cápsula. O diagnóstico da infecção por essa bactéria é realizado em cultura de amostra de sangue, urina, escarro e fluidos corporais (TORTORA; FUNKE; CASE, 2017).

As principais doenças ocasionadas por K. pneumoniae são:

- Bacteremia;
- Pneumonia;
- Aneurisma micótico;
- Artrite séptica;
- Pericardite purulenta;
- Piomiosite;
- Infecção da coluna vertebral;
- Infecções no trato geniturinário (cistite e pielonefrite, abscessos renais e, menos frequente, abscessos prostáticos e prostatite);
- Abscessos no fígado, nos rins e no cérebro;

- Celulite severa, progredindo para uma fasciite necrosante ou miosite necrosante.

A transmissão se dá pelo contato com secreções de pacientes infectados. É relevante salientar que a transmissão ocorre, principalmente, devido à higiene e à desinfecção inadequadas no ambiente hospitalar. Por essa razão, a prevenção é feita pela lavagem e pela desinfecção adequadas das mãos de visitantes e dos profissionais de saúde, pelo isolamento do paciente infectado com o agente e pela utilização de luvas por profissionais que mantêm contato direto com o paciente.

A K. pneumoniae tem demonstrado um aumento alarmante na sua resistência a antibióticos e a escolha destes é vinculada à produção de ESBL ou carbapenemases pelo microrganismo. Esses mecanismos conferem resistência a antibióticos, como a penicilina, as cefalosporinas e a monobactama (aztreonam). Além disso, β-lactamases que hidrolisam carbapenêmicos têm emergido e estão relacionados com a alta taxa de mortalidade por K. pneumoniae resistente a carbapenêmicos. Essa resistência aos carbapenêmicos está associada ao índice de mortalidade altíssimo, mais do que 50% das mortes (YU; CHUANG, 2018).

A K. pneumoniae carbapenemase, conhecida como KPC, é uma superbactéria resistente a muitos antibióticos, mas principalmente aos carbapenêmicos de amplo espectro. A KPC tem uma taxa de resistência de 98% para fluoroquinolonas e de e 50% para gentamicina e amicacina.

A resistência adquirida pela K. pneumoniae é mediada por diferentes mecanismos de resistência:

- Presença de β-lactamases de espectro ampliado (ESBL);
- Presença de carbapenemases.

Manifestações clínicas das infecções causadas por *Staphylococcus aureus, Pseudomonas aeruginosa* e *Klebsiella*

Bacteremia

A bacteremia afeta principalmente os homens e ocorre nas idades extremas na vida. A alta e a baixa incidências são encontradas no primeiro ano de vida e em adultos jovens, respectivamente. Com o decorrer da idade, essa incidência vai aumentando em idosos (FOWLER; SEXTON, 2018).

O S. aureus é um dos patógenos causadores da bacteremia adquirida no hospital e da bacteremia adquirida na comunidade. Por outro lado, a bacteremia por K. pneumoniae é mais frequente em infecções nosocomiais e o sítio primário da infecção é o trato biliar e geniturinário. Sua endotoxina causa febre e o choque é associado à septicemia (HOLLAND; FOWLER, 2018; TORTORA; FUNKE; CASE, 2017).

A P. aeruginosa pode levar à septicemia, podendo ser fatal em lactentes e em indivíduos debilitados, com leucemia (em tratamento), por exemplo, bem como em queimados. Em decorrência da sepse, a infecção frequentemente induz à necrose hemorrágica da pele, caracterizada pelas lesões chamadas de ectima gangrenoso (BROOKS et al., 2014).

Infecções na pele

As infecções na pele ocasionadas por S. aureus são caracterizadas por uma inflamação potente que atrai células fagocíticas para o local de infecção, como os neutrófilos e os macrófagos. Contudo, o *S. aureus* é capaz de escapar do mecanismo de defesa do hospedeiro por meio da produção de uma toxina que aniquila as células fagocíticas e da produção de uma proteína que impede a quimiotaxia dos neutrófilos. Além disso, o patógeno é capaz de fugir das células imunes, pois é resistente à opsonização.

Caso a fagocitose ocorra, a bactéria tem mecanismos que garantem sua sobrevivência dentro da célula fagocítica. Todos esses mecanismos de escape do sistema imune são importantes para a persistência da infecção por *S. aureus* na pele do indivíduo (TORTORA; FUNKE; CASE, 2017).

Foliculite, furúnculo, hordéolo e carbúnculo

O S. aureus pode infectar os folículos pilosos, ocasionando uma foliculite ou um furúnculo. O furúnculo é uma inflamação mais grave, apresentando pus na região, sendo uma infecção autolimitada. Os abscessos presentes no furúnculo são de difícil tratamento, pois os antibióticos não alcançam esses locais. O S. aureus pode também ocasionar o carbúnculo, o qual se caracteriza por ser uma massa endurecida e que é formada a partir do furúnculo. O carbúnculo é um tecido altamente inflamado, por conta disso, o indivíduo frequentemente tem febre (TORTORA; FUNKE; CASE, 2017). Uma outra forma de infecção que afeta os folículos é denominada de hordéolo.

Uma infecção ocasionada por MRSA se apresenta como umas lesões na pele, muitas vezes confundidas com uma picada de aranha. Essas lesões podem ter a forma de um caroço vermelho e se apresentar como espinhas ou como um carbúnculo (HARRIS, 2018).

Impetigo

O impetigo é uma doença que afeta, principalmente, as crianças de 2 a 5 anos de idade. Essa doença infecciosa é ocasionada por Streptococcus pyogenes e/ou por S. aureus. O microrganismo causador do impetigo penetra no organismo através de feridas na pele e causa lesões que se rompem e formam crostas de cor clara (TORTORA; FUNKE; CASE, 2017). O impetigo pode ser de dois tipos: o bolhoso e o não bolhoso (sendo este o mais comum).

O impetigo bolhoso é causado pela toxina do sorotipo A do estafilococo, ocasionando uma lesão localizada. A toxina B se dissemina para outros locais e ocasiona a síndrome da pele escaldada. Essa síndrome ocorre em neonatos, sendo uma infecção séria que leva à descamação da pele (Figura 1).

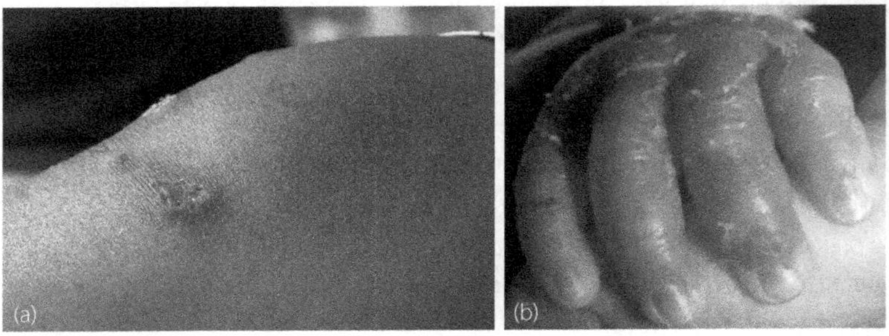

Figura 1. (a) Impetigo na perna. (b) Síndrome da pele escaldada na mão.
Fonte: (a) Anukool Manoton/Shutterstock.com; Tortora, Funke e Case (2017).

Síndrome do choque tóxico

Na síndrome do choque tóxico, o S. aureus produz a chamada toxina da síndrome do choque tóxico 1 (TSCT-1). Essa toxina leva à infecção generalizada, pois se espalha pela corrente sanguínea. Essa síndrome apresenta sinais clínicos, como a pele escaldada, além de outros sintomas mais graves, como febre, vômitos e falhas de órgãos (p. ex., rim). Essa síndrome também é associada ao uso prolongado de tampões vaginais absorventes e à menstruação e pode ocorrer após cirurgias nasais e partos (TORTORA; FUNKE; CASE, 2017).

Dermatite e otite

A bactéria P. aeruginosa é a causa da dermatite associada ao uso de piscinas e banheiras. A dermatite é caracterizada por ser um exantema autolimitado. Os nadadores também podem ser afetados pelo *ouvido de nadador*, uma otite externa. Uma otite mais severa (maligna) pode ser provocada por esse patógeno em diabéticos (BROOKS et al., 2014; TORTORA; FUNKE; CASE, 2017).

Intoxicação alimentar

O S. aureus causa intoxicações do trato digestório inferior pela liberação de toxinas. Nos alimentos contaminados, como pudins e tortas, o patógeno produz e libera a enterotoxina (toxina do tipo A). Essa toxina está associada a uma enzima que coagula o sangue. Sintomas como diarreia, cólica, náuseas e vômitos estão presentes nas intoxicações. Alimentos refrigerados têm uma menor probabilidade de serem fontes de uma intoxicação estafilocócica, pois previnem a produção da toxina (TORTORA; FUNKE; CASE, 2017).

Endocardite

As manifestações clínicas da endocardite são bastante variáveis, pois qualquer sistema orgânico pode ser afetado. Entre os principais sintomas, temos febre, calafrios, anorexia, perda ponderal e lesões cutâneas. Os indivíduos com endocardite também podem apresentar sinais neurológicos ou acidentes vasculares encefálicos (AVEs) e, mais frequentemente, sopro cardíaco e esplenomegalia (BROOKS et al., 2014).

Os estreptococos são responsáveis por aproximadamente 70% das endocardites, mas o S. aureus, que infecta as válvulas cardíacas normais, evolui a doença mais rapidamente que o estreptococo. Dessa maneira, o S. aureus pode causar a endocardite bacteriana aguda, em que ocorre a destruição das válvulas cardíacas, sendo fatal se não tratada. As endocardites, em geral, têm início quando os patógenos são liberados após uma extração de dente e chegam até a corrente sanguínea, alcançando o coração. As bactérias se fixam nas válvulas anormais de indivíduos com defeitos congênitos ou com doenças como a febre reumática e a sífilis. Dentro dos coágulos, o patógeno se protege da fagocitose. Quando o S. aureus é diagnosticado na cultura do sangue do paciente, este deve ser submetido a uma ecocardiografia, pois possivelmente também terá diagnóstico de endocardite (BROOKS et al., 2014; TORTORA; FUNKE; CASE, 2017).

A P. aeruginosa também pode ocasionar a endocardite (KANJ; SEXTON, 2018).

Meningite

K. pneumoniae é uma causa comum da meningite nosocomial nos Estados Unidos e o principal fator de risco para essa meningite é a neurocirurgia (YU; CHUANG, 2018). A meningite ocasionada por S. aureus pode ser em decorrência de algum trauma na cabeça, neurocirurgia ou devido a uma complicação da bacteremia (HOLLAND; FOWLER, 2018).

As manifestações clínicas da meningite são variadas e dependentes da idade do indivíduo, mas abrangem, principalmente, febre, letargia, cefaleia intensa, náusea, vômito, rigidez de nuca, prostração e confusão mental, sinais de irritação meníngea acompanhados de alterações do líquido cefalorraquidiano e convulsões (BROOKS et al., 2014).

Infecções pulmonares

As infecções pulmonares ocasionadas por K. pneumoniae têm origem nos hospitais e na comunidade, ou podem ser uma infecção secundária em indivíduos com doença pulmonária obstrutiva crônica (DPOC), com enfisema ou abscesso pulmonar. A pneumonia nosocomial apresenta manifestações clínicas, como febre, tosse, leucocitose e produção aumentada de escarro. Além disso, a pneumonia pulmonar nosocomial pode ser detectada como bronquite e broncopneumonia (YU; CHUANG, 2018).

Já a pneumonia por K. pneumoniae adquirida na comunidade acomete, principalmente, alcoólicos, pacientes com diabetes ou com DPOC. Suas manifestações clínicas são: febre, tosse, dispneia e taquipneia, produção de escarro, leucocitose, dor no peito e pulmão com ruídos (YU; CHUANG, 2018).

A P. aeruginosa coloniza os pulmões de forma crônica e invade tecidos, ocasionando pneumonia (KANJ; SEXTON, 2018).

Osteomielite

A osteomielite é causada pela disseminação hematogênica a partir de um local distante até o osso, ou por inoculação direta da bactéria no osso ou no tecido mole devido a uma fratura exposta, por exemplo. Entre os principais sintomas, temos febre, dor, edema, vermelhidão, e às vezes, secreção. O S. aureus é o principal causador de osteomielite, sendo que cepas de MRSA causam infecções em vários locais e infecções acompanhadas de complicações vasculares (BROOKS et al., 2014).

Fique atento

A resistência bacteriana é uma questão econômica relevante, pois a confecção de novos antibióticos eficazes tem um custo elevado devido à tecnologia e ao grande número de estudos empregados. Esse custo também é alto em decorrência da alta taxa de mortalidade e de tratamentos repetidos na população. Os profissionais da saúde têm uma grande responsabilidade em garantir que os tratamentos sejam seguidos adequadamente. Além disso, a prescrição deve ser apropriada e direcionada para a infecção em questão, evitando os antimicrobianos de amplo espectro, os quais podem afetar a flora normal do paciente.

Resistência microbiana aos antibióticos

A resistência bacteriana a antibióticos é um problema econômico e de saúde pública. Para melhor entender os mecanismos de resistência, primeiramente você precisa entender como os antibióticos funcionam. A descoberta da penicilina foi em 1928, mas apenas em 1940 ela começou a ser utilizada pelos pacientes. Desde a sua descoberta até os dias de hoje, várias classes de antimicrobianos surgiram (TORTORA; FUNKE; CASE, 2017).

Saiba mais

Em 1928, o bacteriologista Alexander Fleming descobriu por acidente o antibiótico penicilina. Enquanto olhava suas placas com Staphylococcus aureus, Fleming notou a contaminação com uma colônia de fungos e que em torno desta havia uma área na qual as bactérias não cresciam. O fungo era o Penicillium chrysogenum; por essa razão, Fleming deu o nome de penicilina à substância inibidora produzida por este.

Fonte: Mario Breda/Shutterstock.com.; Tortora, Funke e Case (2017).

Os antibióticos têm sua ação por meio de diferentes mecanismos (Figura 2):

- Inibição da síntese da parede celular: antibióticos como a penicilina inibem a síntese de peptidoglicanos da parede celular das bactérias. Esse antibiótico não é tóxico para as células humanas, pois estas apresentam estrutura da parede celular distinta das bactérias.
- Inibição da síntese proteica: antibióticos como a eritromicina, a estreptomicina e as tetraciclinas atuam sobre a síntese proteica nos ribossomos. Esses antibióticos têm toxicidade seletiva sobre os ribossomos bacterianos 70S, pois os ribossomos eucarióticos têm ribossomos 80S de estrutura distinta. Contudo, as mitocôndrias de eucariotos também têm ribossomos 70S e, por essa razão, efeitos adversos podem aparecer em pacientes em tratamento com antibióticos com esse mecanismo de ação.
- Inibição da síntese de ácidos nucleicos: antibióticos que interferem na replicação e na transcrição têm limitada utilização, pois intervêm no metabolismo do DNA e do RNA dos mamíferos.
- Dano à membrana plasmática: antibióticos como a anfotericina B, o miconazol e o cetoconazol têm somente ação antifúngica, pois afetam a permeabilidade da membrana plasmática de fungos, atuando sobre os esteróis. Como a membrana plasmática das bactérias não tem esteróis em sua estrutura, esses antibióticos não são utilizados para combater infecções bacterianas.
- Inibição da síntese de metabólitos essenciais: o antimetabólito sulfanilamida inibe a atividade enzimática do ácido paraminobenzoico (PABA). O PABA é um substrato importante na síntese de ácido fólico, posteriormente utilizado para a produção de ácidos nucleicos e aminoácidos.

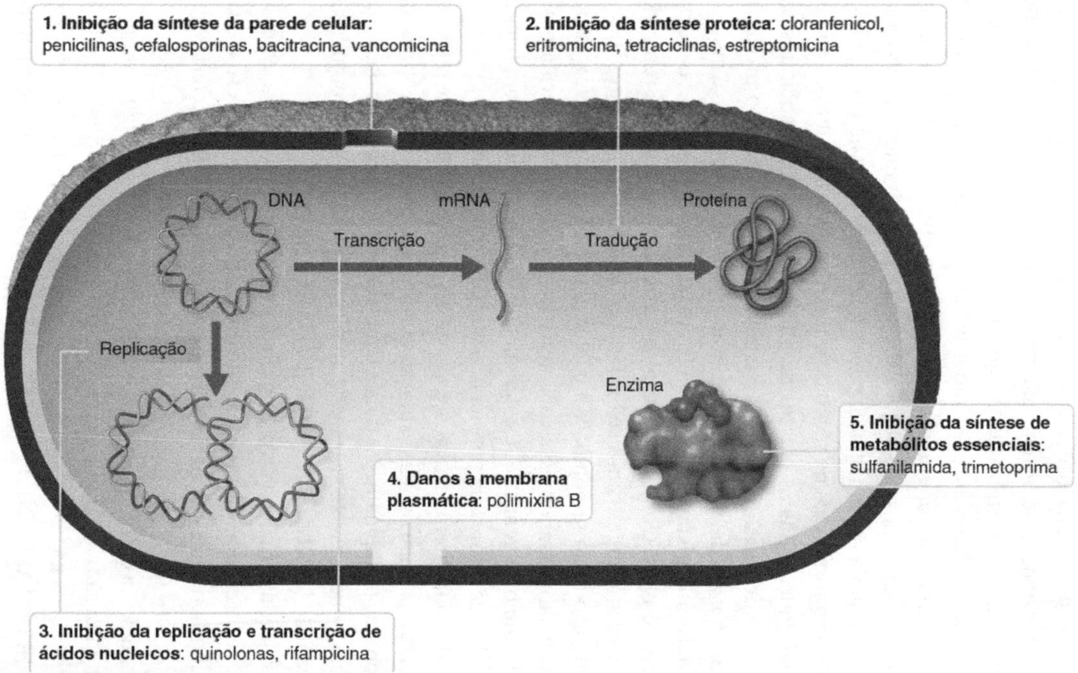

Figura 2. Mecanismos de ação de antimicrobianos.

Fonte: Tortora, Funke e Case (2017).

O principal fator que leva à resistência aos antibióticos é a utilização desses medicamentos sem prescrição médica. Além disso, o uso inadequado para o tratamento de doenças de origem não bacteriana, como a terapia para dor de cabeça, também é frequente. Mesmo que o uso seja apropriado para a doença em questão, muitas vezes as doses são insuficientes para a eliminação total da infecção e a seleção de cepas resistentes pode ocorrer. Essa situação é encontrada, principalmente, nos países que estão em desenvolvimento, mas os países desenvolvidos também contribuem para a ampliação da resistência, visto que se utilizam de antibióticos na ração de animais para o aumento de seu peso.

Na atualidade, todas as classes de antibióticos estão associadas ao desenvolvimento de resistência pelas bactérias. Por essa razão, a produção de antibióticos capazes de combater bactérias altamente resistentes é um desafio para os microbiologistas. No início da utilização do fármaco, as bactérias são mais suscetíveis. Contudo, com o passar do tempo e com a repetição do tratamento, os microrganismos se tornam resistentes. Os microrganismos que resistem, dentro de uma população bacteriana, têm uma genética associada à sobrevivência, passando essa característica de resistência para a próxima geração por meio de genes de resistência que são transferidos por plasmídeos (denominados de fatores de resistência) ou por transposons.

Depois de adquirirem esses genes de resistência, as bactérias se reproduzem normalmente e passam essa informação para sua progênie. Por terem uma alta taxa de reprodução, rapidamente toda a população adquire resistência, enquanto as mutações genéticas são transferidas horizontalmente pela conjugação ou pela transdução (TORTORA; FUNKE; CASE, 2017).

Apesar da identificação de poucos mecanismos de resistência, estes ainda são muito eficazes, pois as bactérias são altamente adaptáveis à estrutura química dos antibióticos. Entre os mecanismos de resistência das bactérias, temos:

1. Bloqueio da entrada no sítio-alvo dentro da bactéria: algumas bactérias mutantes são capazes de alterar suas porinas e, devido a essa alteração, os antibióticos não conseguem passagem para o interior do microrganismo (TORTORA; FUNKE; CASE, 2017). O medicamento, permanecendo no espaço periplasmático, pode, ainda, sofrer a ação das β-lactamases.

2. Alteração da molécula-alvo: os MRSAs são capazes de modificar a estrutura da proteína de ligação à penicilina (PBP) e neutralizar o efeito da meticilina. A PBP é responsável pela ligação entre os peptidoglicanos e o posterior desenvolvimento da parede celular. O MRSA resistente pode também sintetizar uma PBP adicional e essa estrutura tem a capacidade de produzir a parede celular sem sofrer a ação do antibiótico (TORTORA; FUNKE; CASE, 2017).
3. Destruição ou inativação enzimática: as bactérias que se utilizam desses mecanismos afetam especialmente os fármacos de origem natural, como as cefalosporinas e as penicilinas. As bactérias têm as enzimas β-lactamases, que agem sobre o anel β-lactâmico e estão presentes nesses dois grupos de antibióticos. O primeiro antibiótico a apresentar resistência às penicilinases das bactérias foi a meticilina, mas logo deixou de ser eficaz. Patógenos como MRSA são importantes na clínica, pois são resistentes à maioria dos antibióticos.
4. Além da penicilina, o MRSA também é resistente à vancomicina (com mecanismo de ação diferente quando comparado ao da penicilina) e à ação da combinação de antibióticos com ácido clavulânico (um inibidor de β-lactamases) (TORTORA; FUNKE; CASE, 2017). O MRSA era, inicialmente, causador apenas de infecções hospitalares, mas também tem se tornado um problema de saúde pública, já que tem ocasionado surtos nas comunidades, podendo levar à morte.
5. Ejeção rápida do antibiótico: esse mecanismo é encontrado em bactérias que têm bombas de efluxo de fármacos (BRUNTON et al., 2012; TORTORA; FUNKE; CASE, 2017). Esses microrganismos podem expressar quantidades aumentadas de bombas de efluxo, expulsando assim os antibióticos (Figura 3). Principais bombas de efluxo conhecidas:
   - Extrusor de compostos tóxicos a múltiplos fármacos;
   - Transportadores da superfamília de facilitadores principais;
   - Exportadores de divisão da nodulação de resistência;
   - Transportadores do cassete de ligação do ATP.

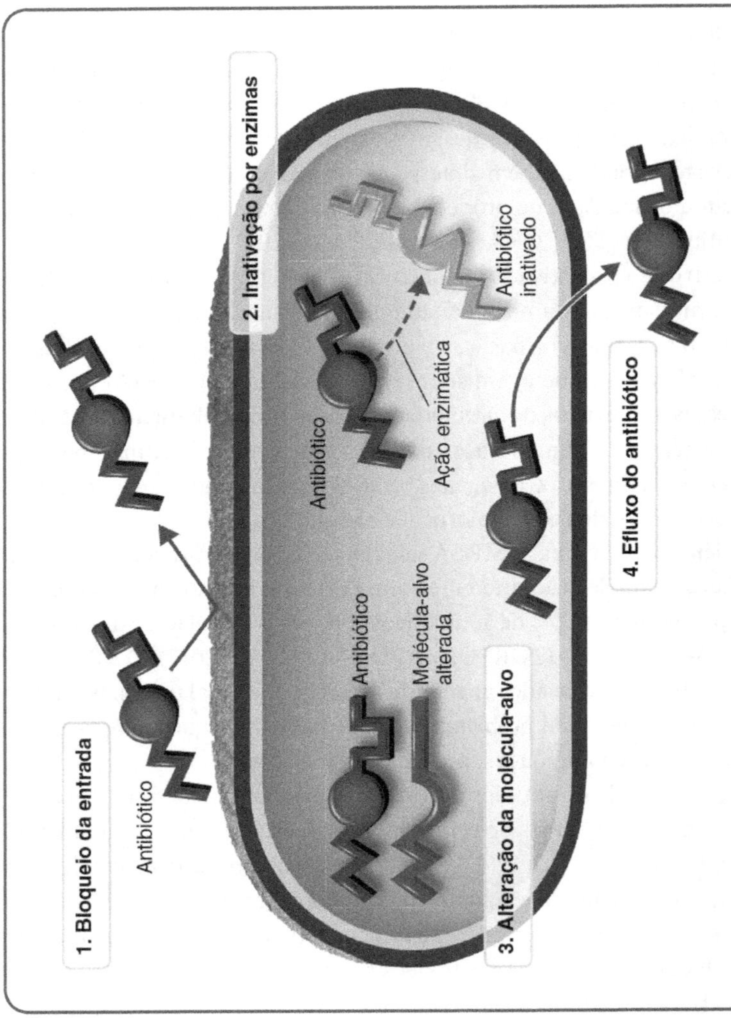

Figura 3. Mecanismos de resistência microbiana a agentes antimicrobianos.

Fonte: Tortora, Funke e Case (2017).

6. Incorporação do fármaco: nesse mecanismo, o microrganismo se torna resistente a um antimicrobiano e começa a depender dele para sua proliferação. Isso pode ser visto com a resistência à vancomicida adquirida pelo *enterococcus*. Após a exposição prolongada ao fármaco, há o surgimento de cepas que precisam da vancomicina para proliferar (BRUNTON et al., 2012).
7. Heterorresistência: ocorre quando um subgrupo da população microbiana total é resistente (BRUNTON et al., 2012). A heterorresistência tem sido associada à:
   - Vancomicina para S. aureus e Enterococcus faecium;
   - Colistina para o Acinetobacter baumannii-calcoaceticus;
   - Rifampicina, isoniazida e estreptomicina para o M. tuberculosis;
   - Penicilina para o S. pneumoniae.

Link

Para conhecer melhor os mecanismos de resistência bacteriana, acesse o link:

https://goo.gl/zL3jpr

E para conhecer melhor as superbactérias, acesse:

https://goo.gl/YK7r04

Exercícios

1. As chamadas superbactérias recebem ainda a denominação *pan-resistentes*, que significa:
   a) microrganismos resistentes a diferentes classes de antimicrobianos testados em exames microbiológicos.
   b) que sobrevivem à ação dos antibióticos, pois têm grande capacidade de adaptação.
   c) que têm resistência comprovada *in vitro* a todos os antimicrobianos testados em exame microbiológico.
   d) que são resistentes à penicilina e à cefalosporina.
   e) que oferecem resistência às sulfas.
2. Qual das alternativas a seguir corresponde àqueles que são considerados os fatores responsáveis pela instalação da resistência microbiana no

indivíduo e pela propagação das bactérias no meio hospitalar?

a) O uso excessivo de antibióticos e a falta de UTI para tratamento dos pacientes.

b) O paciente submetido a tratamento para câncer e as medidas de bloqueio ineficientes.

c) A internação em quarto coletivo e o uso de três antibióticos para tratamento de infecção pulmonar.

d) A internação hospitalar prolongada em UTI, a falta de higienização das mãos do profissional, conforme preconizado pela ANVISA, e o controle de infecção da instituição.

e) A artroplastia total de quadril e o uso de cefalotina por 48 horas.

3. "Sua transmissão ocorre por meio dos profissionais de saúde colonizados com o germe e por sua presença em superfícies e equipamentos." Qual alternativa corresponde a essa descrição?

a) *Pseudomonas aeruginosa.*

b) *Klebsiella.*

c) KPC.

d) VRE (*enterococcus* resistente à vancomicina, do inglês *Vancomycin-resistant enterococci*).

e) MRSA.

4. A polimixina B é o único antimicrobiano disponível para o tratamento das infecções causadas por:

a) KPC.

b) *Pseudomonas aeruginosa.*

c) MRSA.

d) VRE.

e) Acinetobacter spp.

5. Os pacientes acometidos por bactérias resistentes a muitos antimicrobianos necessitam de medidas específicas de bloqueio e precaução, no intuito de conter a transmissão de tais microrganismos. Quais são essas medidas?

a) Internação em quarto privativo, equipamentos de uso individual, como termômetro, estetoscópio e esfigmomanômetro, e visita liberada.

b) Transporte do paciente intra-hospitalar quando for estritamente necessário, limpar e desinfectar objetos e superfícies com clorexidina aquosa e enfatizar a correta higienização das mãos.

c) O paciente não pode ser transferido de hospital, recomendando-se a utilização de avental não estéril apenas no quarto do paciente (não se pode sair do quarto com o item), além disso, os objetos potencialmente contaminados devem ser desinfectados ou descartados em lixo contaminado.

d) Internação em quarto privativo e com identificação do tipo de precaução na porta, correta higienização das mãos e uso de avental e equipamentos de cuidado ao paciente individualmente e apenas no quarto.

e) Uso de luvas de procedimento durante todo o atendimento para o contato com o paciente, os objetos e as superfícies do quarto e instruir os profissionais que realizam a limpeza sobre medidas de precaução. Não há recomendações quanto à quantidade de profissionais para o atendimento desse paciente.

Referências

BROOKS, G. F. et al. *Microbiologia médica de Jawetz, Melnick & Adelberg*. 26. ed. Porto Alegre: AMGH, 2014. (Lange).

BRUNTON, L. L. et al. *As bases farmacológicas da terapêutica de Goodman e Gilman*. 12. ed. Porto Alegre: AMGH, 2012.

FOWLER, V. G.; SEXTON, D. J. Clinical approach to Staphylococcus aureus bacteremia in adults. *UpToDate*, fev. 2018. Disponível em: <https://www.uptodate.com/contents/clinical-approach-to-staphylococcus-aureus-bacteremia-in-adults/print>. Acesso em: 23 mar. 2018.

HARRIS, A. Patient education: Methicillin-resistant Staphylococcus aureus (MRSA) (Beyond the Basics). *UpToDate*, 2018. Disponível em: <https://www.uptodate.com/contents/methicillin-resistant-staphylococcus-aureus-mrsa-beyond-the-basics/print>. Acesso em: 23 mar. 2018.

HOLLAND, T.; FOWLER, V. G. Epidemiology of Staphylococcus aureus bacteremia in adults. Authors: *UpToDate*, fev. 2018. Disponível em: <https://www.uptodate.com/contents/epidemiology-of-staphylococcus-aureus-bacteremia-in-adults/print>. Acesso em: 23 mar. 2018.

KANJ, S. S.; SEXTON, D. J. Principles of antimicrobial therapy of Pseudomonas aeruginosa infections. *UpToDate*, fev. 2018. Disponível em: <https://www.uptodate.com/contents/principles-of antimicrobial-therapy-of-pseudomonas-aeruginosa infections?topicKey=ID%2F3135&view=print&displayedView=full&source=see_link&elapsedTimeMs=3>. Acesso em: 23 mar. 2018.

TORTORA, G. J.; FUNKE, B. R.; CASE, C. L. *Microbiologia*. 12. ed. Porto Alegre: Artmed, 2017.

YU, W.-L.; CHUANG, Y.-C. Clinical features, diagnosis, and treatment of Klebsiella pneumoniae infection. *UpToDate*, 2018. Disponível em: <https://www.uptodate.com/contents/clinical-features-diagnosis-and-treatment-of-klebsiella-pneumoniae-infection/print>. Acesso em: 23 mar. 2018.

Leituras recomendadas

GELLATLY, S. L.; HANCOCK, R. E. W. Pseudomonas aeruginosa: new insights into pathogenesis and host defenses. *Pathogens and Disease*, v. 67, p. 159-173, 2013. doi:10.1111/2049-632X.12033

KANJ, S. S.; SEXTON, D. J. Epidemiology, microbiology, and pathogenesis of Pseudomonas aeruginosa infection. *UpToDate*, 2018. Disponível em: <https://www.uptodate.com/contents/epidemiology-microbiology-and-pathogenesis-of-pseudomonas-aeruginosa-infection/print>. Acesso em: 23 mar. 2018.

LEVINSON, W. *Microbiologia e imunologia médicas*. 13. ed. Porto Alegre: AMGH, 2016.

MACLAREN, G.; SPELMAN, D. Polymyxins: an overview. *UpToDate*, 2018. Disponível em: <https://www.uptodate.com/contents/polymyxins-an-overview>. Acesso em: 23 mar. 2018.

MAGIORAKOS, A. P. et al. Multidrug-resistant, extensively drug-resistant and pandrug-resistant bacteria: an international expert proposal for interim standard definitions for acquired resistance. *Clinical Microbiology and Infection*, v. 18, p. 268, 2012.

MISHRA, A. K.; YADAV, P.; MISHRA, A. A systemic review on Staphylococcal Scalded Skin Syndrome (SSSS): a rare and critical disease of neonates. *The Open Microbiology Journal*, v. 10, p. 150-159, 2016.

SIU, L. K. et al. Klebsiella pneumoniae liver abscess: a new invasive syndrome. *Lancet Infect Disease*, v. 12, p. 881-887, 2012.

TONG, S. Y. C. et al. Staphylococcus aureus infections: epidemiology, pathophysiology, clinical manifestations, and management. *Clinical Microbiology Reviews*, v. 28, n. 3, 2015. doi:10.1128/CMR.00134-14

Isolamento

Objetivos de aprendizagem

Ao final deste texto, você deve apresentar os seguintes aprendizados:

- Identificar a função do isolamento.
- Explicar os diferentes tipos de isolamento: isolamento total, respiratório, reverso e funcional.
- Descrever os diferentes tipos de precauções: precauções padrão e precauções expandidas.

Introdução

Neste capítulo, primeiramente você conseguirá entender a importância do isolamento, sendo que diferentes tipos de isolamento são implementados, dependendo do patógeno causador da infecção. Você poderá compreender como procedimentos simples, como a lavagem de mãos e a utilização de equipamentos de proteção individual, são extremamente importantes no contato direto e indireto com o paciente.

Além disso, você entenderá que surtos hospitalares ocorrem, muitas vezes, em decorrência da ausência de medidas para o controle da transmissão de microrganismos infectocontagiosos. Por isso, precauções de biossegurança são primordiais para a contenção desses patógenos e devem ser seguidas rigorosamente por profissionais da saúde, pacientes, familiares e visitantes.

A função do isolamento

Para que a transmissão de agentes infecciosos ocorra no ambiente hospitalar, três elementos primordiais são necessários:

- a fonte dos agentes infecciosos;
- o hospedeiro susceptível ao patógeno;
- modo de transmissão do agente.

As fontes dos agentes infecciosos podem ser humanas (paciente, familiar, visitante ou profissional da saúde) ou ambientais (equipamentos hospitalares). As fontes humanas podem estar infectadas – mesmo não apresentando sintomas –, no período de incubação ou sintomáticas, ou colonizadas de forma crônica ou transitória.

A possibilidade de transmissão de uma doença infecciosa dentro de um ambiente hospitalar faz com que medidas de isolamento e precauções sejam necessárias para a contenção das doenças infectocontagiosas. Dessa maneira, o paciente infectado passível de transmissão do agente patogênico é separado de outros indivíduos que estão susceptíveis, ou que possam transmitir o microrganismo, por uma antessala e um quarto privativo. O isolamento também se dá pela prática de medidas técnicas de assepsia e tem o intuito de evitar a disseminação de determinados agentes infecciosos entre pacientes ou a funcionários, visitantes ou familiares, bem como ao meio ambiente.

Os pacientes que requerem isolamento são aqueles afetados por doenças altamente contagiosas, com grande ou pequena virulência, podendo estas serem transmitidas pelo ar, por perdigotos ou por contato direto ou indireto. Para que o isolamento seja correto, é imprescindível que o período de incubação das diversas doenças seja de conhecimento dos profissionais da saúde. Diferentes normas de biossegurança e precauções serão tomadas (Quadro 1) de acordo com os diferentes agentes causadores.

Quadro 1. Doenças transmissíveis e seus respectivos agentes etiológicos, transmissão, precauções e isolamentos.

Doenças	Agente etiológico	Transmissão	Precauções	Isolamento
Caxumba	*Paramyxovirus Paramyxoviridae*	Disseminação de gotículas ou contato direto com a saliva	Padrão + gotículas	Até 9 dias após o início do edema na região submandibular
Coqueluche	*Bordetella pertussis*	Pessoa-pessoa. Contato com secreções nasofaríngeas	Padrão + gotículas	5 dias de terapia

(*Continua*)

(*Continuação*)

Quadro 1. Doenças transmissíveis e seus respectivos agentes etiológicos, transmissão, precauções e isolamentos.

Doenças	Agente etiológico	Transmissão	Precauções	Isolamento
Dengue	*Flavivirus flaviviridae 1, 2, 3 e 4*	Vetor	Padrão	-
Difteria	*Corynebacterium diphtheriae*	Pessoa-pessoa. Secreções nasofaríngeas	Padrão + gotículas	Até 14 dias após a introdução da antibioticoterapia
Febre amarela	*Flavivirus flaviviridae*	Vetor	Padrão	-
Hanseníase	*Mycobacterium leprae*	Contato com secreções nasofaríngeas	Padrão + gotículas	-
Hepatite B	HBV*	Parenteral, sexual e vertical	Padrão + contato	-
Herpes zoster/ Varicela	VVZ**	Pessoa-pessoa. Secreções respiratórias e contato com lesões de pele	Padrão + contato + aerossóis	Até as lesões se apresentarem como crostas
Leishmaniose tegumentar	*Leishmania amazonensis / L. guyanensis / L. braziliensis*	Vetor	Padrão	-
Leishmaniose visceral	*Lutzomyia longipalpis / Lutzomyia cruzi*	Vetor	Padrão	-

(*Continua*)

(*Continuação*)

Quadro 1. Doenças transmissíveis e seus respectivos agentes etiológicos, transmissão, precauções e isolamentos.

Doenças	Agente etiológico	Trans-missão	Precauções	Isolamento
Meningite Meningo-cócica	*Neisseria meningitidis*	Contato com secreções nasofaríngeas	Padrão + gotículas	Até 24 horas após o início da antibio-ticoterapia
Poliomielite	*Enterovirus Picornaviri-dae 1, 2 e 3*	Fecal-oral / oral-oral	Padrão + contato	-
Raiva	*Lyssavirus; Rhabdoviridae*	Mordedura, arranhadura e lambedura de animais contami-nados	Padrão	Durante todo o tratamento
Rubéola	*Rubivirus; Togaviridae*	Contato com secreções nasofaríngeas	Padrão + aerossóis	Até 7 dias após o aparecimento do exantema
Sarampo	*Morbillivirus; Paramyxo-viridae*	Contato com secreções nasofaríngeas	Padrão + aerossóis	Enquanto du-rar a doença
Tétano acidental	*Clostridium tetani*	Introdução dos esporos na pele ou mucosas lesionadas	Padrão	-
Tétano neonatal	*Clostridium tetani*	Transpla-centária	Padrão	-
Tuberculose	*Mycobac-terium tuberculosis*	Pessoa--pessoa. Contato com secreções nasofaríngeas	Padrão + aerossóis	Até obten-ção de 3 baciloscopias negativas

*HBV (vírus da hepatite B)
**VVZ (vírus varicela-zoster)

Normas de isolamento e cuidados com o paciente

A área física de um isolamento (antessala e quarto privativo) deve estar fechada permanentemente. Além disso, recomendações de biossegurança devem ser afixadas na porta para que os visitantes estejam cientes. A antessala não é obrigatória, mas, quando presente, os equipamentos de proteção individual (EPIs) de reserva devem ser acondicionados limpos, além de haver um local adequado para o descarte quando estes forem utilizados. Uma pia e uma cabine para os jalecos ou aventais também são necessárias nesse ambiente. Caso a antessala seja ausente, os EPIs devem ser guardados fora do quarto e os aventais longe do leito do paciente.

O quarto deverá ter banheiro com pia, vaso e chuveiro e deve permanecer sempre fechado. A maçaneta interna da porta do banheiro é considerada contaminada, assim, para abri-la, faz-se necessária a utilização de papel toalha.

A delimitação de uma área isolada de um metro do paciente é necessária quando houver um indivíduo com uma doença que seja transmissível por perdigotos e com baixas capacidades de transmissão por contato ou dispersão. O **coorte** é realizado em um mesmo quarto ou setor, representando o agrupamento de pacientes colonizados ou infectados com um mesmo patógeno, ou profissionais da saúde que têm contato direto com um grupo específico de doentes.

Os pacientes que estão em isolamento, somente em caráter de exceção, podem sair do confinamento apenas por ordem médica, caso necessitem realizar um procedimento de diagnóstico ou terapêutico. Nesse caso, os profissionais da saúde devem tomar medidas de precaução durante o transporte do paciente, como a utilização de máscaras e a cobertura das feridas do indivíduo infectado. Ademais, o local que receberá o paciente deverá ser notificado sobre o quadro de infecção e as precauções específicas para o seu recebimento.

A orientação dos familiares, por parte dos profissionais da saúde, deve ter o objetivo de esclarecer os termos para a admissão do paciente, como o tempo de internação, bem como as medidas de biossegurança a serem tomadas.

Deve haver uma atenção, por parte dos profissionais da saúde, tanto no cuidado direto ao paciente, quanto na não estigmatização deste no momento da sinalização dos indivíduos que têm alguma doença infectocontagiosa. O isolamento, por si só, pode causar um efeito psicológico negativo no quesito de proibição das visitas, sendo assim, é extremamente essencial que o isolamento seja reavaliado diariamente quanto à sua necessidade, para que o paciente possa voltar ao convívio da população geral do hospital assim que possível.

Um fator importante é que todos os profissionais da saúde devem estar cientes dos pacientes que estão em isolamento.

Os diferentes tipos de isolamento: isolamento total, respiratório, reverso e funcional

Diferentes tipos de isolamentos são requeridos devido aos diferentes agentes infecciosos envolvidos na infecção hospitalar. A seguir estão descritos os distintos isolamentos existentes:

Isolamento total

O isolamento total é o processo pelo qual os pacientes portadores doenças infecciosas são alocados em acomodações isoladas. Algumas das doenças que requerem esse tipo de isolamento são: varíola, difteria, enterocolite estafilocócica, pneumonia estreptocócica, além de feridas infectadas com *Staphylococcus aureus* e *Streptococcus* do grupo A. As medidas cabíveis nesses casos são: pacientes em quartos privativos, com as especificações do tipo de isolamento descritas em placas. A utilização de EPIs, como aventais, luvas e máscaras, por todas as pessoas que entram no quarto é essencial, além da obrigatória lavagem de mãos na entrada e na saída da acomodação.

Isolamento respiratório

O isolamento respiratório é caracterizado pela prevenção da disseminação de agentes que se dispersam pelo ar contaminado, ou pelo contato direto com secreções eliminadas pelas vias aéreas superiores. Nesse tipo de isolamento, faz-se necessária a utilização de EPIs, como máscara, avental, luvas, touca e propés. O paciente deve ser isolado no quarto privativo, sendo obrigatório o uso de máscara por este quando for transportado. Também é obrigatória a lavagem das mãos na entrada e na saída da acomodação. Geralmente, os indivíduos afetados por doenças como sarampo, tuberculose, rubéola, meningite meningocócica, pneumonia bacteriana e virose por citomegalovírus são destinados ao isolamento respiratório.

Isolamento reverso

O isolamento reverso, também chamado de protetor, é destinado aos pacientes susceptíveis, ou seja, aqueles que estão com a resistência baixa à infecção. As precauções a serem tomadas são as mesmas para o isolamento respiratório. Porém, nesse tipo de isolamento, as visitas devem ser limitadas. Pacientes imunocomprometidos, como queimados, transplantados, com leucemia e os que estão no período pós-operatório muitas vezes precisam desse isolamento. Recém-nascidos prematuros e pacientes com agranulocitose também são submetidos ao isolamento reverso.

Isolamento funcional

O isolamento funcional é requerido para evitar a transmissão de microrganismos de pacientes infectados para pacientes livres do agente em questão. Nesse isolamento, os funcionários que atendem os pacientes infectados são distintos dos funcionários que prestam assistência aos pacientes sem o agente infeccioso. Caso sejam os mesmos profissionais atendentes, os pacientes infectados devem ser atendidos no período final da assistência.

Os diferentes tipos de precauções: precauções padrão e precauções expandidas

As precauções são divididas em precauções padrão ou básicas e precauções expandidas para casos específicos. As precauções padrão são aplicadas a todos os pacientes sob suspeita de alguma infecção ou infectados com algum agente infeccioso. Essas precauções são essenciais para o controle da passagem do agente patogênico entre os pacientes e entre pacientes e profissionais da saúde.

Entre as precauções expandidas, temos as precauções de acordo com a transmissão (pelo contato e pelo ar), que são aplicadas a pacientes com suspeita ou confirmação de infecção ou colonização com agente infeccioso. Contudo, os agentes infecciosos que necessitam dessas precauções são os patógenos com importância epidemiológica, por essa razão precisam de medidas de controle adicionais para evitar a sua transmissão.

Precauções padrão

- **Higiene das mãos:** a higienização das mãos deve ser realizada após o contato com sangue, excreções, secreções e/ou fluidos corporais ou com algum artigo contaminado. A higienização também deve ocorrer caso haja contato com o paciente e após a remoção das luvas.
- **EPIs:** os EPIs, como máscara, óculos e protetor facial, devem ser utilizados em procedimentos que envolvam o cuidado ao paciente (p.ex., aspiração e intubação endotraqueal) que possam gerar salpicos de sangue, fluidos corporais ou secreções. Uma maior atenção é necessária em situações que gerem aerossóis em pacientes com suspeita ou confirmação de infecções transmitidas por aerossóis respiratórios, com o uso dos EPIs acima citados, além de avental. O uso do avental também tem grande importância nas atividades relacionadas ao cuidado do paciente, quando houver possível contato com as roupas ou com a pele exposta a fluidos corporais, sangue, secreções ou excreções.
- **Equipamentos hospitalares:** o correto manuseio, com a utilização de luvas, dos equipamentos hospitalares sujos evita que ocorra a passagem de patógenos para outros pacientes ou para o meio ambiente.
- **Controle ambiental:** é essencial que os procedimentos de limpeza e desinfecção de superfícies sejam realizados com frequência, principalmente das superfícies que entram em contato com o paciente diretamente.
- **Agulhas e outros perfurocortantes:** as agulhas usadas não devem ser reencapadas, dobradas, quebradas ou manipuladas. Caso seja necessário reencapar, deve-se coletar a tampa com apenas uma mão. O descarte de objetos perfurocortantes deve ser feito em um recipiente resistente à punção.
- **Ressuscitação do paciente:** durante os procedimentos de ressuscitação, os profissionais da saúde devem evitar o contato direto com as secreções orais e bucais. Essa prevenção pode ser realizada com o uso de dispositivos de ventilação, como bocais e sacos de ressuscitação.
- **Alocação do paciente:** priorizar para a sala de um único paciente se este tiver um risco aumentado de transmissão, for susceptível de contaminar o meio ambiente, não mantiver a higiene adequada ou estiver em maior risco de adquirir infecção ou desenvolver um resultado adverso após a infecção.
- **Higiene respiratória/Etiqueta de tosse:** baseia-se na educação dos profissionais da saúde, dos pacientes, dos familiares e dos visitantes quanto

à importância da limitação de secreções respiratórias em pacientes com sintomas de infecção. Essas recomendações devem englobar desde áreas de triagem, como a recepção de emergências, até os consultórios médicos. Outra recomendação é a instrução de indivíduos sintomáticos para cobrir a boca e o nariz quando espirram ou tossem. Pessoas com tosse devem utilizar máscaras, quando a tolerarem, ou ficarem afastadas por uma distância de pelo menos três pés dos demais indivíduos. Os profissionais da saúde devem orientar a higienização das mãos quando estas forem contaminadas com secreções.

Link

Para saber mais sobre as precauções padrão, acesse o link ou código a seguir.

https://goo.gl/PV3hnY

Precauções de acordo com a transmissão

Contato

Essas precauções são implementadas para a prevenção da transmissão de agentes infecciosos, incluindo microrganismos epidemiologicamente importantes, os quais são transmitidos por contato direto ou indireto com o paciente ou com o ambiente do paciente.

Esse tipo de precaução é aplicada a pacientes infectados ou colonizados com microrganismos multirresistentes, bem como em condições como a presença de drenagem de ferida e incontinência fecal. Um quarto privativo é o ideal nesses casos, mas, quando não houver disponível, a consulta com o pessoal de controle de infecção deve ser realizada para avaliar as outras opções, como a alocação do paciente com um colega de quarto, com separação entre as camas de ≥ três pés.

Os profissionais da saúde devem usar aventais e luvas para qualquer contato com o paciente. Patógenos como *Enterococcus* resistentes à vancomicina, *Clostridium difficile*, norovírus e outros agentes patogênicos do trato intestinal e vírus sincicial respiratório estão entre aqueles que necessitam dessas precauções. Esses patógenos entéricos são facilmente transmissíveis aos visitantes expostos, por essa razão, precauções de contato (luvas) devem ser consideradas nessas situações.

Gotícula

Essas precauções se inserem na prevenção de infecções transmitidas por agentes patogênicos disseminados pelo contato da membrana mucosa ou respiratória estreita com secreções respiratórias. Esses agentes não são infecciosos a longas distâncias, não sendo necessário um quarto com ventilação especial. Tais precauções são indicadas para *Bordetella pertussis*, vírus da gripe, adenovírus, rinovírus, *Neisseria meningitides* e *Estreptococcus* do grupo A (nas primeiras 24 horas de terapia antimicrobiana). No quesito de isolamento do paciente no quarto, é igual aos agentes que necessitam de precauções de contato. Os profissionais da saúde devem utilizar máscara, sendo desnecessário o uso de um respirador. Pacientes que precisam dessas precauções devem ser transportados para fora da sala usando máscara, caso a tolerem, e seguir a etiqueta de higiene respiratória/tosse.

Aerossóis

As precauções respiratórias pelos aerossóis impedem a transmissão de agentes infecciosos que permanecem infecciosos a longas distâncias quando suspensos no ar. Como exemplo desses patógenos, temos: vírus da rubéola, vírus da varicela, *Mycobacterium tuberculosis* e, possivelmente, SARS-CoV (síndrome respiratória aguda causada pelo coronavírus).

Os pacientes que necessitam dessas precauções devem ser alocados em quartos de isolamento de infecção aérea. Esse ambiente está equipado com capacidade especial de ventilação. Caso o quarto com especificações não esteja disponível, o paciente deve ser colocado em um quarto privado. Devem ser disponibilizados respiradores ou máscaras N95 para os profissionais da saúde e essas ações serão seguidas até que o paciente seja transferido para um quarto de isolamento de infecção aérea ou até que retorne à sua casa. Pacientes com sarampo, varicela ou varíola não devem ser cuidados por profissionais da saúde que não estejam imunizados, sempre que possível.

Precauções para pacientes com microrganismos multirresistentes (MDROs)

Os MDROs são definidos como microrganismos, predominantemente bactérias, que são resistentes a uma ou mais classes de agentes antimicrobianos. Esses agentes patogênicos são frequentemente resistentes à maioria dos agentes antimicrobianos disponíveis. Por essa razão, a prevenção e o controle de MDROs é uma prioridade nacional, a qual exige que todas as instituições de saúde e as agências assumam responsabilidade sobre esse problema de saúde pública.

Entre os MDROs, temos:

- *Staphylococcus aureus* resistente à meticilina (MRSA);
- *Enterococcus* resistentes à vancomicina (VRE);
- certos bacilos gram-negativos (GNB), como *Escherichia coli*, *Klebsiella pneumoniae*, *Acinetobacter baumannii*, *Stenotrophomonas maltophilia*, *Burkholderia cepacia* e *Ralstonia pickettii*.

Entre as precauções padrão que são amplamente eficazes no controle de MDROs, a aderência melhorada às práticas recomendadas de higienização das mãos tem uma relação temporal com o controle de organismos multirresistentes.

Precauções de contato, como quarto privado ou coorte, são requeridas nos casos de infecção por MDROs. Além disso, a utilização de luvas, aventais e máscaras pelos profissionais da saúde são implementadas em procedimentos que geram algum tipo de respingo, como irrigação de feridas, aspiração oral e intubação. Esses EPIs são também utilizados no cuidado de pacientes com traqueostomias abertas e em circunstâncias em que há evidências da transmissão de fontes fortemente colonizadas (queimaduras).

Ademais, outras medidas importantes são indicadas para o combate de infecções por MDROs:

- intensificar a frequência dos programas educacionais para profissionais da saúde, especialmente aqueles que trabalham em áreas nas quais as taxas de MDROs não estão diminuindo;
- medidas ambientais, como limpeza, desinfecção e esterilização das áreas e dos equipamentos de cuidados ao paciente, limpeza do quarto dos pacientes e limpeza e desinfecção de superfícies frequentemente tocadas pelos pacientes, como trilhos de cama e maçaneta da porta, além de equipamentos próximos ao paciente;
- suporte administrativo, como alertas computacionais para identificar pacientes anteriormente conhecidos por serem colonizados ou infectados por MDROs;
- vigilância com métodos de laboratório padronizados e diretrizes para determinar as susceptibilidades antimicrobianas dos MDROs.

Aplicações empíricas das precauções de acordo com a transmissão são extremamente importantes, pois garantem a diminuição da oportunidade de transmissão. Essa aplicação empírica se dá no momento em que os resultados dos testes laboratoriais ainda estão pendentes, já que esses testes, muitas vezes, requerem dois ou mais dias para a sua conclusão. A aplicação empírica se baseia na apresentação clínica (sinais e sintomas) e nos possíveis agentes patogênicos.

Precauções específicas são necessárias para pacientes com transplante de células-tronco hematopoiéticas halogênicas, é o chamado ambiente de proteção, o qual é requerido para minimizar a quantidade de esporos de fungos no ar, diminuindo, assim, o risco de infecções fúngicas ambientais invasivas, como surtos por *aspergillus*. Nesse ambiente de proteção, algumas ações podem ser implementadas:

- filtração HEPA (alta eficiência para partículas de ar, do inglês *high efficiency particulate air*) do ar entrante;
- pressão positiva do ar ambiente em relação ao corredor;
- salas bem seladas;
- ventilação apropriada;
- estratégias para minimizar a poeira, como superfícies esfregáveis, ao contrário de carpetes;
- proibição de flores secas e frescas e plantas nos quartos.

Exercícios

1. Após o uso, de que maneira as agulhas devem ser descartadas?
   - **a)** Reencapadas, caso necessário, com o uso das duas mãos, quebradas, descontaminadas previamente e descartadas em recipiente resistente à punção.
   - **b)** Reencapadas, caso necessário, com o uso das duas mãos, dobradas, descontaminadas previamente e descartadas em recipiente resistente à punção.
   - **c)** Reencapadas, caso necessário, com o uso de uma das mãos, previamente descontaminadas, sem serem dobradas e, por fim, descartadas em recipiente resistente à punção.
   - **d)** Reencapadas, caso necessário, com o uso de uma das mãos, sem serem dobradas, sem descontaminação prévia e, por fim, descartadas em recipiente não resistente à punção.
   - **e)** Reencapadas, caso necessário, com o uso de uma das mãos, sem serem dobradas, sem descontaminação prévia e, por fim, descartadas em recipiente resistente à punção.
2. Quais das infecções abaixo necessitam de precauções para agentes transmitidos pelo ar?
   - **a)** Varicela, rubéola, tuberculose, varíola e SARS (síndrome respiratória aguda severa).
   - **b)** Varicela, rubéola, tuberculose, varíola e antrax.
   - **c)** Varicela, rubéola, tuberculose, HIV (vírus da imunodeficiência humana, do inglês *human immunodeficiency virus*) e SARS.
   - **d)** Varíola, rubéola, tuberculose, antrax e HIV.
   - **e)** Varíola, rubéola, tuberculose, HIV e SARS.
3. Quais das infecções abaixo necessitam de precauções para agentes transmitidos por gotículas?
   - **a)** *Bordetella pertussis*, vírus influenza, adenovírus, tuberculose, *Neisseria meningitidis*.
   - **b)** *Bordetella pertussis*, vírus influenza, adenovírus, rinovírus e *Neisseria meningitidis*.
   - **c)** *Bordetella pertussis*, vírus influenza, adenovírus, rinovírus e varicela.
   - **d)** Tuberculose, vírus influenza, adenovírus, rinovírus e *Neisseria meningitidis*.
   - **e)** Tuberculose, vírus influenza, adenovírus, rinovírus e varicela.
4. Quais precauções devem ser tomadas com os pacientes com tuberculose?
   - **a)** Precauções padrão e isolamento reverso.
   - **b)** Isolamento total e precauções respiratórias para gotículas.
   - **c)** Precauções padrão e precauções respiratórias para gotículas.
   - **d)** Isolamento total e precauções respiratórias para aerossóis.
   - **e)** Isolamento reverso e precauções respiratórias para aerossóis.
5. Qual das alternativas a seguir contém as medidas para controle da infecção hospitalar?
   - **a)** Desinfecção das superfícies contaminadas com solução

séptica, lavagem de mãos após a retirada das luvas e uso de dispositivos de ventilação para ressuscitação. As precauções padrão não são recomendadas para os visitantes.

b) Desinfecção das superfícies contaminadas com solução asséptica, lavagem de mãos após a retirada das luvas e uso de dispositivos de ventilação para ressuscitação. As precauções padrão não são recomendadas para os visitantes.

c) Desinfecção das superfícies contaminadas com solução asséptica, lavagem de mãos após a retirada das luvas e uso de dispositivos de ventilação para ressuscitação. As precauções padrão são recomendadas para os visitantes.

d) Desinfecção das superfícies contaminadas com solução asséptica, lavagem de mãos após a retirada das luvas e o não uso de dispositivos de ventilação para ressuscitação. As precauções padrão são recomendadas para os visitantes.

e) Desinfecção das superfícies contaminadas com solução asséptica, lavagem de mãos após a retirada das luvas e o não uso de dispositivos de ventilação para ressuscitação. As precauções padrão não são recomendadas para os visitantes.

Referência

BANACH, D. B. et al. Infection control precautions for visitors to healthcare facilities, *Expert Review of Antiinfective Therapy*, United Kingdom, v. 13, n. 9, p. 1047-1050, 2015. doi: 10.1586/14787210.2015.1068119

Leituras recomendadas

CENTERS FOR DISEASE CONTROL AND PREVENTION. *Hand hygiene in healthcare settings*. 2016. Disponível em: <https://www.cdc.gov/handhygiene/science/index.html>. Acesso em: 26 fev. 2018.

FORTES, J. *Tipos de isolamento*. 04 out. 2012. Disponível em: <http://enfermagemparaamar.blogspot.com.br/2012/10/isolamento.html>. Acesso em: 26 fev. 2018.

FRANÇA, F. S. et al. *Bioética e biossegurança aplicada*. Porto Alegre: SAGAH, 2017.

FREITAS, K. *Isolamento hospitalar*. 06 nov. 2017. Disponível em: <http://www.drakeillafreitas.com.br/isolamento-hospitalar-saiba-o-que-e/>. Acesso em: 26 fev. 2018.

ISOLAMENTO. [201-?]. Disponível em: <http://www.mccorreia.org/saude/infeccao-hospitalar/isolamento.htm>. Acesso em: 26 fev. 2018.

SIEGEL, J. D. et al. *2007 Guideline for isolation precautions:* preventing transmission of infectious agents in healthcare settings. 2017. Disponível em: <https://www.cdc.gov/infectioncontrol/pdf/guidelines/isolation-guidelines.pdf>. Acesso em: 09 mar. 2018.

SIEGEL, J. D. et al. *Management of multidrug-resistant organisms in healthcare settings,* 2006. 2017. Disponível em: <https://www.cdc.gov/infectioncontrol/guidelines/mdro/>. Acesso em: 09 mar. 2018.

Norma Regulamentadora – NR 32

Objetivos de aprendizagem

Ao final deste texto, você deve apresentar os seguintes aprendizados:

- Identificar o objetivo e o campo de aplicação da NR 32.
- Explicar a influência da NR 32 para os profissionais da área de saúde.
- Descrever as ações previstas no Programa de Controle Médico de Saúde Ocupacional em caso de exposição acidental do trabalhador aos agentes biológicos.

Introdução

Os profissionais da área da saúde estão constantemente expostos a riscos de diversas naturezas que podem levar a acidentes de trabalho. Visando a assegurar a saúde do trabalhador dessa área, foi criada a Norma Regulamentadora 32 (NR 32), a qual estabelece diretrizes para medidas preventivas a esses riscos.

Neste capítulo, você irá estudar os principais pontos que constam na NR 32 e a influência desta para os profissionais da saúde.

Identificar o objetivo e o campo de aplicação da NR 32

A Norma Regulamentadora 32 de Segurança de Trabalho nos Estabelecimentos da Saúde (NR32) foi aprovada em 2005 e é uma legislação do Ministério do Trabalho e Emprego. Essa norma estabelece medidas visando à proteção da segurança e da saúde dos trabalhadores de saúde. Dessa forma, a NR 32 abrange, além desses trabalhadores, os profissionais de outras empresas que trabalham na mesma área, como empresas terceirizadas, cooperativas e prestadoras de serviço. A norma ressalta, ainda, que a responsabilidade do seu cumprimento é compartilhada entre contratantes e contratados.

Para a promoção da segurança do trabalhador, a NR 32 recomenda a adoção de medidas preventivas para cada possível situação de risco que o profissional da saúde pode encontrar e aconselha a capacitação dos trabalhadores. Assim, a NR32 tem como objetivo a regulamentação dos riscos de exposição ocupacionais a agentes biológicos, químicos e físicos, além da gestão de resíduos dos serviços da saúde, das condições de conforto por ocasiões de refeições, das lavanderias, de limpeza e conservação e da manutenção de máquinas e equipamentos.

No contexto da NR 32, os estabelecimentos de saúde devem ser entendidos como qualquer estabelecimento destinado à prestação de serviços de saúde para a população e a todas as ações de promoção, recuperação, assistência, pesquisa e ensino em saúde, em qualquer nível de complexidade (Figura 1). Ainda, a definição de serviço de saúde inclui o conceito de edificação, de forma que qualquer trabalhador que exerça sua profissão em uma edificação de saúde seja abrangido por essa norma, independente de ter sua atividade relacionada à promoção e à assistência à saúde. Dessa forma, os trabalhadores que exercem atividades de limpeza, administração e manutenção em estabelecimentos de saúde também devem cumprir o que está disposto na NR 32.

A norma também ressalta que os estabelecimentos de saúde devem atender às condições previstas em outras normas, como as condições de conforto relacionadas ao nível de ruído de acordo com a NB 95 da ABNT, as condições de iluminação conforme a NB 57 da ABNT, as condições de conforto térmico indicadas pela TDC 50/02 da ANVISA, bem como a manutenção das condições de limpeza e conservação dos ambientes de trabalho. Por fim, a norma adverte que as disposições presentes na NR 32 não desobrigam as empresas a cumprirem outras disposições, como aquelas incluídas em regulamentos sanitários de estados e municípios e do Distrito Federal.

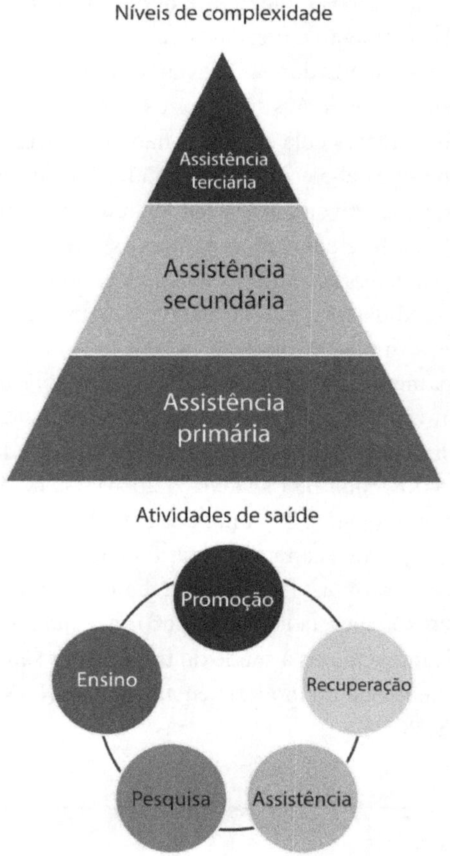

Figura 1. A abrangência da NR 32 nas diversas atividades de saúde e em todos os níveis de complexidade.

Influência da NR 32 para os profissionais da saúde

Por ter como objetivo principal o estabelecimento de normas que visam à proteção do trabalhador da área da saúde, esses profissionais são diretamente atingidos pela NR 32 de diversas formas. Primeiramente, os profissionais da saúde devem estar atentos às diretrizes descritas na NR 32, as quais dizem respeito a práticas relacionadas a medidas preventivas frente aos possíveis riscos do local de trabalho. Essas medidas preventivas estabelecidas pela NR

32 dizem respeito aos riscos biológicos e químicos, bem como às radiações ionizantes, ao gerenciamento de resíduos de saúde, às condições de conforto para as refeições dos trabalhadores, às lavanderias, à limpeza e à manutenção de máquinas e equipamentos. Assim, todos os trabalhadores da área da saúde, bem como os trabalhadores cuja atividade não está relacionada à saúde, mas que trabalham em um estabelecimento de saúde, devem ser capacitados para a execução das práticas preventivas. A NR 32 também influencia diretamente o empregador, o qual deve colocar em prática as diretrizes estabelecidas por essa norma, como a elaboração de documentos citados, a análise de riscos e a elaboração das medidas preventivas cabíveis, bem como a capacitação e o treinamento de seus funcionários.

De uma forma mais abrangente, a NR 32 atua sobre os profissionais da saúde para minimizar as taxas de acidentes de trabalho. Em 2014, foram registrados 74.276 casos de acidentes de trabalho no setor da saúde, de acordo com o Ministério do Trabalho (SETOR..., 2016). Os acidentes de trabalho envolvendo material biológico são um problema de saúde pública mundial e acabam gerando prejuízos econômicos para o país, visto que, muitas vezes, o trabalhador precisa ser afastado do seu trabalho. Cerca de 22 doenças são passíveis de transmissão por meio da interação paciente/profissional da saúde, sendo que as mais impactantes à saúde do trabalhador são pelos vírus da hepatite C, da hepatite B e da imunodeficiência humana (HIV) (MAGAGNINI; ROCHA; AYRES, 2011).

Saiba mais

Alarmantemente, o Brasil ocupa a quarta posição no *ranking* mundial de acidentes de trabalho fatais (BRASIL, 2014). Dessa forma, fica evidente a importância da implementação de normas e medidas que visem à redução dos acidentes de trabalho na saúde. Os profissionais da área ficam expostos aos mais diversos tipos de riscos, até mesmo quando suas atividades não são relacionadas à saúde, mas trabalham em um estabelecimento de saúde (Figura 2). Os riscos de contaminação biológica, química ou com radiações ionizantes apresentam sérios perigos para a saúde dos trabalhadores, sendo assim, a proteção adequada é indispensável.

Risco Biológico	Risco Químico	Rejeitos Radioativos	Materiais Perfurocortantes

Figura 2. Tipos de riscos em estabelecimentos de saúde.
Fonte: adaptada de Migueres (2015).

Ações previstas em caso de exposição ocupacional acidental a agentes biológicos

No contexto da NR 32, risco biológico é considerado a probabilidade de exposição ocupacional a agentes biológicos, os quais, aqui, são considerados como: microrganismos geneticamente modificados ou não, culturas de células, parasitas, toxinas e príons. Visando a regulamentar a exposição ocupacional a esses riscos, a NR 32 adiciona normas para dois documentos obrigatórios de todas as empresas – o Programa de Prevenção de Riscos Ambientais (PPRA) e o Programa de Controle Médico de Saúde Ocupacional (PCMSO).

O PPRA é regulamentado pela NR 09 e tem o objetivo de estabelecer medidas relativas à eliminação, à redução e ao controle de possíveis riscos ambientais. A NR 09 estabelece que o PPRA deve ser elaborado e implementado por todos os empregadores e todas as instituições que admitam trabalhadores como empregados. De acordo com a NR 32, o PPRA deve conter na fase de reconhecimento, além do previsto pela NR 09:

1. Identificação dos riscos biológicos mais prováveis, em função da localização geográfica e da característica do serviço de saúde e seus setores, considerando:
   a) fontes de exposição e reservatórios;
   b) vias de transmissão e entrada;
   c) transmissibilidade, patogenicidade e virulência do agente;
   d) persistência do agente biológico no ambiente;
   e) estudos epidemiológicos ou dados estatísticos;

f) outras informações científicas.

2. Avaliação do local de trabalho e do trabalhador, considerando:
   a) a finalidade e a descrição do local de trabalho;
   b) a organização e os procedimentos de trabalho;
   c) a possibilidade de exposição;
   d) a descrição das atividades e funções de cada local de trabalho;
   e) as medidas preventivas aplicáveis e seu acompanhamento (Norma Regulamentadora 32 – NR 32 – Segurança e Saúde no Trabalho em Serviços de Saúde).

O PCMSO é um plano que visa a promover a saúde ocupacional dos trabalhadores. A elaboração desse programa está prevista na NR 07, a qual estabelece que o PCMSO também deve ser elaborado e implementado por todos os empregadores e todas as instituições que admitam trabalhadores como empregados, visando à proteção da saúde e da segurança dos trabalhadores. De acordo com a NR 32, o PCMSO deve contemplar, além do disposto pela NR 07, os seguintes tópicos:

a) o reconhecimento e a avaliação dos riscos biológicos;
b) a localização das áreas de risco segundo os parâmetros do item 32.2.2;
c) a relação contendo a identificação nominal dos trabalhadores, sua função, o local em que desempenham suas atividades e o risco a que estão expostos;
d) a vigilância médica dos trabalhadores potencialmente expostos;
e) o programa de vacinação (Norma Regulamentadora 32 – NR 32 – Segurança e Saúde no Trabalho em Serviços de Saúde).

Ainda, o PCMSO deve conter medidas relativas à possibilidade de exposição acidental aos agentes biológicos, como:

a) os procedimentos a serem adotados para diagnóstico, acompanhamento e prevenção da soroconversão e das doenças;
b) as medidas para descontaminação do local de trabalho;
c) o tratamento médico de emergência para os trabalhadores;
d) a identificação dos responsáveis pela aplicação das medidas pertinentes;
e) a relação dos estabelecimentos de saúde que podem prestar assistência aos trabalhadores;
f) as formas de remoção para atendimento dos trabalhadores;

g) a relação dos estabelecimentos de assistência à saúde depositários de imunoglobulinas, vacinas, medicamentos necessários, materiais e insumos especiais (Norma Regulamentadora 32 – NR 32 – Segurança e Saúde no Trabalho em Serviços de Saúde).

Link

No link a seguir você encontra os principais pontos das NR 07, 09 e 32.

https://goo.gl/Y7MNiJ

Assim, após a avaliação dos possíveis riscos que o local de trabalho possa apresentar, devem ser estabelecidas e implementadas medidas de proteção a esses riscos, as quais serão previstas no PPRA. Entretanto, é importante ressaltar que a NR 32 indica que, em caso de exposição acidental, devem ser adotadas medidas de proteção imediatamente, mesmo que não estejam previstas no PPRA. As medidas de proteção a riscos biológicos recomendadas pela NR 32 incluem:

- Todo local onde exista possibilidade de exposição ao agente biológico deve conter: lavatório exclusivo para higiene das mãos que seja provido de água corrente, sabonete líquido, toalha descartável e lixeira com sistema de abertura sem contato manual.
- Todos os quartos ou enfermarias destinados ao isolamento de pacientes portadores de doenças infectocontagiosas devem conter lavatório em seu interior.
- O uso de luvas não substitui a lavagem das mãos, que deve ocorrer, no mínimo, antes e depois do uso destas.
- Os trabalhadores com feridas ou lesões em membros superiores só podem iniciar suas atividades após a avaliação médica e a emissão de documento de liberação.
- Todos os trabalhadores com possibilidade de exposição a agentes biológicos devem utilizar vestimentas de trabalho que sejam adequadas e estejam em condições de conforto.

- Os trabalhadores não devem deixar o local de trabalho com o EPI (equipamento de prevenção individual) ou com a vestimenta utilizada em suas atividades laborais.
- Deve ser assegurado ao trabalhador o uso de material perfurocortante com dispositivo de segurança.
- É vedado o reencape e a desconexão manual de agulhas.
- Os trabalhadores que utilizam material perfurocortante são responsáveis pelo seu descarte.
- Cabe ao empregador vetar a utilização de pias de trabalho pra outros fins além dos previstos, além de vetar o uso de adornos, o manuseio de lentes de contato, o consumo de alimentos e bebidas e o ato de fumar no local de trabalho.
- Compete ao empregador proibir o uso de calçados abertos e a guarda de alimentos em locais não destinados para esse fim.
- Deve ser garantida a conservação e a higienização dos materiais de trabalho.
- É necessário providenciar recipientes adequados para o transporte de materiais infectantes e assegurar a capacitação dos trabalhadores, que deve ser adaptada à evolução do conhecimento e à identificação de novos riscos biológicos.

A NR 32 também prevê medidas de profilaxia pré-exposição e prevenção de doenças infectocontagiosas, em que o empregador deve:

- Disponibilizar gratuitamente para todos os trabalhadores um programa de vacinação contra tétano, difteria, hepatite B, além das eventualmente estabelecidas pelo PCMSO.
- Fornecer vacinas para outros agentes biológicos aos quais os trabalhadores estejam ou possam estar expostos.
- Controlar a eficácia da vacinação sempre que houver recomendação do Ministério da Saúde e de seus órgãos e providenciar reforço quando necessário.
- Informar sobre vantagens, efeitos colaterais e riscos pela recusa da vacinação e, nesses casos, guardar documento comprobatório e mantê-lo disponível para a inspeção do trabalho.
- Registrar no Prontuário Médico Ocupacional.
- Fornecer comprovante das vacinas recebidas.

Exercícios

1. Entre as responsabilidades do empregador de estabelecimentos de saúde está a vacinação dos trabalhadores. Para quais doenças, além daquilo possivelmente estabelecido pelo PCMSO, o empregador deve disponibilizar vacinas?

a) Tuberculose, difteria e hepatite C.
b) Tétano, difteria e hepatite B.
c) Tuberculose, difteria e hepatite B.
d) Tétano, difteria e febre amarela.
e) Tétano, febre amarela e hepatite B.

2. Sobre os lavatórios para a lavagem de mãos, assinale a alternativa correta.

a) Os lavatórios devem conter pia com água corrente, sabonete líquido ou em barra, toalhas descartáveis e lixeira com abertura manual.
b) Os lavatórios devem conter pia com água corrente, sabonete líquido ou álcool gel, toalhas descartáveis e lixeira com abertura sem contato manual.
c) Os lavatórios devem conter pia com água corrente, sabonete líquido ou em barra, toalhas descartáveis e lixeira com abertura sem contato manual.
d) Os lavatórios devem conter pia com água corrente, sabonete líquido, toalhas descartáveis e lixeira com abertura sem contato manual.
e) Os lavatórios devem conter pia com água corrente, sabonete líquido, toalhas descartáveis e lixeira com abertura manual.

3. Sobre o campo de aplicação da NR 32, assinale a alternativa correta.

a) Essa norma abrange apenas hospitais e clínicas de saúde, atingindo apenas médicos, enfermeiros e técnicos em saúde.
b) Essa norma abrange apenas atividades de promoção, recuperação e assistência à saúde, em qualquer nível de complexidade, atingindo todos os profissionais da saúde do local, excluindo, portanto, os trabalhadores desses estabelecimentos com funções que não estejam relacionadas à saúde, como administradores e funcionários da limpeza.
c) Essa norma abrange apenas atividades de promoção, recuperação e assistência à saúde, em qualquer nível de complexidade, e atinge todos os trabalhadores do local, inclusive aqueles cuja atividade não seja relacionada à saúde.
d) Essa norma abrange qualquer edificação de saúde, atingindo todos os profissionais da saúde do local, excluindo, portanto, os trabalhadores desses estabelecimentos com outras funções que não estejam relacionadas à saúde, como administradores e funcionários da limpeza.
e) Essa norma abrange todas as atividades de saúde, em qualquer nível de complexidade, inclusive os trabalhadores que exercem sua profissão

em uma edificação de saúde, mesmo que sua atividade não seja relacionada a ela.

4. Sobre o PPRA, a NR 32 estabelece que devem ser incluídos:

a) a identificação dos riscos biológicos mais prováveis, em função da localização geográfica e da característica do serviço de saúde, bem como a avaliação do local de trabalho e do trabalhador.

b) a identificação dos riscos biológicos, químicos e físicos mais prováveis, em função da localização geográfica e da característica do serviço de saúde, bem como a avaliação do local de trabalho e dos pacientes.

c) a identificação dos riscos biológicos mais prováveis, em função do clima do local e da característica do serviço de saúde, bem como a avaliação do local de trabalho e dos pacientes.

d) a identificação dos riscos biológicos, químicos e físicos mais prováveis, em função da localização geográfica e da característica do serviço de saúde, bem como a avaliação do local de trabalho e da idade do trabalhador.

e) a identificação dos riscos biológicos mais prováveis, em função do clima e da característica do serviço de saúde, bem como a avaliação do local de trabalho e da idade do trabalhador.

5. Assinale a alternativa que apresenta corretamente as diretrizes da NR 32 quanto aos riscos biológicos.

a) O uso de luvas pode substituir a lavagem das mãos, é vedado o reencape de agulhas e é obrigatório que cabelos compridos sejam presos.

b) O uso de luvas não substitui a lavagem das mãos, as agulhas devem ser reencapadas antes do descarte e é proibido o uso de adornos.

c) O uso de luvas não substitui a lavagem das mãos, é vedado o reencape de agulhas e é proibido o uso de adornos.

d) O uso de luvas não substitui a lavagem das mãos, as agulhas devem ser reencapadas antes do descarte e os cabelos compridos devem ser presos.

e) O uso de luvas pode substituir a lavagem das mãos, é vedado o reencape de agulhas e é obrigatório o uso de óculos protetor.

Referências

BRASIL. *Brasil e Alemanha discutem impacto dos acidentes de trabalho*. 30 jul. 2014. Disponível: <http://www.brasil.gov.br/economia-e-emprego/2014/03/brasil-e-alemanha-discutem-impacto-dos-acidentes-de-trabalho>. Acesso em: 30 jan. 2018.

BRASIL. Ministério do Trabalho. Norma Regulamentadora 32: NR 32: segurança e saúde no trabalho em serviços de saúde. *Diário Oficial da União*, Brasília, DF, 16 nov. 2005. Atualizada em 2011. Disponível em: <http://www.trabalho.gov.br/images/Documentos/SST/NR/NR32.pdf>. Acesso em: 30 jan. 2018.

MAGAGNINI, M. A. M.; ROCHA, S. A.; AYRES, J. A. O significado do acidente de trabalho com material biológico para os profissionais de enfermagem. *Revista Gaúcha de Enfermagem*, Porto Alegre, v. 32, n. 2, p. 302-308, jun. 2011.

MIGUERES, L. A. *GPESEG explica!*: segregação e descarte de RSS. 2015. Disponível em: <https://gpeseg.blogspot.com.br/2017/08/gpeseg-explica-segregacao-e-descarte-de.html>. Acesso em: 16 fev. 2018.

SETOR da Saúde cresce em acidentes de trabalho. *CIPA*, São Paulo, 04 jun. 2016. Disponível em: <http://revistacipa.com.br/setor-da-saude-cresce-em-acidentes-de-trabalho/>. Acesso em: 30 jan. 2018.

Leitura recomendada

CHIODI, M. B. et al. Acidentes registrados no Centro de Referência em Saúde do Trabalhador de Ribeirão Preto, São Paulo. *Revista Gaúcha de Enfermagem*, Porto Alegre, v. 31, n. 2, p. 211-217, jun. 2010.

Resolução nº. 222/2018, da Anvisa

Objetivos de aprendizagem

Ao final deste texto, você deve apresentar os seguintes aprendizados:

- Listar os geradores de resíduos de serviços de saúde.
- Explicar as ações envolvidas no gerenciamento dos resíduos de serviços de saúde.
- Descrever as diferentes etapas do Plano de Gerenciamento de Resíduos de Serviços de Saúde.

Introdução

Os resíduos de serviços de saúde (RSS) são aqueles gerados em atividades de estabelecimentos de saúde, os quais necessitam de uma série de cuidados em seu processamento. O mau gerenciamento de RSS pode gerar sérios problemas, não apenas para os trabalhadores da área da saúde, que apresentam contato direto com esses resíduos, como também para a população, em razão do risco de ocorrer contaminações na água e no solo e também proliferação de vetores.

Neste capítulo, você aprenderá sobre a Resolução nº. 222, de 28 de março 2018, da Agência Nacional de Vigilância Sanitária (Anvisa), a qual estabelece diretrizes para o correto gerenciamento de RSS.

Geradores de resíduos de serviços de saúde

O RSS é definido como o resíduo gerado em atividades de estabelecimentos de saúde, o qual necessita de uma série de cuidados em seu processamento. Em razão das precárias condições do gerenciamento de resíduos no Brasil, são gerados diversos problemas que afetam a saúde não só dos trabalhadores da área da saúde, que apresentam contato direto com esses resíduos, como da população, o que ocorre nos casos de contaminação da água e do solo e também de proliferação de vetores (GARCIA; ZANETTI-RAMOS, 2004).

Nesse contexto, foi criada em 2018 a Resolução da Anvisa nº. 222, com o objetivo de aprimorar, atualizar e complementar a Resolução da Diretoria Colegiada nº. 306, de 7 de setembro de 2004, visando a preservar a saúde pública e o meio ambiente. Esse regulamento, portanto, aplica-se a todos os serviços relacionados ao atendimento à saúde humana ou animal, inclusive (BRASIL, 2018):

- serviços de assistência domiciliar e de trabalhos de campo;
- laboratórios analíticos de produtos para saúde;
- necrotérios, funerárias e serviços em que são realizadas as atividades de embalsamamento;
- serviços de medicina legal;
- drogarias e farmácias, inclusive as de manipulação;
- estabelecimentos de ensino e pesquisa na área de saúde;
- centros de controle de zoonoses;
- distribuidores de produtos farmacêuticos, importadores, distribuidores e produtores de materiais e controles para diagnóstico *in vitro*;
- unidades móveis de atendimento à saúde;
- salões de beleza e estética;
- serviços de acupuntura;
- serviços de tatuagem;
- entre outros.

Assim, todos os serviços listados têm a obrigação de realizar o gerenciamento adequado dos resíduos gerados, conforme as diretrizes da referida Resolução nº. 222/2018.

Fique atento

É importante ressaltar que a Resolução da Anvisa nº. 222/2018 não se aplica a fontes radioativas seladas, as quais são reguladas pelas determinações da Comissão Nacional de Energia Nuclear (CNEN), nem às indústrias de produtos para a saúde, as quais devem seguir as condições específicas de seu licenciamento ambiental.

Gerenciamento dos resíduos de serviços de saúde

De acordo com a Anvisa, o gerenciamento de RSS é constituído de procedimentos de gestão com base em evidências científicas, técnicas, normativas e legais que visam ao encaminhamento seguro dos resíduos gerados, de forma a proteger os trabalhadores, a saúde pública e o meio ambiente, além de visar à minimização da produção de resíduos. Esse gerenciamento deve abranger todas as etapas envolvidas no manejo de RSS, além disso, é obrigação dos estabelecimentos geradores de RSS a elaboração de um Plano de Gerenciamento de Resíduos de Serviços de Saúde (PGRSS), de forma a estabelecer diretrizes no manejo de RSS.

O manejo de resíduos é constituído de diversas etapas referentes ao encaminhamento seguro de RSS, desde a geração até a disposição final. O manejo é, assim, constituído das seguintes etapas:

1. **Segregação:** é a etapa de separação dos resíduos no momento e no local de sua geração, de acordo com suas características químicas e biológicas e também conforme seu estado físico e os riscos envolvidos.
2. **Acondicionamento:** refere-se à embalagem dos resíduos separados em sacos ou recipientes que evitam vazamentos e são resistentes à punctura e ruptura. Os sacos devem estar contidos em recipientes laváveis e resistentes à punctura, à ruptura e ao vazamento, com tampas com sistema de abertura sem contato manual e de cantos arredondados. Os resíduos líquidos devem ser acondicionados em recipientes feitos de material compatível com o líquido armazenado e devem ser resistentes, rígidos, estanques e com tampa rosqueada e vedante.
3. **Identificação:** é o conjunto de medidas que permitem a identificação dos resíduos acondicionados, de forma a permitir o manejo correto. Os sacos de acondicionamento, os recipientes de coleta e transporte e os locais de armazenamento devem apresentar a identificação de fácil visualização, que pode ser feita por adesivos, desde que estes sejam resistentes ao manuseio dos sacos e dos recipientes.

Para resíduos do grupo A, a identificação é feita pelo símbolo de substância infectante, com rótulos de fundo branco e contornos pretos. Os resíduos do grupo B são identificados pelo símbolo de risco associado, além da discriminação da substância química e das frases de risco. O grupo C é identificado pelo símbolo de presença de radiação ionizante em rótulos de fundo amarelo e contornos pretos, com a expressão **rejeito radioativo**. Por fim, os resíduos do grupo E são identificados pelo símbolo de substância infectante, com rótulos de fundo branco, desenho e contornos pretos, acrescidos da inscrição de **resíduo perfurocortante**, indicando o risco que esse resíduo apresenta (Figura 1).

ATENÇÃO
RESÍDUO PERFUROCORTANTE
Grupo A
Risco Biológico
Grupo B
Risco Químico
Grupo C
Rejeitos Radioativos
Grupo D
Lixo Comum Reciclável Possui sua classificação própria
Grupo E
Materiais Perfurocortantes

Figura 1. Identificação adequada de cada tipo de resíduo.
Fonte: Adaptada de Migueres (2017).

4. **Transporte interno:** é a etapa de transporte dos resíduos do local de geração até o local de armazenamento temporário ou armazenamento externo com finalidade de apresentação para a coleta. Esse transporte deve ter um roteiro definido, de forma que não coincida com os horários de distribuição de roupas, alimentos e medicamentos ou em períodos de maior fluxo de pessoas. Ainda, o transporte interno deve ser feito separadamente, de acordo com o grupo de resíduos, e deve ser feito com recipientes de material rígido, lavável e impermeável, que contenham tampa articulada e cantos e bordas arredondados, além de serem propriamente identificados.
5. **Armazenamento temporário:** é a guarda temporária dos recipientes de resíduos acondicionados em local próximo aos locais de geração, de forma a otimizar a coleta. É obrigatório o uso de recipientes para conter os sacos durante o armazenamento temporário, além disso,

a sala deve ter pisos e paredes lisas e laváveis, ponto de iluminação artificial e área suficiente para pelo menos dois recipientes coletores. Essa sala, quando exclusiva para armazenamento de resíduos, deve ser devidamente identificada, podendo ser compartilhada com a sala de utilidades. O armazenamento temporário pode ser dispensado quando a distância entre o local de geração e o armazenamento externo justifique.

6. **Tratamento:** é a aplicação de técnicas que modifiquem os riscos inerentes dos resíduos, de forma a reduzir ou eliminar o risco de contaminação, de acidentes ocupacionais ou de danos ao meio ambiente. Esse processo pode ser feito no estabelecimento gerador ou em outro local, desde que sejam observadas as condições para o transporte até o local de tratamento.
7. **Armazenamento externo:** é o armazenamento de recipientes de resíduos até que seja feita a coleta externa, em ambiente exclusivo, e que este tenha acesso para veículos coletores.
8. **Coleta e transporte externos:** é o processo de remoção dos RSS do armazenamento externo até a unidade de tratamento, ou de disposição final, para garantir a preservação das condições de acondicionamento e da integridade dos trabalhadores, bem como da população e do meio ambiente. Esse processo deve estar de acordo com as orientações dos órgãos de limpeza urbana.
9. **Destinação:** é o processo de disposição dos resíduos no solo previamente preparado para recebê-los, de acordo com critérios técnicos de construção e operação e com o licenciamento ambiental.

Elaboração do Plano de Gerenciamento de Resíduos de Serviços de Saúde

O PGRSS é um documento obrigatório, cuja elaboração deve obedecer aos critérios técnicos, à legislação ambiental, às normas de coleta e transporte dos serviços de limpeza urbana do local e a algumas orientações estabelecidas pela Resolução nº. 222/2018, da Anvisa.

Todo serviço gerador deve dispor de PGRSS, observando as regulamentações federais, estaduais, municipais ou do Distrito Federal. O gerenciamento dos RSS deve abranger todas as etapas de planejamento dos recursos físicos, dos recursos materiais e da capacitação dos recursos humanos envolvidos.

A seguir, estão elencadas as principais orientações a serem cumpridas.

- Para obtenção da licença sanitária, caso o serviço gere exclusivamente resíduos do grupo D, o PGRSS poderá ser substituído por uma notificação dessa condição ao órgão de vigilância sanitária competente, seguindo as orientações locais.
- Caso o serviço gerador tenha instalação radiativa, ele deverá atender às regulamentações específicas da CNEN.
- Os novos geradores de resíduos terão prazo de 180 dias, a partir do início do funcionamento, para apresentar o PGRSS.
- No PGRSS, o gerador de RSS deve (BRASIL, 2018, documento *on-line*):

> I – estimar a quantidade dos RSS gerados por grupos, conforme a classificação do Anexo I desta resolução;
> II – descrever os procedimentos relacionados ao gerenciamento dos RSS quanto à geração, à segregação, ao acondicionamento, à identificação, à coleta, ao armazenamento, ao transporte, ao tratamento e à disposição final ambientalmente adequada;
> III – estar em conformidade com as ações de proteção à saúde pública, do trabalhador e do meio ambiente;
> IV – estar em conformidade com a regulamentação sanitária e ambiental, bem como com as normas de coleta e transporte dos serviços locais de limpeza urbana;
> V – quando aplicável, contemplar os procedimentos locais definidos pelo processo de logística reversa para os diversos RSS;
> VI – estar em conformidade com as rotinas e processos de higienização e limpeza vigentes no serviço gerador de RSS;
> VII – descrever as ações a serem adotadas em situações de emergência e acidentes decorrentes do gerenciamento dos RSS;
> VIII – descrever as medidas preventivas e corretivas de controle integrado de vetores e pragas urbanas, incluindo a tecnologia utilizada e a periodicidade de sua implantação.

Além disso, o PGRSS deve ser monitorado e mantido atualizado conforme a periodicidade definida pelo responsável por sua elaboração e implantação. Nas edificações não hospitalares nas quais houver serviços individualizados, os respectivos RSS dos grupos A e E podem ter o armazenamento externo de forma compartilhada.

A referida Resolução orienta que o serviço gerador de RSS deve manter uma cópia do PGRSS disponível para consulta dos órgãos de vigilância sanitária ou ambientais, dos funcionários, dos pacientes ou do público em geral e dispõe que o serviço gerador de RSS é responsável pela elaboração, pela implantação, pela implementação e pelo monitoramento do PGRSS, atividades que podem ser terceirizadas.

Exercícios

1. Quais indicadores mínimos devem ser avaliados ao analisar a eficácia do PGRSS?

a) Taxa de acidentes com resíduo perfurocortante, taxa de acidentes de trabalho, variação na rotina de higienização local e percentual de compostagem.

b) Taxa de acidentes de trabalho, variação da geração de resíduos, taxa de contaminação dos trabalhadores e percentual de reciclagem.

c) Taxa de acidentes com resíduo perfurocortante, taxa de pacientes contaminados, variação da geração de resíduos e percentual de compostagem.

d) Taxa de acidentes com resíduo perfurocortante, variação da geração de resíduos, variação da proporção de resíduos de cada tipo e percentual de reciclagem.

e) Taxa de acidentes com resíduo perfurocortante, variação na rotina de higienização do local, variação da proporção de resíduos de cada tipo e percentual de reciclagem.

2. Sobre as etapas do manejo de RSS, assinale a alternativa correta.

a) A etapa de segregação diz respeito à separação dos resíduos após a coleta.

b) O armazenamento temporário é a etapa em que são alocados os recipientes apropriados para cada tipo de resíduo.

c) O tratamento é o processo de limpeza da sala onde os recipientes acondicionados ficam até o momento da coleta.

d) A identificação é o processo de identificar os sacos e os recipientes, indicando o tipo de resíduo que eles contêm.

e) A coleta externa é o momento em que os resíduos são levados de dentro do estabelecimento para o armazenamento externo.

3. O manejo de RSS é o processo de encaminhamento seguro dos resíduos, sendo constituído por diversas etapas, incluindo:

a) identificação e incineração de resíduos comuns.

b) segregação e acondicionamento.

c) limpeza e disposição final.

d) incineração de resíduos comuns e coleta externa.

e) tratamento de perfurocortantes e preservação de recursos naturais.

4. Cada tipo de RSS deve ser identificado corretamente. Quais são os resíduos do grupo E e como eles devem ser identificados?
   a) Resíduos biológicos identificados pelo símbolo de substância infectante, com rótulos de fundo branco e contornos pretos.
   b) Resíduos químicos identificados pelo símbolo de risco associado, com discriminação da substância química e frases de risco.
   c) Resíduos perfurocortantes identificados pelo símbolo de substância infectante, com rótulos de fundo branco e desenho e contornos pretos, acrescido da inscrição de resíduo perfurocortante, indicando o risco que esse resíduo apresenta.
   d) Resíduos biológicos identificados pelo símbolo de presença de substância infectante em rótulos de fundo amarelo e contornos pretos, com a expressão rejeito biológico.
   e) Resíduos radioativos identificados pelo símbolo de substância infectante, com rótulos de fundo branco e desenho e contornos pretos, acrescidos da inscrição rejeito radioativo.

5. De acordo com a Resolução nº. 222/2018, da Anvisa, os resíduos do grupo D são:
   a) resíduos com a possível presença de agentes biológicos que, por suas características, podem apresentar risco de infecção, como culturas e estoques de microrganismos, peças anatômicas do ser humano e resíduos de tecido adiposo proveniente de lipoaspiração.
   b) resíduos que não apresentam risco biológico, químico ou radiológico à saúde ou ao meio ambiente, podendo ser equiparados aos resíduos domiciliares.
   c) qualquer material que contenha radionuclídeo em quantidade superior aos níveis de dispensa especificados em norma da CNEN e para os quais a reutilização é imprópria ou não prevista.
   d) resíduos de saneantes, desinfetantes, desinfestantes; resíduos contendo metais pesados; reagentes para laboratório e recipientes por eles contaminados.
   e) recipientes e materiais resultantes do processo de assistência à saúde que não contenham sangue ou líquidos corpóreos na forma livre.

Referências

BRASIL. Resolução RDC nº. 222, de 28 de março de 2018. Regulamenta as Boas Práticas de Gerenciamento dos Resíduos de Serviços de Saúde e dá outras providências. *Diário Oficial da União*, Brasília, 29 mar. 2018. Disponível em: http://www.in.gov.br/materia/-/asset_publisher/Kujrw0TZC2Mb/content/id/8436198/do1-2018-03-29-resolucao-rdc-n-222-de-28-de-marco-de-2018-8436194. Acesso em: 24 mar. 2020.

GARCIA, L. P.; ZANETTI-RAMOS, B. G. Gerenciamento dos resíduos de serviços de saúde: uma questão de biossegurança. *Cadernos de Saúde Pública*, Rio de Janeiro, v. 20, nº. 3, p. 744–752, maio/jun. 2004. Disponível em: http://www.scielo.br/scielo.php?script=sci_arttext&pid=S0102-311X2004000300011&lng=pt&tlng=pt. Acesso em: 24 mar. 2020.

MIGUERES, L. A. *GPESEG explica! – segregação e descarte de RSS*. 2017. Disponível em: https://gpeseg.blogspot.com.br/2017/08/gpeseg-explica-segregacao-e-descarte-de.html. Acesso em: 24 fev. 2018.

Fique atento

Os *links* para *sites* da *web* fornecidos neste capítulo foram todos testados, e seu funcionamento foi comprovado no momento da publicação do material. No entanto, a rede é extremamente dinâmica; suas páginas estão constantemente mudando de local e conteúdo. Assim, os editores declaram não ter qualquer responsabilidade sobre qualidade, precisão ou integralidade das informações referidas em tais *links*.

Resolução 358/2005, da CONAMA

Objetivos de aprendizagem

Ao final deste texto, você deve apresentar os seguintes aprendizados:

- Identificar quem são os geradores de resíduos de serviço de saúde.
- Diferenciar o manejo dos diferentes tipos de resíduos.
- Descrever o Plano de Gerenciamento de Resíduos de Serviços de Saúde.

Introdução

O devido gerenciamento de resíduos de serviços de saúde (RSS) é fundamental para a saúde dos trabalhadores, da população e do meio ambiente. Visando a minimizar riscos de acidentes de trabalho e ambientais relativos a RSS, o CONAMA criou a Resolução 358, de 2005, a qual dispõe sobre o regulamento técnico para o gerenciamento de RSS.

Neste capítulo, você irá estudar as principais diretrizes dessa resolução, bem como a classificação dos RSS.

Geradores de resíduos de serviços de saúde

O Conselho Nacional do Meio Ambiente (CONAMA), visando a aprimorar, atualizar e complementar os procedimentos da Resolução nº 283, de 2001, criou, em 2005, uma nova resolução relativa ao gerenciamento de RSS. Essa resolução visa a minimizar riscos de acidentes de trabalho e a geração de resíduos. Nesse sentido, o CONAMA prioriza ações preventivas e corretivas, de forma a minimizar, de forma mais efetiva, os danos à saúde pública e ao meio ambiente. Vê-se, ainda, a necessidade de ações integradas entre os órgãos municipais, estaduais e federais de meio ambiente, além dos de saúde e de limpeza urbana. Portanto, visando à regulamentação do gerenciamento de RSS, foi criada e Resolução 358.

Essa resolução se aplica a todos os geradores de RSS, os quais, para efeito desse regulamento, são definidos como todos os serviços relacionados ao atendimento à saúde humana ou animal, inclusive:

- Serviços de assistência domiciliar e de trabalhos de campo;
- Laboratórios analíticos de produtos para saúde;
- Necrotérios, funerárias e serviços onde sejam realizadas atividades de embalsamamento;
- Serviços de medicina legal;
- Drogarias e farmácias, inclusive as de manipulação;
- Estabelecimentos de ensino e pesquisa na área de saúde;
- Centros de controle de zoonoses;
- Distribuidores de produtos farmacêuticos, importadores, distribuidores e produtores de materiais e controles para diagnóstico *in vitro*;
- Unidades móveis de atendimento à saúde;
- Serviços de acupuntura;
- Serviços de tatuagem, entre outros.

É importante ressaltar que essa resolução não se aplica a fontes radioativas seladas, as quais devem seguir as determinações da Comissão Nacional de Energia Nuclear (CNEN), nem às indústrias de produtos para a saúde, que devem seguir as condições específicas do seu licenciamento ambiental.

Assim, todos os geradores de RSS devem, obrigatoriamente, responsabilizar-se pelos resíduos, desde a geração até a disposição final, de maneira a atender aos requisitos ambientais, de saúde pública e de saúde ocupacional.

Manejo de resíduos

Classificação de RSS

Considerando que a segregação de resíduos no local e no momento de sua geração permite reduzir o volume de resíduos que necessitam de manejo diferenciado, o CONAMA propõe a classificação de resíduos da seguinte forma:

Grupo A: resíduos com possível presença de agentes biológicos. Nessa classificação, os resíduos se dividem em:

- A1: culturas de microrganismos, resíduos de fabricação de produtos biológicos, vacinas, resíduos de laboratórios de manipulação genética, resíduos de atendimento a pessoas ou animais possivelmente infectados por agentes que proporcionem elevado risco individual e elevado risco para a comunidade (Classe de risco 4), bolsas de sangue rejeitadas por contaminação ou má conservação, sobras de amostras de laboratório contendo sangue ou líquidos corpóreos ou materiais utilizados na assistência à saúde que contenham sangue ou líquidos corpóreos.

- A2: resíduos de animais submetidos à inoculação de microrganismos ou portadores de microrganismos de relevância epidemiológica.
- A3: peças anatômicas de seres humanos e produto de fecundação sem sinais vitais com peso inferior a 500g e tamanho menor que 25cm, ou idade gestacional menor que 20 semanas, que não tenham valor científico ou legal e que não tenham sido requisitados pelo paciente ou por familiares.
- A4: kits de linhas arteriais, endovenosas e dialisadores, filtros de ar e gases de área contaminada, sobras de amostras de laboratório contendo fezes, urinas e secreções de pacientes que não sejam suspeitos de conter agentes de Classe de Risco 4, nem outros microrganismos com relevância epidemiológica, resíduos de tecido adiposo proveniente de lipoaspiração, lipoescultura ou outro tipo de procedimento, materiais de assistência à saúde que não contenham sangue ou líquidos corpóreos livres, peças anatômicas e outros resíduos provenientes de procedimentos cirúrgicos, resíduos de animais não submetidos à inoculação de microrganismos e bolsas transfusionais vazias.
- A5: órgãos, tecidos, fluidos orgânicos, materiais perfurocortantes e demais materiais de atenção à saúde com suspeita de contaminação por príons.

Grupo B: resíduos com substâncias químicas que podem apresentar risco à saúde pública ou ao meio ambiente. Esses resíduos dizem respeito a produtos hormonais e antimicrobianos, citostáticos, antineoplásicos, imunossupressores, digitálicos, imunomoduladores, antirretrovirais, quando descartados por serviços de saúde, farmácias, drogarias e distribuidores de medicamentos ou apreendidos, resíduos e insumos farmacêuticos, resíduos de sanitizadores e desinfetantes, resíduos contendo metais pesados, reagentes para laboratórios e recipientes contaminados por eles, efluentes de processadores de imagem, efluentes de equipamentos automatizados de análises clínicas e demais produtos considerados perigosos conforme a classificação da Norma Brasileira (NBR) 10.004 da Associação Brasileira de Normas Técnicas (2004) (tóxicos, corrosivos, inflamáveis e reativos).

Grupo C: materiais de atividades que contenham radionuclídeos em quantidades superiores aos limites especificados pela CNEN e cuja reutilização é imprópria. Entre eles, enquadram-se os materiais que contêm radionuclídeos e aqueles resultantes de laboratórios de ensino e pesquisa da área da saúde, de laboratórios de análises clínicas e de serviços de medicina nuclear e radioterapia.

Grupo D: resíduos equiparados com resíduos domiciliares, que não apresentam risco biológico, químico ou radiológico. Nesse grupo, enquadram-se o papel de uso sanitário, as fraldas, os absorventes higiênicos, os restos alimentares de pacientes, o material utilizado em assepsia e o equipo de soro, as sobras de alimentos, o resto alimentar de refeitório, os resíduos das áreas administrativas, os resíduos de varrição, as flores, as podas e os jardins e também os resíduos de gesso.

Grupo E: materiais perfurocortantes ou escarificantes. São materiais como lâminas de barbear, agulhas, escalpes, ampolas de vidro, brocas, limas endodônticas, pontas diamantadas, lâminas de bisturi, lancetas, tubos capilares, micropipetas, lâminas e lamínulas, espátulas, todos os utensílios de vidro quebrados no laboratório (pipetas, tubos de coleta sanguínea e placas de Petri) e outros similares.

Manejo dos diferentes tipos de resíduos

De acordo com a Resolução 358, os RSS devem ser processados diferentemente, de acordo com a sua classificação. Assim, os resíduos pertencentes ao Grupo A1 e A2 devem ser tratados de forma a reduzir a carga microbiana e, após, devem ser encaminhados para aterro sanitário licenciado ou outro local, que também tenha licença, onde o Grupo A2 também pode ser encaminhado para sepultamento em cemitério de animais. Os resíduos do Grupo A3, quando não houver requisição pelo paciente ou familiares e/ou não tenham mais valor científico ou legal, devem ser encaminhados para o sepultamento em cemitério ou para o tratamento térmico de incineração ou cremação.

Já os resíduos do Grupo A4 podem ser encaminhados para o local de disposição final licenciado sem tratamento prévio, de forma que a exigência quanto ao tratamento fique a critério dos órgãos municipais e estaduais. Os resíduos do Grupo A5, por outro lado, devem ser submetidos a tratamento específico orientado pela Agência Nacional de Vigilância Sanitária (Anvisa). De forma geral, nenhum dos resíduos do Grupo A pode ser reciclado, reutilizado ou reaproveitado, nem mesmo para a alimentação animal.

Os resíduos do Grupo B que apresentarem periculosidade e que não forem submetidos a processos de reutilização, recuperação ou reciclagem devem ser submetidos a tratamento e disposição final específicos. Para isso, as características desses resíduos estão contidas na Ficha de Informações de Segurança de Produtos Químicos (FISPQ). Esse tipo de resíduo, quando está no estado sólido e quando não é tratado, deve ser disposto em aterro de resíduos perigosos de Classe I. Já os resíduos no estado líquido não devem ser encaminhados para disposição final em aterros. Por outro lado, os resíduos do Grupo B que não apresentam periculosidade não necessitam de tratamento prévio e, quando estão em estado sólido, podem ter a sua disposição final em aterro licenciado, enquanto aqueles que estão no estado líquido podem ser lançados na rede pública de esgoto, desde que estejam de acordo com as diretrizes dos órgãos ambientais, dos gestores de recursos hídricos e de saneamento competentes.

É importante destacar que os materiais resultantes das atividades geradoras de RSS que contiverem radionuclídeos em quantidades superiores aos limites de isenção da norma CNEN-NE-6.02 são considerados rejeitos radioativos (Grupo C), os quais devem obedecer às exigências da CNEN. Esses rejeitos só são considerados resíduos depois de decorrer o tempo de decaimento necessário para atingir o limite de eliminação. A partir desse momento, esses materiais passam a ser considerados resíduos biológicos, químicos ou comuns, e seu manejo deve ser feito conforme essa categoria.

Os resíduos comuns (Grupo D), quando não forem passíveis de processo de reutilização, recuperação ou reciclagem, devem ser encaminhados para o aterro sanitário de resíduos sólidos urbanos licenciado. Caso contrário, devem atender às normas legais de higienização e descontaminação e a Resolução CONAMA 275, de 2001 (BRASIL, 2001).

Por fim, os resíduos do Grupo E devem ter tratamento específico de acordo com a contaminação biológica, química ou radiológica. Eles devem ser acondicionados em coletores estanques, rígidos e hígidos, resistentes à ruptura, à punctura, ao corte ou à escarificação e seu manejo deve ser realizado de acordo com as orientações relativas ao tipo de contaminação presente.

Exemplo

Uma agulha contaminada com material biológico se enquadra do Grupo E, por ser perfurocortante, e deve ser acondicionada de acordo com as orientações desse grupo. Entretanto, seu manejo deve ser realizado de acordo com as orientações relativas ao manejo de resíduos biológicos.

Elaboração do Plano de Gerenciamento de Resíduos de Serviços de Saúde

De acordo com a Resolução 358, todos os geradores de RSS devem elaborar e implantar o Plano de Gerenciamento de Resíduos de Serviços de Saúde (PGRSS), o qual deve estar de acordo com a legislação vigente e com as normas de vigilância sanitária. Para os efeitos dessa resolução, o PGRSS é considerado o documento integrante do processo de licenciamento ambiental, conforme os princípios de não geração de resíduos e de minimização da geração de resíduos. Esse documento aponta e descreve as ações relativas ao manejo de RSS, incluindo os aspectos da geração, da segregação, do acondicionamento, da coleta, do armazenamento, do transporte, da reciclagem, do tratamento e da disposição final. Devem constar, ainda, as ações de proteção à saúde pública e ao meio ambiente.

O PGRSS é, portanto, como um manual documentado, no qual são descritos todos os procedimentos relativos ao gerenciamento de resíduos de uma instituição, incluindo os programas de treinamento e os indicadores de eficácia do plano (RIO, 2006). Ainda, o PGRSS é um documento em que a avaliação e os ajustes devem ser constantes com base nos indicadores. Tanto a Resolução 222/2018, da Anvisa, como a Resolução 358, de 2005, do CONAMA, têm por finalidade a ação preventiva, portanto, o PGRSS é um plano que visa à saúde e à segurança relativa aos RSS para todos os envolvidos direta e indiretamente, por meio de medidas preventivas (RIO, 2006).

No PGRSS, devem constar, ainda, todos os resíduos que não estejam contemplados na Resolução 358. Além disso, seu gerenciamento deve seguir as orientações específicas de acordo com a legislação vigente.

O plano deve estar disponível para o órgão ambiental competente, o qual pode solicitar informações adicionais ao PGRSS. Esse órgão irá fixar os prazos para a regularização dos serviços e deverá apresentar o PGRSS devidamente implantado. Esse documento deve ser elaborado por um profissional de nível superior que seja habilitado pelo seu conselho de classe e que apresente a Anotação de Responsabilidade Técnica (ART), o Certificado de Responsabilidade Técnica ou outro documento similar.

Link

Veja no link a seguir o passo a passo do preenchimento do PGRSS de acordo com a Secretaria de Estado da Saúde de Santa Catarina:

https://goo.gl/LgSR6d

Exercícios

1. Sobre a Resolução 358 do CONAMA, de 2005, assinale a alternativa correta.

a) Essa resolução diz respeito às medidas referentes à Medicina do Trabalho, visando a minimizar acidentes ocupacionais em todas as áreas.

b) Essa resolução dispõe sobre o gerenciamento adequado de RSS, tendo em vista apenas a saúde do trabalhador.

c) Essa resolução visa a maximizar a geração de resíduos, para que possam ser segregados corretamente.

d) Essa resolução considera os princípios de prevenção e precaução, visando à minimização da geração de resíduos de saúde.

e) Essa resolução considera que apenas os órgãos municipais de meio ambiente devem atuar no gerenciamento de resíduos de saúde.

2. Considerando os resíduos de uma clínica de fertilização *in vitro*, qual a classificação de produtos de fecundação sem sinais vitais, com idade gestacional inferior a 20 semanas? Considere que este não possui valor científico ou legal, e que não tenha havido requisição da família.

a) Grupo A1.

b) Grupo A2.

c) Grupo A3.

d) Grupo B.

e) Grupo E.

3. Considerando um laboratório que utiliza o modelo animal para a pesquisa de doenças por meio da inoculação de microrganismos, qual seria o manejo adequado das peças anatômicas dos animais utilizados?

a) Não há necessidade de tratamento prévio e encaminhamento para aterro de resíduos perigosos de Classe I.

b) Fazer o tratamento para redução da carga microbiana e o encaminhamento para aterro sanitário licenciado ou para sepultamento em cemitério de animais.

c) Fazer o tratamento térmico por incineração ou cremação e disposição em aterro de resíduos perigosos de Classe I.

d) Fazer o tratamento específico orientado pela Anvisa e o encaminhamento para sepultamento em cemitério.

e) Não há necessidade de tratamento prévio e encaminhamento para aterro sanitário licenciado.

4. Sobre o manejo correto de resíduos do Grupo E, assinale a alternativa correta.

a) Esses resíduos devem ter tratamento específico de acordo com a contaminação, ser acondicionados em coletores estanques, rígidos e hígidos, resistentes à ruptura, à punctura, ao corte ou à escarificação e seguir as orientações do manejo de acordo com a contaminação.

b) Esses resíduos devem ser submetidos a tratamento térmico por incineração, ser acondicionados em coletores estanques, rígidos e hígidos, resistentes à ruptura, à punctura, ao corte ou à escarificação e seguir as orientações do manejo de acordo com a contaminação.

c) Se houver periculosidade, os resíduos sólidos devem ser submetidos a tratamento e disposição final específicos; além disso, devem ser acondicionados em coletores rígidos e em sacos de material resistente à ruptura e ao vazamento.

d) Esses resíduos devem ter tratamento específico de acordo com a contaminação, ser acondicionados em coletores estanques, rígidos e hígidos, resistentes à ruptura, à punctura, ao corte ou à escarificação e dispostos em aterro sanitário de resíduos perigosos de Classe I.

e) Deve ter decorrido o tempo de decaimento até os limites de eliminação e os resíduos devem ser acondicionados em coletores estanques, rígidos e hígidos, resistentes à ruptura, à punctura, ao corte ou à escarificação e seguir as orientações do manejo de acordo com a contaminação.

5. Sobre o PGRSS, assinale a alternativa correta.

a) É um documento que deve ser elaborado ao abrir um estabelecimento de saúde e que deve ser avaliado 1 ano depois.

b) É um documento relativo à saúde do trabalhador, que é avaliado com base em indicadores de taxa de acidentes com perfurocortantes e taxa de contaminações dos trabalhadores.

c) É um documento em que constam os procedimentos relativos ao gerenciamento de resíduos de saúde e que deve ser avaliado periodicamente.

d) Esse plano deve estar disponível para eventual consulta de órgãos ambientais, mas os trabalhadores não têm acesso a ele.

e) Esse documento pode ser elaborado por um profissional de nível técnico, enquanto sua implantação deve ser feita por um profissional de nível superior.

Referências

ASSOCIAÇÃO BRASILEIRA DE NORMAS TÉCNICAS. *ABNT NBR 10004:* resíduos sólidos: classificação. 2. ed. Rio de Janeiro: ABNT, 2004. Disponível em: <http://www.v3.eco.br/docs/NBR-n-10004-2004.pdf>. Acesso em: 03 mar. 2018.

BRASIL. Conselho Nacional do Meio Ambiente. *Resolução nº 358, de 29 de abril de 2005.* Dispõe sobre o tratamento e a disposição final dos resíduos dos serviços de saúde e dá outras providências. Brasília, DF, 2005. Disponível em: <http://www.mma.gov.br/port/conama/res/res05/res35805.pdf>. Acesso em: 18 fev. 2018.

BRASIL. Ministério do Meio Ambiente. *Resolução CONAMA nº 275, de 25 de abril de 2001.* Estabelece o código de cores para os diferentes tipos de resíduos, a ser adotado na identificação de coletores e transportadores, bem como nas campanhas informativas para a coleta seletiva. Brasília, DF, 2001. Disponível em: <http://www.mma.gov.br/port/conama/legiabre.cfm?codlegi=273>. Acesso em: 03 mar. 2018.

RIO, R. B. *Cartilha do PGRSS (Plano de Gerenciamento de Resíduos de Serviço de Saúde):* segundo a RDC 306/04 da ANVISA e Resolução 358/05 do CONAM. 2006. Disponível em: <http://www.unipacvaledoaco.com.br/ArquivosDiversos/cartilha_PGRSS.pdf>. Acesso em: 18 fev. 2018.

Política Nacional de Resíduos Sólidos

Objetivos de aprendizagem

Ao final deste texto, você deve apresentar os seguintes aprendizados:

- Identificar os objetivos da Política Nacional de Resíduos Sólidos.
- Listar os instrumentos da Política Nacional de Resíduos Sólidos.
- Descrever a classificação dos resíduos sólidos.

Introdução

O descarte inadequado de resíduos sólidos pode provocar sérias consequências para a saúde pública e para o meio ambiente. Com o objetivo de orientar estados e municípios para uma melhor gestão desses resíduos, foi criada a Política Nacional de Resíduos Sólidos (PNRS), instituída pela Lei nº 12.305/10.

Neste capítulo, você verá os principais objetivos da PNRS, o modo como essa política pretende enfrentar os problemas relativos à má gestão dos resíduos sólidos e a classificação de resíduos que ela propõe.

Objetivos da PNRS

A PNRS foi instituída pela Lei nº 12.305, de 2 de agosto de 2010, e reúne as ações do Governo Federal, sozinho ou em conjunto com os estados, o Distrito Federal e os municípios, em relação ao gerenciamento adequado de resíduos sólidos (BRASIL, 2010). É importante destacar que o gerenciamento de resíduos sólidos também é regulamentado por outras leis e normas.

Saiba mais

Outras leis e normas que regulam o gerenciamento de resíduos sólidos são:

- Lei nº 11.445, de 5 de janeiro de 2007;
- Lei nº 9.974, de 6 de junho de 2000;
- Lei nº 9.966, de 28 de abril de 2000;
- Normas do SISNAMA (Sistema Nacional do Meio Ambiente);
- Normas do SNVS (Sistema Nacional de Vigilância Sanitária);
- Normas do Suasa (Sistema Unificado de Atenção à Sanidade Agropecuária);
- Normas do Sinmetro (Sistema Nacional de Metrologia, Normalização e Qualidade Industrial).

Assim, os princípios que regem a PNRS são os de prevenção e precaução; do poluidor-pagador e do protetor-recebedor; da visão sistêmica, a qual considera as variáveis ambientais, sociais, econômicas, entre outras, na gestão de resíduos sólidos; do desenvolvimento sustentável; da ecoeficiência; da cooperação entre as diferentes esferas do poder público, do setor empresarial e dos demais segmentos; da responsabilidade compartilhada pelo ciclo de vida dos produtos; do reconhecimento do resíduo sólido reutilizável e reciclável como bem econômico e gerador de trabalho e renda; do respeito às diversidades locais e regionais; do direito da sociedade à informação e ao controle social; e da razoabilidade e da proporcionalidade.

Ainda, a PNRS tem como objetivos:

- Proteger a saúde pública e a qualidade ambiental;
- Objetivar a não geração, a redução, a reutilização, a reciclagem, o tratamento e a disposição ambientalmente adequada de resíduos sólidos;
- Estimular a adoção de padrões de produção e de consumo sustentáveis;
- Adotar, desenvolver e aprimorar tecnologias limpas;
- Reduzir o volume e a periculosidade de resíduos perigosos;
- Incentivar a indústria da reciclagem, fomentando o uso de matérias-primas e insumos derivados de reciclagem;
- Realizar a gestão integrada de resíduos sólidos;
- Realizar a articulação entre as esferas do poder público com o setor empresarial, visando à cooperação técnica e financeira relativas à gestão de resíduos sólidos;
- Capacitar a técnica continuada na área de resíduos sólidos;

- Objetivar a regularidade, a continuidade, a funcionalidade e a universalização da prestação de serviços públicos de limpeza urbana e de manejo de resíduos sólidos, assegurando a recuperação dos custos dos serviços prestados, garantindo, assim, sua sustentabilidade operacional e financeira;
- Priorizar, nas aquisições e contratações governamentais, produtos reciclados e recicláveis, além de bens, serviços e obras que sejam considerados padrões de consumo social e ambientalmente sustentáveis;
- Integrar catadores de materiais reutilizáveis e recicláveis nas ações que envolvam a responsabilidade compartilhada pelo ciclo de vida dos produtos;
- Estimular a implementação da avaliação do ciclo de vida do produto;
- Incentivar o desenvolvimento de sistemas de gestão ambiental e empresarial que visem à melhoria de processos produtivos e o reaproveitamento de resíduos sólidos, incluindo a recuperação e o aproveitamento energético;
- Estimular a rotulagem ambiental e o consumo sustentável.

Instrumentos da PNRS

A Lei nº 12.305, de 2010, dispõe também sobre os instrumentos utilizados pela PNRS para permitir as melhorias no país e para enfrentar os diversos problemas sociais, econômicos e ambientais decorrentes do manejo incorreto de resíduos sólidos (BRASIL, 2010). Estes são:

- Os planos de resíduos sólidos: englobam o plano nacional, os planos estaduais e microrregionais, os planos das regiões metropolitanas, os planos intermunicipais, os planos municipais de gestão integrada de resíduos sólidos e os planos de gerenciamento de resíduos sólidos, sendo esse último aquele elaborado pelos geradores de resíduos sólidos. O Plano Nacional de Resíduos Sólidos é um plano elaborado pela União, sob coordenação do Ministério do Meio Ambiente, e contempla a situação dos diversos tipos de resíduos, as alternativas de gestão, os planos de metas, os projetos e as ações sobre o tema (SINIR). Cada plano diz respeito às condições e aos planejamentos do gerenciamento de resíduo sólido para cada esfera (nacional, estadual, municipal, etc.).
- Inventários e sistema declaratório anual de resíduos sólidos;

Link

Veja no link a seguir um exemplo de formulário de inventário nacional de resíduos sólidos industriais.

https://goo.gl/WfjtUJ

- A coleta seletiva, os sistemas de logística reversa e outras ferramentas de implementação da responsabilidade compartilhada pelo ciclo de vida dos produtos. A logística reversa diz respeito ao retorno dos materiais que foram utilizados no processo produtivo, tendo em vista o seu reaproveitamento ou o descarte apropriado para a proteção ambiental (Figura 1).

Fique atento

A responsabilidade compartilhada pelo ciclo de vida dos produtos é um dos instrumentos da PNRS e diz respeito às atribuições das pessoas envolvidas no ciclo de vida de um produto, do fabricante ao consumidor, inclusive os responsáveis pela limpeza urbana e pelo manejo de resíduos, no sentido de minimizar o volume de resíduos sólidos gerados.

- O incentivo à criação e ao desenvolvimento de cooperativas e de outras formas de associação de catadores de materiais recicláveis e reutilizáveis;
- O monitoramento e a fiscalização ambiental, sanitária e agropecuária;
- A cooperação técnica e financeira entre os setores público e privado no desenvolvimento de pesquisas de novos produtos e técnicas relacionadas à gestão, à reciclagem, à reutilização, ao tratamento e à disposição final adequada dos rejeitos;

Fique atento

Os rejeitos, para fins dessa lei, são considerados resíduos sólidos que, depois de esgotadas todas as possibilidades de tratamento e recuperação por processos disponíveis e economicamente viáveis, não apresentam outra opção de descarte além da disposição final ambientalmente adequada.

- A pesquisa científica e tecnológica;
- A educação ambiental;
- Os incentivos fiscais, financeiros e de créditos;
- O Fundo Nacional do Meio Ambiente e o Fundo Nacional de Desenvolvimento Científico e Tecnológico;
- O Sistema Nacional de Informações sobre a Gestão de Resíduos Sólidos (SINIR);
- O Sistema Nacional de Informações de Saneamento Básico (SINISA);
- Os conselhos de meio ambiente e de saúde;
- Os órgãos colegiados municipais destinados ao controle social dos serviços de resíduos sólidos urbanos;
- O Cadastro Nacional de Operadores de Resíduos Perigosos;
- Os acordos setoriais;
- Os instrumentos da Política Nacional de Meio Ambiente, entre eles, encontram-se os padrões de qualidade ambiental, o Cadastro Técnico Federal de Atividades Potencialmente Poluidoras ou Utilizadoras de Recursos Ambientais (CTF/APP), o Cadastro Técnico Federal de Atividades e Instrumentos de Defesa Ambiental (CTF/AIDA), a avaliação de impactos ambientais, o Sistema Nacional de Informação sobre Meio Ambiente (Sinima) e o licenciamento e a revisão de atividades efetivas ou potencialmente poluidoras;
- Os termos de compromisso e os termos de ajustamento de conduta;
- O incentivo à adoção de consórcios ou de outras formas de cooperação entre os entes federados, com vistas à elevação das escalas de aproveitamento e à redução dos custos envolvidos.

Figura 1. Esquema da logística reversa. Esse instrumento visa ao reaproveitamento de materiais e seu descarte adequado, de forma a proteger o meio ambiente.

Fonte: Stabelini (2017).

Link

Para mais informações sobre alguns dos instrumentos da PNRS, como o SINIR, o SINISA e o Sistema de Logística Reversa, acesse o link a seguir.

https://goo.gl/AFKTkc

A elaboração do Plano de Gerenciamento de Resíduos Sólidos é obrigatória a todos os geradores de resíduos sólidos, os quais são os geradores de resíduos de serviços públicos de saneamento básico, de resíduos industriais, de resíduos de serviços de saúde e de resíduos de mineração. Ainda, esse plano deve ser elaborado pelos estabelecimentos comerciais e de prestação de serviços que gerem resíduos perigosos e aqueles que gerem resíduos que, embora sejam caracterizados como não perigosos, não sejam equiparados aos domiciliares pelo poder público municipal.

Por fim, o plano deve ser elaborado também por empresas de construção civil, de acordo com normas do SISNAMA, empresas de transporte, nos termos do SISNAMA e do SNVS, bem como responsáveis por atividades agrossilvopastoris, caso seja exigido pelo órgão competente do SISNAMA, do SNVS e do Suasa. Esse plano trata da situação de resíduos sólidos do estabelecimento e os procedimentos relativos ao seu gerenciamento. O Plano de Gerenciamento de Resíduos Sólidos deve ser elaborado por um responsável técnico habilitado, o qual ainda irá implementar, operacionalizar e monitorar as etapas do plano.

Classificação dos resíduos sólidos

De acordo com a Lei nº 12.305, de 2010, os resíduos sólidos têm diferentes classificações quanto à origem e à periculosidade. Assim, os resíduos sólidos são classificados da seguinte maneira (BRASIL, 2010):

- Resíduos domiciliares: decorrentes de atividades domésticas de residências urbanas;
- Resíduos de limpeza urbana: originários da varrição, da limpeza de logradouros e vias públicas e demais serviços de limpeza urbana;
- Resíduos sólidos urbanos: todos os resíduos incluídos nas duas classificações anteriores;
- Resíduos de estabelecimentos comerciais e prestadores de serviços: resíduos gerados nessas atividades, com exceção daqueles referentes aos itens b, e, g, h e j;
- Resíduos dos serviços públicos de saneamento básico: são os resíduos gerados nessas atividades, exceto aqueles referentes ao item c;
- Resíduos industriais: derivados de processos produtivos e instalações industriais;
- Resíduos de serviços de saúde: são os gerados em serviços de saúde, conforme regulamentos e normas do Sistema Nacional do Meio Ambiente (SISNAMA) e do Sistema Nacional de Vigilância Sanitária (SNVS);
- Resíduos da construção civil: gerados em construções, reformas, reparos e demolições de obras de construção civil, incluindo os resíduos gerados na preparação e na escavação de terrenos para obras civis;

- Resíduos agrossilvopastoris: provenientes das atividades agropecuárias e silviculturais, incluindo aqueles relacionados aos insumos utilizados nessas atividades;
- Resíduos de serviços de transportes: originários de portos, aeroportos, terminais alfandegários, rodoviários e ferroviários e passagens de fronteira;
- Resíduos de mineração: gerados na atividade de pesquisa, extração ou beneficiamento de minérios.

Quanto à periculosidade, os resíduos sólidos são classificados da seguinte maneira:

- Resíduos perigosos: aqueles que apresentam riscos significativos à saúde pública ou ao ambiente devido às características de inflamabilidade, corrosividade, reatividade, toxicidade, patogenicidade, carcinogenicidade, teratogenicidade ou mutagenicidade;
- Resíduos não perigosos: aqueles que não se enquadram na classificação anterior.

Exercícios

1. Assinale a alternativa que apresenta corretamente os objetivos da PNRS.

a) Incentivo dos aterros sanitários, estímulo da rotulagem ambiental e gestão independente de resíduos sólidos.

b) Gestão independente de resíduos sólidos, minimização de catadores de materiais recicláveis e incentivo da indústria da reciclagem.

c) Redução do volume e da periculosidade de resíduos sólidos, minimização de catadores de materiais recicláveis e estímulo da rotulagem ambiental.

d) Redução do volume e da periculosidade de resíduos sólidos, gestão independente de resíduos sólidos e incentivo à indústria da reciclagem.

e) Incentivo da indústria da reciclagem, redução do volume e da periculosidade de resíduos sólidos e gestão integrada de resíduos sólidos.

2. Assinale a alternativa que apresenta, corretamente, os instrumentos da PNRS.

a) Uso de aterros sanitários, planos de resíduos sólidos e incentivos fiscais.

b) Planos de resíduos sólidos, incentivos fiscais e sistema nacional de informações sobre a gestão de resíduos sólidos.

c) Tratamento de resíduos de saúde, sistema nacional de informações sobre a gestão de resíduos sólidos e coleta seletiva.

d) Uso de aterros sanitários, tratamento de resíduos de saúde e planos de resíduos sólidos.

e) Compostagem, incentivos fiscais e sistema nacional de informações sobre a gestão de resíduos sólidos.

3. Sobre a classificação de resíduos sólidos de acordo com a PNRS, assinale a alternativa correta.

a) Os resíduos são classificados apenas de acordo com a sua periculosidade, dividindo-se em resíduos perigosos e não perigosos.

b) Os resíduos podem ser classificados de acordo com sua origem, dividindo-se em duas categorias: resíduos domiciliares e resíduos comerciais/industriais.

c) Os resíduos podem ser classificados tanto quanto à sua periculosidade, como quanto à sua origem, sendo que cada uma dessas categorias apresenta 3 subgrupos.

d) Os resíduos perigosos são aqueles que apresentam riscos significativos à saúde da população devido a algumas características, como potencial escarificante ou perfurocortante.

e) Os resíduos podem ser classificados de acordo com diversas origens, como resíduos de mineração, resíduos de serviços de transporte e resíduos de serviços de saúde.

4. Qual das alternativas abaixo apresenta, corretamente, um princípio da PNRS?

a) Princípio do protetor-recebedor.

b) Princípio do racionamento.

c) Princípio da integração.

d) Princípio da ação e reação.

e) Princípio da legalidade.

5. Assinale a alternativa correta quanto aos resíduos sólidos.

a) Os resíduos sólidos são classificados quanto à sua periculosidade, excluindo, portanto, os resíduos domiciliares.

b) Os resíduos sólidos não são passíveis de logística reversa, apenas de coleta seletiva.

c) Os resíduos sólidos não são passíveis de reciclagem, devendo, portanto, serem dispostos em aterros sanitários licenciados.

d) Esses resíduos podem ser domiciliares ou de diversos serviços, exceto os serviços de saúde.

e) Esses resíduos podem ou não serem passíveis de reciclagem e são materiais derivados da atividade humana.

Referências

BRASIL. *Lei nº 12.305, de 2 de agosto de 2010*. Institui a Política Nacional de Resíduos Sólidos; altera a Lei nº 9.605, de 12 de fevereiro de 1998; e dá outras providências. Brasília, DF, 2010. Disponível em: <http://www.planalto.gov.br/ccivil_03/_ato2007-2010/2010/lei/l12305.htm>. Acesso em: 27 mar. 2018.

STABELINI, D. *Logística reversa*: o que é, como funciona e como aplicar. 25 out. 2017. Disponível em: <https://blog.texaco.com.br/ursa/logistica-reversa-o-que-e-como--funciona/>. Acesso em: 27 mar. 2018.

Leituras recomendadas

BRASIL. *Política Nacional de Resíduos Sólidos*: institui a Política Nacional de Resíduos Sólidos; altera a Lei nº 9.605, de 12 de fevereiro de 1998; e dá outras providências. 2. ed. Brasília, DF: Câmara dos Deputados, 2012. Disponível em: <https://fld.com.br/catadores/pdf/politica_residuos_solidos.pdf>. Acesso em: 28 fev. 2018.

BRASIL. Sistema Nacional de Informações sobre a gestão dos resíduos sólidos. *Plano Nacional de Resíduos Sólidos*. [201-?]. Disponível em: <http://www.sinir.gov.br/web/guest/plano-nacional-de-residuos-solidos>. Acesso em: 27 mar. 2018.

GLEYSSON. *Responsabilidade compartilhada pelo ciclo de vida dos produtos*. 2014. Disponível em: <https://portalresiduossolidos.com/responsabilidade-compartilhada--pelo-ciclo-de-vida-dos-produtos/>. Acesso em: 27 mar. 2018.

Gabaritos

Para ver as respostas de todos os exercícios deste livro, acesse o link abaixo ou utilize o código QR ao lado.

https://goo.gl/gMEKMZ